技工院校"十三五"规划教材

机 械 基 础

周桂英　主编

焦长玉　王　静　窦一曼　副主编

化学工业出版社

·北京·

本教材贴近学生实际，突出"教、学、做一体"和能力本位的理念，坚持降低难度、贴合实际、学以致用的方针。除绪论外共分 4 个模块：常用标准件及轴系类零件、机械传动机构、常用机构、液压与气压传动。其主要内容分别包括标准件及通用零部件、常用连接；带传动、链传动、齿轮传动、轮系；平面连杆机构、凸轮机构、间歇运动机构；液压与气压传动的基础知识、常用元件、基本回路等相关知识。

本教材可作为高职院校机械类或近机械类专业的专业基础课程用教材，亦可作为机械类或近机械类专业工程技术人员和自学者的参考用书。

图书在版编目（CIP）数据

机械基础/周桂英主编. —北京：化学工业出版社，2016.7
技工院校"十三五"规划教材
ISBN 978-7-122-27133-4

Ⅰ.①机⋯　Ⅱ.①周⋯　Ⅲ.①机械学-技工学校-教材　Ⅳ.①TH11

中国版本图书馆 CIP 数据核字（2016）第 111413 号

责任编辑：廉　静　　　　　　　　　　文字编辑：张绪瑞
责任校对：吴　静　　　　　　　　　　装帧设计：关　飞

出版发行：化学工业出版社（北京市东城区青年湖南街 13 号　邮政编码 100011）
印　　刷：北京云浩印刷有限责任公司
装　　订：三河市骏发装订厂
787mm×1092mm　1/16　印张 15¼　字数 393 千字　2016 年 9 月北京第 1 版第 1 次印刷

购书咨询：010-64518888（传真：010-64519686）　　售后服务：010-64518899
网　　址：http://www.cip.com.cn
凡购买本书，如有缺损质量问题，本社销售中心负责调换。

定　　价：32.00 元　　　　　　　　　　　　　　　　　版权所有　违者必究

编写人员名单

主 编 周桂英

副主编 焦长玉　王　静　窦一曼

参 编 张仕俊　徐　燕　王方凯

　　　　 李　琛　倪宝培

前　言

"机械基础"是机械类专业的专业基础课，通过学习，可为学习专业技术课程和今后在工作中合理使用、维护机械设备，进行技术革新提供必要的理论基础知识。如何提高学生动手能力、树立一定的专业意识，并更好地与其他专业基础课、专业课及实习衔接，是"机械基础"课程教学改革的重要任务。

本专业现用教材理论内容偏多、偏深，理论与实践联系相对不足，已经不能适应数控加工技术的教学需要，而且有些内容在相关课程之间重复，各学科知识衔接不紧密，使学生对专业知识的学习无法快速形成相对完整的认识，甚至产生知识疲劳，失去学习的兴趣，影响教与学的效果，达不到专业基础课为专业课与实习课服务的目的，与机械类专业技术人才目标不相适应。

为此，我们按照"以理论联系实际为原则，以能力为本位，以职业需求为主线，以模块化实践为主体"的总体设计要求，建立以任务驱动、项目为载体的课程内容体系，制定一体化教学的课程标准，优化教学内容，编写了新的《机械基础》教材。

本教材在教学内容的顺序安排上，根据课程教学目标和任务，兼顾与其他专业课及实习课的知识衔接，打破了原有教材的顺序安排。在编写教材过程中，按照"必需、够用"的原则，并考虑一定程度的可持续性发展的要求，根据对学生、企业的调研结果，增加了相关的知识链接，充实新的知识、新的技术及新的方法，以扩大学生的视野，适应用人单位对学生知识结构和知识面的要求，以及时代对机械制造人的要求；增加了各机构零件失效形式的知识部分，更利于学生对加工机器的认识、合理使用及保养；遵循机械学科注重实践的特点，同时考虑机械类专业的特点，强化实践性环节的教学内容，通过实验、实训等实践锻炼，加深学生对所学知识的理解；常用的通用零部件采用最新的国家标准，使技术内容更加规范。

本书可用于机械类相关专业的职业教学。既可用作高等职业技术院校相关专业的教材，也可用作专业教师和广大工程技术人员的参考用书。

在本教材的撰写过程中，得到了各级领导的大力支持，也得到了各位同仁的无私协助，在此一并表示衷心的感谢。

由于编写时间仓促，加之水平所限，书中不足之处，恳请广大读者斧正，我们将不断改进，逐步完善。

2015.12

目　录

绪　论

课题一
课程的性质、任务和内容

一、本课程的性质、任务

"机械基础"是中等职业技术学校机械类的一门专业基础课，为学习专业技术课程和今后在工作中合理使用、维护机械设备，进行技术革新提供必要的理论基础知识。通过学习，学生应熟悉和掌握常用机构、通用零件、液压气压传动的基本知识、工作原理及应用特点；熟悉常用零件的性能、分类、应用和相关的国家标准，能对一般机械传动系统进行简单的分析和计算。

二、本课程的内容

本课程的内容包括标准件及轴系零件、机械传动机构、常用机构和液压气压传动四大部分。

1. 标准件及轴系零件

标准件及轴系零件包括螺纹及螺纹连接、键及键连接和销连接、轴、轴承、联轴器、离合器和制动器。主要讨论它们的结构、特点、常用材料、应用场合和失效形式，并介绍相关标准和选用方法。

2. 机械传动机构

常用机械传动包括螺旋传动、带传动、链传动、齿轮传动和轮系。主要介绍机械传动的类型、组成、工作原理、传动特点、传动比的计算和应用场合等。

3. 常用机构

常用机构是指常见于机器中的机构，包括平面连杆机构、凸轮机构和间歇运动机构等。主要讨论它们的结构、工作原理、运动特点和应用场合等。

4. 液压气压传动

液压气压传动包括液压气压传动的基本概念、常用液压气压元件、液压气压基本回路和液压气压传动系统。重点介绍液压基本知识，液压泵、液压缸、液压控制阀等液压元件的构造、性能、工作原理，液压基本回路和机床液压传动系统实例。对气压传动的相关知识作一般介绍。

机械基础概述

知识点： >>>
- 机器的特征、概念、分类及组成；
- 机构的概念及与机器的区别；
- 机械、构件及零件的概念；
- 运动副的概念及分类；
- 平面机构运动简图概念。

能力点： >>>
- 能够区分机器与机构；
- 运动副的分析；
- 平面机构运动简图绘制与示读。

一、机械的相关概念

1. 机器

在生产实践和日常生活中，广泛使用和接触着各种机器，例如：自行车、摩托车、汽车、轮船、洗衣机、电梯等。机器的种类繁多，有复杂的也有简单的，为方便研究，下面以牛头刨床为例，分析机器的组成。

图0-2-1所示为牛头刨床的结构示意图。电动机的动力通过带传动和一系列齿轮传动传给大齿轮。大齿轮的转动通过导杆机构推动滑枕带动固装在刀架上的刀具作往复直线运动，实现对工件的切削加工；大齿轮的转动同时通过曲柄连杆机构使工作台作横向进给运动，从而完成对工件整个平面的加工。在这里，整台机器的机械能量由电动机提供，电动机是机器的动力来源，称为原动部分。刀架带着刨刀对工件进行切削，直接完成生产任务，称为执行部分。原动部分的动力和运动要经过一系列的中间装置才传到执行部分，这些中间装置统称为传动控制部分。

由此可见，机器一般由动力部分、传动部分、控制部分、执行部分四个部分组成，此外，还有必要的辅助装置。动力装置是机器动力的来源，常用的有电动机、内燃机和空气压缩机等。传动装置将动力装置的运动和动力传递给执行装置，机器中应用的传动方式主要有机械传动、液压传动、气压传动和电气传动，应用最多的是机械传动。执行装置是直接完成机器预定功能的工作部分，如机床的主轴、汽车的车轮等。控制装置用于控制机器的启动，停车，正转、反转、运动和动力参数的改变及各执行装置间动作的协调等，包括各种控制机构、电器装置、计算机和液压、气压控制系统等。辅助装置则有照明、润滑和冷却装置。

虽然各种机器的用途各不相同，但从它们的组成、运动确定性以及功能关系来看，却都具有以下几个共同的特征：

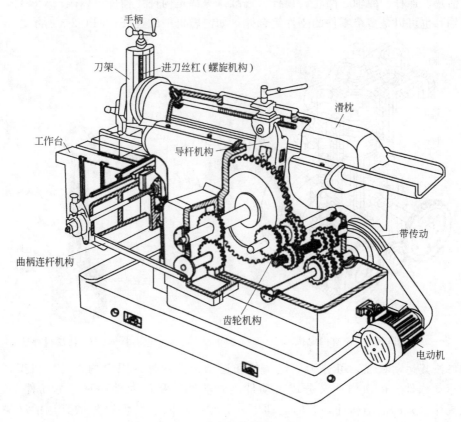

手柄

刀架 —— 进刀丝杠(螺旋机构)

滑枕

工作台

导杆机构

带传动

曲柄连杆机构

齿轮机构

电动机

图 0-2-1 牛头刨床结构示意图

① 任何机器都是由许多构件组合而成的。

② 各运动实体之间具有确定的相对运动。

③ 能实现能量的转换、代替或减轻人类的劳动,完成有用的机械功。

根据上面的分析,可以对机器得到一个明确的概念:机器就是人为实体(构件)的组合,它的各部分之间具有确定的相对运动,并能代替或减轻人类的体力劳动,完成有用的机械功或实现能量的转换。

2. 机构

机构是实现某种特定运动的构件组合,用于传递运动和动力的构件系统。如图 0-2-1 所示的牛头刨床中,两个带轮和传动带组成了带传动机构,相互啮合的齿轮组成了齿轮机构,大齿轮、导杆、滑块和固定的支架一起组成了能实现导杆的往复摇动的导杆机构,带动工作台横向进给的曲柄连杆机构等。

与机器比较,机构也是人为实体的组合,各运动实体之间也具有确定的相对运动,但不能做机械功,也不能实现能量转换。机构与机器的区别在于:机器的主要功用是利用机械能做功或实现能量的转换;机构的主要功用在于传递或转变运动的形式。

3. 机械

从研究运动和受力来看,机器与机构并无区别,而将它们总称为机械,即机械是机器与机构的总称。

4. 构件

构件是组成机器的运动单元(包括运动速度为零的单元)。如图 0-2-2 所示的单缸内燃机中、活塞、连杆、曲轴、凸轮、顶杆、气缸体等都是构件。构件可以是一个零件，如内燃机的曲轴，也可以是多个零件的刚性组合体，如内燃机中的连杆，图 0-2-3 所示。

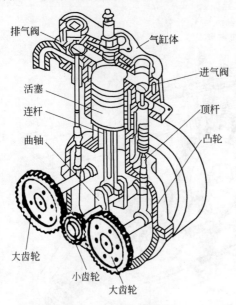

图 0-2-2　单缸内燃机

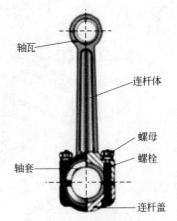

图 0-2-3　内燃机连杆

构件按其运动状况，可分为固定构件和运动构件两种。固定构件又称机架，其作用是支承运动构件。运动构件又分成主动件（原动件）和从动件两种。主动件（原动件）是运动规律已知的活动构件，它的运动由外界输入。除主动件以外的其他活动构件称为从动件。

5. 零件

零件是机器中不可分拆的基本制造单元。零件分为通用零件和专用零件。通用零件是各类机器中广泛应用的零件，如齿轮、螺栓、螺钉、轴、轴承等。专用零件是仅在某些特定类型机器中使用的零件，如曲轴、连杆、汽轮机叶片等。

二、运动副

使两构件直接接触并能产生一定相对运动的连接称为运动副。根据两构件之间的接触特性，运动副可分为低副和高副两大类。

1. 低副

两构件通过面接触而组成的运动副称为低副（图 0-2-4）。低副是指两构件以面接触的运

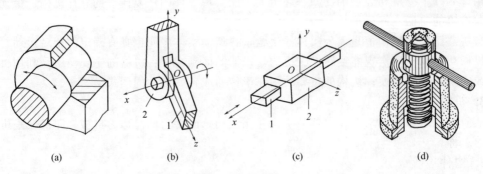

| (a) | (b) | (c) | (d) |

图 0-2-4　低副

动副。按两构件的相对运动形式，低副可分为以下几种：

（1）转动副　组成运动副的两构件只能绕某一轴线作相对转动的运动副称为转动副［图 0-2-4(a)、(b)］。

（2）移动副　组成运动副的两构件只能作相对直线移动的运动副称为移动副［图 0-2-4(c)］。

（3）螺旋副　组成运动副的两构件只能沿轴线作相对螺旋运动的运动副称为螺旋副［图 0-2-4(d)］。

2. 高副

高副是指两构件以点或线接触的运动副。图 0-2-5 所示为常见的几种高副接触形式：图 0-2-5(a) 是车轮与钢轨的接触，图 0-2-5(b) 是齿轮的啮合，都属于线接触的高副；图 0-2-5(c) 是凸轮与从动杆的接触，属于点接触的高副。

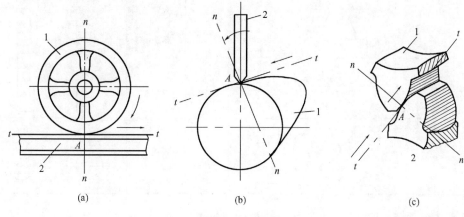

图 0-2-5　高副

低副和高副由于两构件直接接触部分的几何特征不同，因此在使用上也具有不同的特点。低副是面接触的运动副，其接触表面一般为平面或圆柱面，容易制造和维修，承受载荷时单位面积压力较低，因而低副比高副的承载能力大，不易磨损。低副属滑动摩擦，摩擦损失大，因而效率低，不能传递较复杂的运动。高副是点或线接触的运动副，承受载荷时单位面积压力较高（故称高副），两构件接触处容易磨损，寿命短，制造和维修也较困难，能传递较复杂的运动。

3. 低副机构和高副机构

机构中所有运动副均为低副的机构称为低副机构。机构中至少有一个运动副是高副的机构称为高副机构。

知识拓展

在研究机构运动特性时，为了使问题简化，只考虑与运动有关的运动副的数目、类型及相对位置，不考虑构件和运动副的实际结构和材料等与运动无关的因素。用简单线条和规定符号表示构件和运动副的类型，并按一定的比例确定运动副的相对位置及与运动有关的尺寸，这种表示机构组成和各构件间运动关系的简单图形，称为机构运动简图。只是为了表示机构的结构组成及运动原理而不严格按比例绘制的机构运动简图，称为机构示意图。平面机构运动简图的符号见表 0-2-1。

表 0-2-1　机构运动简图符号

名称		简图符号	名称	简图符号
构件	轴、杆	——————	基本符号	/////////
	三副元素构件		机架 基本符号	
			机架是转动副的一部分	
			机架是移动副的一部分	
	构件的永久连接		平面高副 齿轮副 外啮合	
平面低副	转动副		内啮合	
	移动副		凸轮副	

图 0-2-6 所示为图 0-2-2 内燃机的机构运动简图。

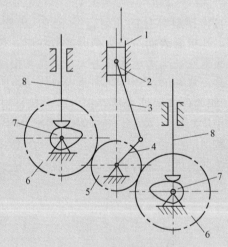

图 0-2-6　内燃机机构运动简图
1～8—构件

习　题

1. 解释概念：机器、机构、机械、构件、零件。

2. 机器有哪些特征？机器与机构有什么区别？

3. 构件与零件有什么区别与联系？试举例说明。

4. 什么叫运动副？运动副是如何分类的？试列举生产和日常生活中高副和低副的应用实例。

5. 什么是机构运动简图？它和机构示意图有什么区别？

课题三

实训：生产现场参观

1. 实训目的

通过参观生产实习车间所使用的机器设备，了解机器的工作原理及组成，并进一步加深对机器、机构、构件、运动副等概念的理解。

2. 实训内容和要求

观察牛头刨床、普通车床、数控车床、数控加工中心等加工机床的工作过程，了解不同机床的用途、加工原理及组成机构。

3. 实训例子

通过对普通车床、数控车床的观察，根据图 0-3-1 所给出的卧式车床与 CKA6140 数控车床主传动系统图，试分别分析从电动机到主轴的传动路线，说明它们的组成机构，并说明组成机构的各构件间运动副的类型。

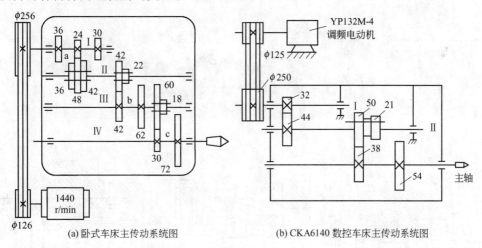

(a) 卧式车床主传动系统图　　　　(b) CKA6140 数控车床主传动系统图

图 0-3-1

机械构件通常由若干个零、部件按工作要求以各种不同的方式连接组合而成，如图1-0-1所示。

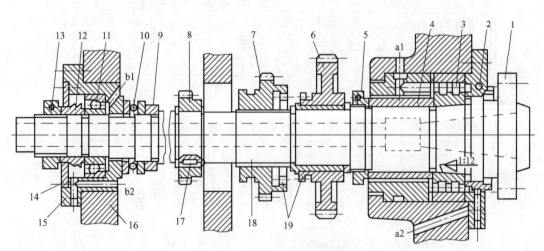

图 1-0-1 CA6140普通车床主轴部件

1—主轴；2—锁紧螺母；3,10,11—轴承；4,9,12—轴套；5,13—调整螺母；
6～8—齿轮；14—螺钉；15—轴承盖；16—箱体；17—平键；18—花键轴；19—齿轮联轴器

CA6140普通车床的主轴部件，通过螺纹连接件、键、联轴器等将不同的零件连接起来，而轴承起到了对轴及轴上零件的支撑作用。螺纹连接件、键、联轴器及轴承等零部件国家已标准化，它们与轴形成了轴系类零件。

课题一
螺纹连接及螺旋传动

任务一
螺纹的基本知识

知识点：》》》
- ➤ 螺纹的种类及主要参数；
- ➤ 螺纹的标记。

能力点：》》》
- ➤ 螺纹标记的正确示读。

一、螺纹的形成

如图1-1-1所示，一动点沿圆柱（或圆锥）表面绕其轴线作等速回转运动，同时沿母线作等速直线运动所形成的轨迹称为螺旋线。

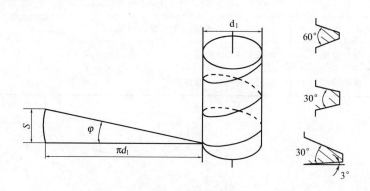

图1-1-1　螺纹的形成

选择一定形状的平面（如三角形、梯形、锯齿形等），沿螺旋线运动，形成具有规定牙型的连续凸起称为螺纹。

二、螺纹的种类、特点和用途

螺纹的种类、特点和用途见表1-1-1。

表 1-1-1　螺纹的种类、特点和用途

分类方法	螺纹类型		特点及用途
按用途分	连接螺纹		起连接、固定作用
	传动螺纹		传递运动和动力
按牙型分 (图 1-1-2)	三角形螺纹	普通螺纹	牙型为等边三角形，牙型角 $\alpha=60°$，牙根强度高，具有良好的自锁性能。普通螺纹按螺距 P 不同分为粗牙和细牙两种，细牙螺纹小径比粗牙大，强度高，自锁性更好，但细牙螺纹不耐磨，易滑扣。普通螺纹应用广泛，主要用于连接，一般连接常采用粗牙，细牙多用于薄壁管件或承受振动冲击和变载荷的连接，还可用于轻载和精密的微调机构中的螺旋副
		管螺纹	牙型为等腰三角形，牙型角为 55°，牙顶有较大的圆角，管螺纹有两类：①非螺纹密封的管螺纹，其内、外螺纹均为圆柱螺纹，内、外螺纹旋合无密封能力，常用于电线管等不需要密封的管路中的连接；②螺纹密封的管螺纹，其内、外螺纹旋合后有密封能力，常用于水、气、油管等防泄漏要求场合
	梯形螺纹		牙型为等腰梯形，牙型角 $\alpha=30°$，内外螺纹以锥面贴紧不易松动，与矩形螺纹相比，传动效率低，但工艺性好，牙根强度高，对中性好。梯形螺纹是最常用的传动螺纹。如：机床丝杠等
	矩形螺纹		用于传力，牙型角为正方形，牙型角 $\alpha=0°$，其传动效率较其他螺纹高，但牙根强度弱，螺旋副磨损后，间隙难以修复和补偿，传动精度较低。矩形螺纹尚未标准化，目前已逐渐被梯形螺纹所替代
	锯齿形螺纹		牙型为不等腰梯形，工作面的牙侧角为 3°，非工作面的牙侧角为 30°，外螺纹牙根有较大的圆角，以减小应力集中。内外螺纹旋合后，大径处无间隙，便于对中。这种螺纹兼有矩形螺纹传动效率高、梯形螺纹牙根强度高的特点，但只能用于单向力的螺纹连接或螺旋传动中，常用于螺旋压力机及水压机等单向受力机构
按位置 不同分 (图 1-1-3)	外螺纹		在圆柱外表面上形成的螺纹
	内螺纹		在圆柱内表面上形成的螺纹
按螺旋线 方向分 (图 1-1-4)	右旋螺纹		沿向右上升的螺纹（顺时针旋入的螺纹）
	左旋螺纹		沿向左上升的螺纹（逆时针旋入的螺纹）
按螺纹的 线数分 (图 1-1-5)	单线螺纹		常用于连接或传动
	多线螺纹		常用于快速连接或传动

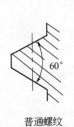 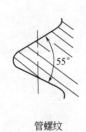 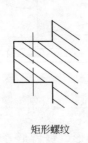 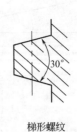 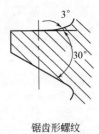

普通螺纹　　管螺纹　　矩形螺纹　　梯形螺纹　　锯齿形螺纹

图 1-1-2　螺纹牙型

三、螺纹的主要参数

以图 1-1-6 所示的普通螺纹为例说明螺纹的主要参数。

（1）大径 d：螺纹标准中的公称直径，螺纹的最大直径。

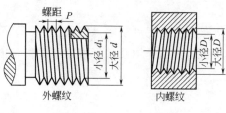

图 1-1-3　外、内螺纹

图 1-1-4　螺纹旋向

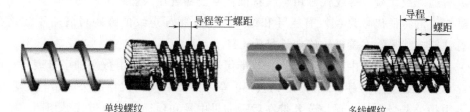

图 1-1-5　螺纹线数

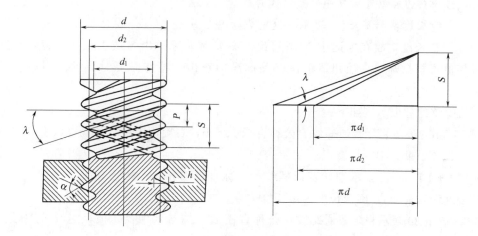

图 1-1-6　螺纹的主要参数

（2）小径 d_1：螺纹的最小直径，强度计算中螺杆危险断面的计算直径。

（3）中径 d_2：近似于螺纹的平均直径，$d_2=(d_1+d)/2$。

（4）螺距 P：相邻两牙在中径线上对应两点间的轴向距离。

（5）导程 S：同一条螺旋线上的相邻两牙在中径线上对应两点间的轴向距离。$S=nP$。

（6）螺纹升角 λ：中径圆柱面上螺旋线的切线与垂直于螺旋线轴线的平面之间的夹角。在螺纹的不同直径处，螺纹升角各不相同，其展开形式如图 1-1-6 所示。通常在螺纹中径 d_2 处计算。

$$\tan\lambda=S/\pi d_2$$

（7）牙型角 α：螺纹牙两侧边的夹角。

（8）工作高度 h：内外螺纹配合时径向接触高度。

（9）螺旋线数 n：连接螺纹常用 1，传动螺纹 1～4。

螺纹由牙型、公称直径、螺距、线数和旋向五个要素所确定，通常称为螺纹五要素。只有这五要素都相同的外螺纹和内螺纹才能相互旋合。

四、螺纹的标记

国家标准规定了各种螺纹的标记及标注方法，从螺纹的标记可了解该螺纹的种类、公称直径、螺距、线数、旋向、螺纹公差等方面的内容。下面分别介绍几种标准螺纹的标记方法及示例。

1. 普通螺纹的标记

普通螺纹标记的标注格式为：螺纹代号-螺纹公差带代号（中径、顶径）-旋合长度代号。

（1）普通螺纹代号。螺纹代号由螺纹特征代号公称直径×螺距 旋向 表示。

普通螺纹的特征代号为 M，有粗牙和细牙之分，粗牙螺纹的螺距可省略不注；右旋螺纹可不标注旋向代号，左旋螺纹旋向代号为 LH。

（2）公差带代号包括中径和顶径的公差带代号。公差带代号由数字加字母表示（内螺纹用大写字母，外螺纹用小写字母），如 7H、6g 等。如果中径和顶径的公差带代号不同则分别标注，中径公差带在前，顶径公差带在后；如果中径和顶径的公差带代号相同，则只标注一个代号。内、外螺纹旋合在一起时，标注中的公差带代号用斜线分开，左边表示内螺纹的公差带代号，右边表示外螺纹的公差带代号。

（3）旋合长度代号有 S、N、L，分别表示短、中、长三种旋合长度。一般情况下均采用中等旋合长度，故在标记中 N 不写出。必要时才标注出 S 或 L。各种旋合长度所对应的具体值可根据螺纹直径和螺距在有关标准中查出。特殊需要时，可注明旋合长度的数值。

普通螺纹的标记示例如下：

M 16-5g6g 表示粗牙普通螺纹，公称直径 16mm，右旋，中径、顶径螺纹公差带分别为 5g、6g，旋合长度为中等长度。

M16×1 LH-6G-S 表示细牙普通螺纹，公称直径 16mm，螺距 1mm，左旋，中径、顶径螺纹公差带均为 6G，旋合长度为短长度。

M20-5g6g-30 表示粗牙普通螺纹，公称直径 20，右旋，中径、顶径螺纹公差带分别为 5g、6g，旋合长度为 30mm。

M10×6H/6g 表示粗牙普通螺纹，公称直径 10，右旋，中径、顶径螺纹公差带均为 6H 的内螺纹与中径、顶径螺纹公差带均为 6g 的外螺纹组成的螺旋副，旋合长度为中等长度。

2. 管螺纹的标记

（1）螺纹密封的管螺纹的标记为：螺纹特征代号 尺寸代号-旋向代号。

螺纹密封的管螺纹的螺纹特征代号有三个：圆锥外螺纹代号为 R，圆锥内螺纹代号为 R_C，圆柱内螺纹代号为 R_P。右旋螺纹可不标注旋向代号，左旋螺纹旋向代号为 LH。

（2）非密封管螺纹代号：特征代号 尺寸代号 公差等级代号-旋向代号。

非螺纹密封的管螺纹特征代号为 G，外管螺纹公差等级分 A、B 两级，而内管螺纹只有一种等级，故不标记公差等级代号。右旋螺纹可不标注旋向代号，左旋螺纹旋向代号为 LH。

需要注意的是，管螺纹的尺寸代号不是螺纹的大径，而是管子孔径的近似值，管螺纹的大径、小径和螺距可由相关手册中查出。

标记示例：

R3/4 表示螺纹密封的圆锥外管螺纹，尺寸代号 3/4、右旋。

R$_P$3/4 表示螺纹密封的圆柱内管螺纹，尺寸代号 3/4、右旋。

R$_C$1/2-LH 表示螺纹密封的圆锥内管螺纹，尺寸代号 1/2、左旋。

G1/2A-LH 表示非螺纹密封的外管螺纹，尺寸代号为 1/2、左旋，公差等级为 A 级。

内、外螺纹旋合在一起时，内、外螺纹的标记用斜线分开，左边表示内螺纹，右边表示外螺纹。标记示例如下：

右旋螺旋副：R$_P$3/4/R3/4

左旋螺旋副：G1/2/G1/2A-LH

3. 梯形螺纹的标记

单线梯形螺纹：螺纹特征代号 T$_r$　公称直径×螺距　旋向-公差带代号-旋合长度代号

多线梯形螺纹：螺纹特征代号 T$_r$　公称直径×导程（P 螺距）旋向-公差带代号-旋合长度代号

梯形螺纹的公差带代号只标注中径公差带代号。旋合长度有中等旋合长度 N（不标）和长旋合长度 L。旋合长度按螺纹公称直径和螺距尺寸在有关标准中查阅。

标记示例：

Tr　40×7-7e 表示公称直径为 40mm，单线，螺距 P＝7mm，右旋，中径公差带代号 7e，中等旋合长度的梯形螺纹。

Tr　40×14(P7)LH-7H-L 表示公称直径为 40mm，双线，螺距 P＝7mm，左旋，中径公差带代号 7H，长旋合长度的梯形螺纹。

4. 锯齿形螺纹的标记

单线锯齿形螺纹：

螺纹特征代号 B　公称直径×螺距 旋向-公差带代号-旋合长度代号

多线锯齿形螺纹：

螺纹特征代号 B　公称直径×导程（P 螺距）旋向-公差带代号-旋合长度代号

标记示例：

B40×14（P7）LH-8c-L 表示公称直径 d＝40mm，导程 S＝14，螺距 P＝7，左旋，公差带代号 8c，长旋合长度的锯齿形螺纹。

练一练

1. 常用螺纹的牙型有 _____、_____、_____ 和 _____ 等。

2. 螺纹的公称直径（管螺纹除外）是指它的 _____。

A. 内径 d_1　　　B. 中径 d_2　　　C. 外径 d

3. 螺纹标记 M24×2 表示 _____。

4. 当螺纹公称直径、牙型角、螺纹线数相同时，细牙螺纹的自锁性能比粗牙螺纹的自锁性能差。（　　　）

任务二
螺 纹 连 接

知识点：▶▶▶
　　▶ 螺纹连接的类型；
　　▶ 螺纹连接的预紧、防松；
　　▶ 螺纹连接的主要失效形式。
能力点：▶▶▶
　　▶ 螺纹连接的类型及选用。

　　螺纹连接是利用具有螺纹的零件将需要相对固定的零件连接在一起。这种连接具有结构简单、工作可靠、拆装方便、成本低廉等优点，因此得到了广泛应用。

一、螺纹连接件和螺纹连接的类型

1. 螺纹连接件

　　螺纹连接件品种很多，大都已标准化，常用的螺纹连接件有螺栓、螺柱、螺钉、螺母和垫圈等，如图 1-1-7 所示。

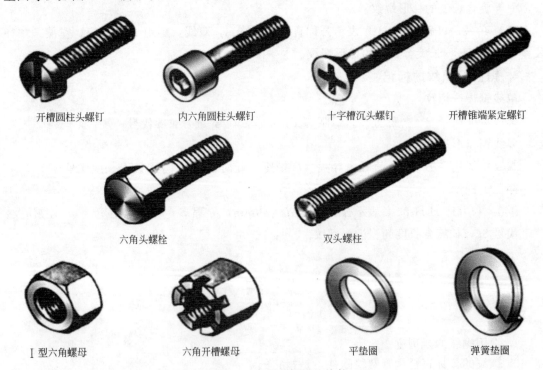

开槽圆柱头螺钉　　　　内六角圆柱头螺钉　　　　十字槽沉头螺钉　　　　开槽锥端紧定螺钉

六角头螺栓　　　　　　　双头螺柱

Ⅰ型六角螺母　　　　六角开槽螺母　　　　　平垫圈　　　　　弹簧垫圈

图 1-1-7　常用的螺纹连接件

2. 螺纹连接的类型

　　常用的螺纹连接形式主要有：螺栓连接、双头螺柱连接、螺钉连接和紧定螺钉连接等类型，其特点和应用见表 1-1-2。

表 1-1-2　常用的螺纹连接

类型	图示	特点和应用
螺栓连接	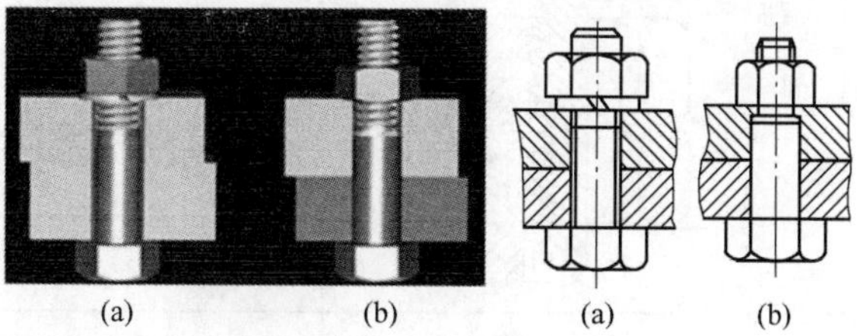 (a)　(b)　(a)　(b)	用于连接两个较薄零件。在被连接件上开有通孔。普通螺栓的杆与孔之间有间隙[图(a)],通孔的加工要求低,结构简单,装拆方便,应用广泛。铰制孔螺栓[图(b)]孔与螺杆之间没有间隙,常采用过渡配合,如 H7/m6、H7/n6,这种连接能精确固定被连接件的相对位置。适于承受横向载荷,但孔的加工精度要求较高,需要用高精度铰刀加工而成,一般用于利用螺栓杆承受横向载荷或固定被连接件相对位置的场合
双头螺柱连接	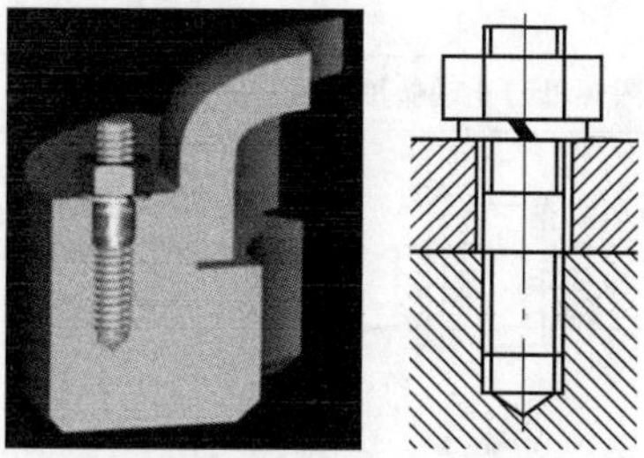	这种连接是利用双头螺柱的一端旋紧在被连接件的螺纹孔中,另一端则穿过另一被连接件的孔,拧紧螺母后将被连接件连接起来。这种连接通常用于被连接件之一太厚不便穿孔,结构要求紧凑或须经常装拆的场合
螺钉连接	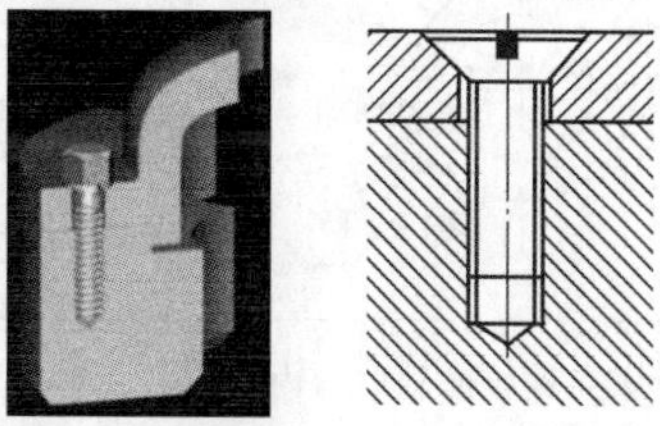	这种连接不需要螺母,将螺钉穿过被连接件的孔并旋入另一被连接件的螺纹孔中。它适用于被连接件之一太厚且不宜经常装拆的场合
紧定螺钉连接	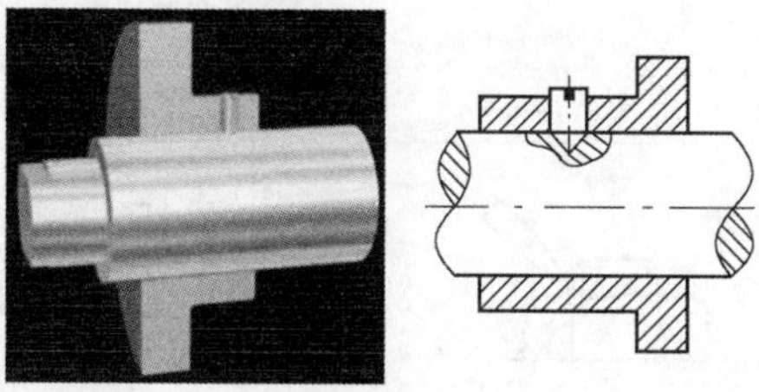	将紧定螺钉旋入被连接件之一的螺纹孔中,其末端顶住另一被连接件的表面或顶入相应的凹坑中,以固定两个零件的相对位置。可传递不大的轴向力或扭矩。多用于轴与轴上零件的连接

二、螺纹连接的拧紧与防松

1. 螺纹连接的拧紧

绝大多数螺纹连接在装配时需要拧紧,使连接在承受工作载荷之前,预先受到力的作用,这个预加的作用力称为预紧力。预紧的目的是为了增大连接的紧密性和可靠性。此外,适当地提高预紧力还能提高螺栓的疲劳强度。

2. 螺纹连接的防松

在静载荷作用下,连接螺纹的升角较小,故能满足自锁条件。但在受冲击、振动或变载荷以及温度变化大时,连接有可能自动松脱,这就容易发生事故。防松目的是防止内、外螺纹间产生相对转动。因此,螺纹连接时,必须充分重视防松问题。常用的防松方法见表1-1-3。

表 1-1-3　常用的防松方法

方法	应用举例		
	弹簧垫圈式	双螺母	自锁螺母
摩擦防松(利用摩擦力防松)			
	材料为弹簧钢,装配后垫圈被压平,靠错开的刃口分别切入螺母和被连接件以及弹力保持的预紧力防松	利用两螺母对顶预紧使螺纹旋合部分(此处在工作中几乎不变型)始终受到附加的预拉力及摩擦力而防松	螺母尾部做得弹性较大(开槽或镶弹性材料)且螺纹中径比螺杆稍小,旋合后产生附加径向压力而防松
	槽型螺母与开口销	圆螺母与止动垫圈	单耳止动垫圈
机械防松(用专门防松元件防松)			
	螺母尾部开槽,拧紧后用开口销穿过螺母槽和螺栓的径向孔而可靠防松	垫圈内舌嵌入螺栓的轴向槽内,拧紧螺母后将垫圈外舌之一褶嵌入螺母的一个槽内	在螺母拧紧后将垫圈一端褶起扣压到螺母的侧平面上,另一端褶下扣紧被连接件
	端铆	冲点、焊点	粘接剂
永久防松			
	拧紧后螺栓露出 1～1.5 个螺距,打压这部分使螺栓头螺纹变大成永久性防松	拧紧后在螺栓和螺母的骑缝处用样冲冲打或用焊具点焊 2～3 点成永久性防松	用厌氧性粘接剂涂于螺纹旋合表面,拧紧螺母后自行固化获得良好的防松效果

三、螺纹连接的主要失效形式

螺纹连接的失效形式与受载情况和螺纹连接的结构有关。螺纹连接的主要失效形式有螺栓连接的松动、螺栓杆的拉断、螺栓杆或螺栓孔的压溃、螺栓杆的剪断、因经常拆卸而发生滑扣现象。其中,螺栓连接的松动、螺栓杆的拉断为静载时的主要失效形式;螺栓杆或螺栓孔的压溃、螺栓杆的剪断为铰制孔用连接时的主要失效形式。

1. 用于连接的螺纹牙型为三角形，这是因为其_____。
   A. 螺纹强度高　　　　　　　B. 传动效率高　　　　　　C. 防振性能好
   D. 螺纹副的摩擦属于楔面摩擦，摩擦力大，自锁性好
2. 螺栓连接是一种_____。
3. 用于薄壁零件连接的螺纹，应采用_____。
   A. 三角形细牙螺纹　　　　　B. 梯形螺纹　　　　　　　C. 锯齿形螺纹
   D. 多线的三角形粗牙螺纹
4. 梯形螺纹和其他几种用于传动的螺纹相比较，其优点是_____。
   A. 传动效率高　　　　　B. 获得自锁的可能性大　　C. 较易精确制造
   D. 螺纹已标准化

任务三
螺 旋 传 动

知识点： 》》》
　　➤ 螺旋传动的功用及类别。
能力点： 》》》
　　➤ 能进行相关螺旋传动的计算。

一、螺旋传动概述

　　螺旋传动是用螺杆和螺母组成的螺旋副传递运动和动力的机械传动，主要用于把旋转运动转换成直线运动，同时传递运动和动力。

　　与其他将回转运动转变为直线运动的传动装置相比，螺旋传动具有结构简单，工作连续、平稳，承载能力大，传动精度高等优点，因此广泛应用于各种机械和仪器中。它的缺点是摩擦损失大，传动效率较低；但滚动螺旋传动的应用，已使螺旋传动摩擦大、易磨损和效率低的缺点得到了很大程度的改善。

　　常用的螺旋传动有普通螺旋传动、差动螺旋传动和滚珠螺旋传动。

二、普通螺旋传动

　　由螺杆和螺母组成的简单螺旋副实现的传动是普通螺旋传动。

　　(1) 普通螺旋传动的应用形式　见表1-1-4。

　　(2) 直线运动方向的判定　普通螺旋传动，从动件作直线运动的方向（移动方向）不仅与螺纹的回转方向有关，还与螺纹的旋向有关。判定步骤如下：

　　① 右旋螺纹用右手，左旋螺纹用左手。手握空拳，四指指向与螺杆（或螺母）回转方向相同，大拇指竖直。

表 1-1-4　普通螺旋传动的应用形式

应用形式	应用	应用实例	工作过程
螺母固定不动，螺杆回转并作直线移动	通常应用于螺旋压力机、千分尺、台虎钳等	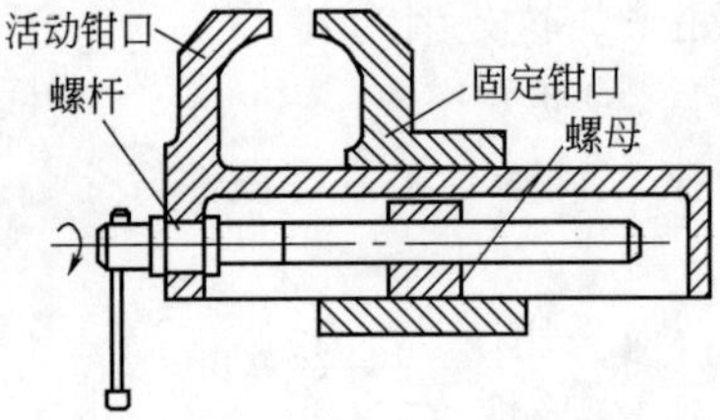 活动钳口　螺杆　固定钳口　螺母	右旋单线螺杆与螺母组成螺旋副，螺杆与活动钳口组成转动副。当螺杆顺时针转动时，螺杆连同活动钳口向右移动与固定钳口配合夹紧工件；反之，当螺杆逆时针转动时，螺杆连同活动钳口向左移动松开工件
螺杆固定不动，螺母回转并作直线移动	常用于插齿机、刀架传动螺旋、千斤顶等	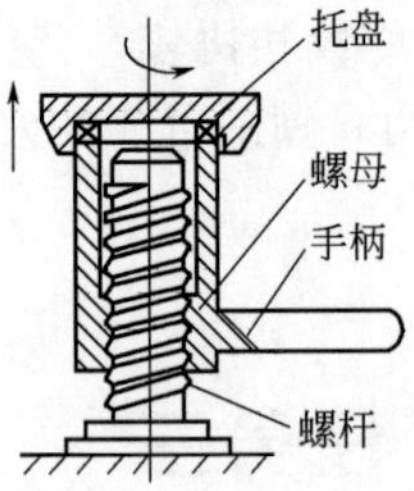 托盘　螺母　手柄　螺杆	螺杆连接于底座上固定不动，转动手柄使螺母回转并作上升或下降的直线运动，从而举起或放下托盘
螺杆回转，螺母作直线移动	应用较广，如机床滑板移动机构	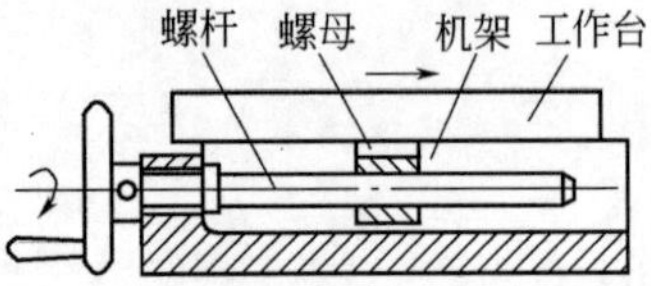 螺杆　螺母　机架　工作台	螺杆与机架组成螺旋副，螺母与螺杆以左旋螺纹配合并与工作台相连，当转动手轮使螺杆顺时针回转时，螺母带动工作台沿机架的导轨向右作直线运动
螺母回转，螺杆作直线移动	应力试验机上观察镜螺旋调整装置	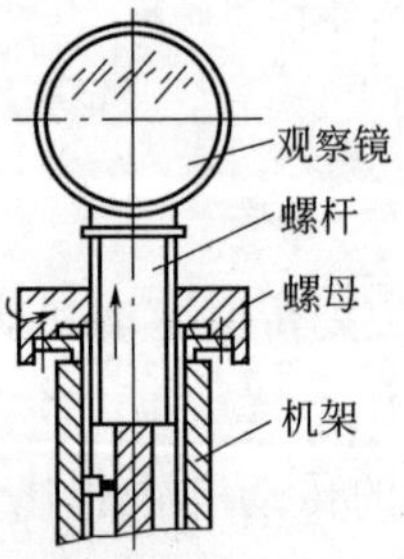 观察镜　螺杆　螺母　机架	螺杆、螺母为左旋螺旋副。当螺母按图示方向回转时，螺杆带动观察镜向上运动；螺母反向回转时，螺杆带动观察镜向下运动

　　② 若螺杆（或螺母）回转并移动，螺母（或螺杆）不动，则大拇指指向即为螺杆（或螺母）的移动方向（图 1-1-8）。

　　③ 若螺杆（或螺母）回转，螺母（或螺杆）移动，则大拇指指向的相反方向即为螺母（或螺杆）的移动方向。图 1-1-9 为卧式车床床鞍的丝杠螺母传动机构。丝杠为右旋螺杆，当丝杠如图示方向回转时，开合螺母带动床鞍向左移动。

　　（3）直线移动距离的计算　普通螺旋传动，螺杆（或螺母）的移动距离 L 与螺纹的导程有关。螺杆相对螺母每回转一圈，螺杆（或螺母）移动一个导程的距离。因此，移动距离 L 等于回转圈数 N 与导程 S 的乘积，即

$$L = NS \tag{1-1-1}$$

式中　L——螺杆（或螺母）的移动距离，mm；

　　　N——回转圈数；

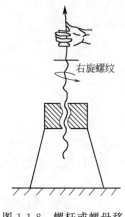

右旋螺纹

图 1-1-8　螺杆或螺母移
动方向的判定

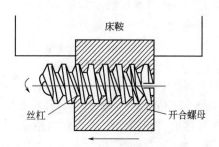

床鞍

丝杠　　　　　　开合螺母

图 1-1-9　卧式车床床鞍的螺旋传动

　　S——螺纹导程，mm。

　　若已知螺杆（或螺母）的转速，则螺杆（或螺母）的移动速度可按下式计算

$$v = nS \qquad (1\text{-}1\text{-}2)$$

式中　v——螺杆（或螺母）的移动速度，mm/min；

　　　n——转速，r/min；

　　　S——螺纹导程，mm。

三、差动螺旋传动

　　由两个螺旋副组成的使活动的螺母与螺杆产生差动（即不一致）的螺旋传动称为差动螺旋传动。

1. 差动螺旋传动原理

　　图 1-1-10 所示为一差动螺旋机构。螺杆分别与活动螺母和机架组成两个螺旋副，机架上为固定螺母（不能移动），活动螺母不能回转而只能沿机架的导向槽移动。设机架和活动螺母的旋向同为右旋，当螺杆沿图示方向回转时，螺杆相对机架向左移动，而活动螺母相对螺杆向右移动，这样活动螺母相对机架实现差动移动，螺杆每转 1 转，活动螺母实际移动距离为两段螺纹导程之差。如果机架上螺母螺纹旋向仍为右旋，活动螺母的螺纹旋向为左旋，螺杆沿图示回转时，螺杆相对机架左移，活动螺母相对螺杆也左移，螺杆每转 1 转，活动螺母实际移动距离为两段螺纹的导程之和。

2. 差动螺旋传动的移动距离和方向的确定

　　由上面分析可知，在图 1-1-10 所示差动螺旋机构中：

　　① 螺杆上两螺纹旋向相同时，活动螺母移动距离减小。当机架上固定螺母的导程大于活动螺母的导程时，活动螺母移动方向与螺杆移动方向相同；当机架上固定螺母的导程小于活动螺母的导程时，活动螺母移动方向与螺杆移动方向相反；当两螺纹的导程相等时，活动螺母不动（移动距离为零）。

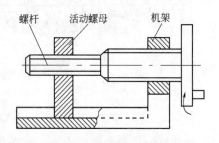

螺杆　　　活动螺母　　　机架

图 1-1-10　差动螺旋传动原理

　　② 螺杆上两螺纹旋向相反时，活动螺母移动距离增大。活动螺母移动方向与螺杆移动方向相同。

③ 在判定差动螺旋传动中活动螺母的移动方向时，应先确定螺杆的移动方向。

差动螺旋传动中活动螺母的实际移动距离和方向，可用公式表示如下

$$L=N(S_1 \pm S_2) \tag{1-1-3}$$

式中　L——活动螺母的实际移动距离，mm；

　　　N——螺杆的回转圈数；

　　　S_1——固定螺母的导程，mm；

　　　S_2——活动螺母的导程，mm。

当两螺纹旋向相反时，公式中用"＋"号，当两螺纹旋向相同时，公式中用"－"号；计算结果为正值时，活动螺母实际移动方向与螺杆移动方向相同，计算结果为负值时，活动螺母实际移动方向与螺杆移动方向相反。

【例 1-1-1】　在图 1-1-10 中，固定螺母的导程 $S_1=1.5$mm，活动螺母的导程 $S_2=2$mm，螺纹均为左旋。问当螺杆回转 0.5 转时，活动螺母的移动距离是多少？移动方向如何？

解：螺纹均为左旋，用左手判定螺杆向右移动。因为两螺纹旋向相同，活动螺母移动距离：

$$L=N(S_1-S_2)=0.5 \times (1.5-2)=-0.25 \text{mm}$$

计算结果为负值，说明活动螺母实际移动方向与螺杆移动方向相反，即向左移动了 0.25mm。

差动螺旋传动机构可以产生极小的位移，而其螺纹的导程并不需要很小，加工较容易。所以差动螺旋传动机构常用于测微器、计算机、分度机及诸多精密切削机床、仪器和工具中。

四、滚珠螺旋传动

在普通的螺旋传动中，由于螺杆与螺母的牙侧表面之间的相对运动摩擦是滑动摩擦，因此，传动阻力大，摩擦损失严重，效率低。为了改善螺旋传动的功能，经常用滚珠螺旋传动，用滚动摩擦代替滑动摩擦。滚珠螺旋传动，根据滚珠循环方式不同，可分为内、外两种循环方式，如图 1-1-11 所示。

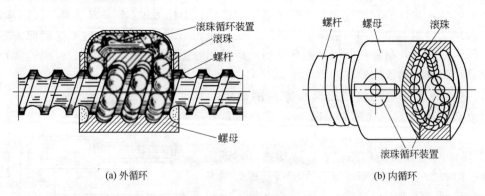

(a) 外循环　　　　　　　　(b) 内循环

图 1-1-11　滚珠螺旋传动

滚珠螺旋传动主要由滚珠、螺杆、螺母及滚珠循环装置组成。其工作原理是：在螺杆和螺母的螺纹滚道中，装有一定数量的滚珠（钢球），当螺杆与螺母作相对螺旋运动时，滚珠在螺纹滚道内滚动，并通过滚珠循环装置的通道构成封闭循环，从而实现螺杆与螺母间的滚动摩擦。

与普通螺旋传动相比，滚珠螺旋传动具有以下特点：

① 传动效率高，摩擦损失小。滚珠螺旋传动机械效率 $\eta = 90\% \sim 95\%$。

② 磨损小，能较长时间保持原始精度，使用寿命长。

③ 由于摩擦阻力小，且摩擦力的大小几乎与运动速度无关，故启动转矩接近于运动转矩，传动灵敏、平稳。

④ 给予适当的预紧，可消除螺杆与螺母螺纹间的间隙，因而有较高的传动精度和轴向刚度。

⑤ 不能自锁，传动具有可逆性，故需采用防逆转措施。

⑥ 制造工艺复杂，成本较高。

由于滚珠螺旋传动具有以上特点，在要求高效率、高精度的场合已广泛应用，如数控机床、精密机床的进给机构、重型机械的升降机构、自动控制装置和精密测量仪器等。

练一练

1. 螺旋副中螺杆相对于螺母转过一转时，则沿轴线方向相对移动的距离是_____。

A. 线数×螺距　　　　B. 一个螺距　　　　C. 线数×导程　　　　D. 导程/线数

2. 调节机构中，采用单头细牙螺纹，螺距为 3mm，当螺母沿轴向移动 9mm，螺杆转_____转。

A. 3　　　　　　　B. 4　　　　　　　C. 5　　　　　　　D. 6

3. 调节机构中，如螺纹为双线，螺距为 2mm，当螺杆转 3 转时，则螺母轴向移动_____ mm。

A. 6　　　　　　　B. 12　　　　　　　C. 12.7　　　　　　　D. 25.4

4. 如题 4 图所示为一螺旋拉紧装置，如按图上箭头方向旋转中间零件，能使两端螺杆 A 及 B 向中央移动，从而将两端零件拉紧。此装置中，A、B 螺杆上螺纹的旋向应是_____。

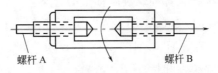

题 4 图

A. A 左旋，B 左旋　　　　　　　　B. A 右旋，B 右旋

C. A 左旋，B 右旋　　　　　　　　D. A 右旋，B 左旋

任务四
实训：测量螺纹中径

1. 实训目的

① 掌握螺纹中径的测量方法。

② 了解螺纹千分尺的结构原理和使用。

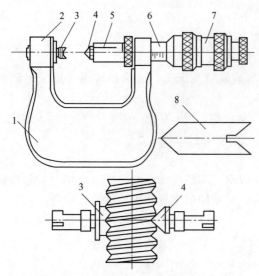

图 1-1-12　用螺纹千分尺测量螺纹中径

1—螺纹千分尺的弓；2—架砧；3—V形测量头；4—圆锥形测量头；5—主量杆；6—内套筒；7—外套筒；8—校对样板

2. 实训内容和要求

用螺纹千分尺测量螺纹中径。

3. 实训过程

① 了解螺纹千分尺。螺纹千分尺是专门用于测量螺纹中径的，测量头的形状做成与螺纹牙型相吻合的形状，结构如图 1-1-12 所示。

② 根据被测螺纹的螺距，选取一对测量头。

③ 装上测量头并校准千分尺的零位。

④ 将被测螺纹放入两测量头之间，找正中径部位。

⑤ 分别在同一截面相互垂直的两个方向上测量中径，取它们的平均值作为螺纹的实际中径。

习题 1-1

1. 什么是螺纹？按螺纹牙型不同，常用的螺纹有哪几种？试说明它们的应用场合。

2. 螺纹的主要参数有哪些？螺距与导程有何不同？螺纹升角与哪些参数有关？

3. 普通螺纹的公称直径是指哪个直径？普通螺纹的代号如何表示？

4. 管螺纹的螺纹特征代号有哪几种？代号 R_P 与 G 有什么不同？

5. 试解释下列各种螺纹标记及各种螺旋副标记的含义：

(1) M10×1 LH-6H、M30-5g6g、G1/2A-LH、Tr52×14(P7)-7e-L

(2) Tr52×16(P8)-7H/7e、M36×1.5LH-6H/6g

6. 试说明螺纹连接的主要类型和特点。

7. 螺纹预紧和放松的目的是什么？

8. 螺纹连接的主要失效形式有哪些？

9. 什么是螺旋传动？常用的螺旋传动有哪几种？

10. 如何判定普通螺旋传动中螺杆或螺母的移动方向？如何计算移动距离？

11. 如题 11 图所示，螺杆 1 可在机架 3 的支承内转动，a 处为左旋螺纹，b 处为右旋螺纹，两处螺纹均为单线，螺距 $P_a=P_b=4mm$，螺母 2 和螺母 4 不能回转，只能沿机架的导轨移动。求当螺杆按图示方向回转 1.5 周时，螺母 2 和螺母 4 相对移动的距离，并在图上画出两螺母的移动方向。

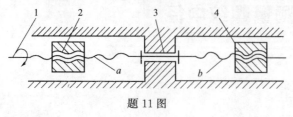

题 11 图

12. 什么是差动螺旋传动？利用差动螺旋传动实现微量调节对两段螺纹

的旋向有什么要求？

13. 在差动螺旋传动中，怎样计算活动螺母的移动距离？如何判定活动螺母的移动方向？

14. 在题14图所示微调镗刀机构中，螺杆1在Ⅰ和Ⅱ两处均为右旋螺纹，刀套3固定在镗杆2上，镗刀4在刀套中不能回转，只能移动。当螺杆回转时，可使镗刀得到微量移动。设固定螺母（刀套）的螺纹导程 $S_1=1.5mm$，活动螺母（镗刀）螺纹的导程 $S_2=1.25mm$，求螺杆按图示方向回转2周时，镗刀移动的距离，并判断移动的方向。

15. 在题15图所示微调机构中，已知：$S_1=2mm$，$S_2=1.5mm$，两螺旋副均为右旋。当手轮按图示方向回转90°时，螺杆的移动距离为多少？移动方向如何？如果手轮刻线圆周分度100等份，手轮回转1格，螺杆移动多少距离？

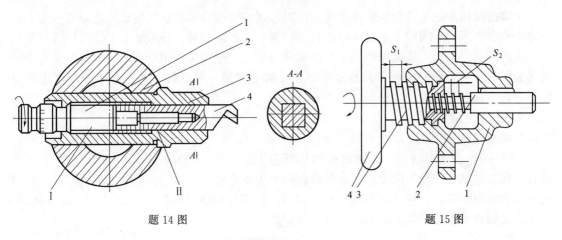

题14图　　　　　　　　　　题15图

16. 滚珠螺旋传动有什么优、缺点？主要应用在什么场合？

课题二

键、销及其连接

任务一

键　连　接

知识点：>>>
> ➤ 键连接的功用及类型；
> ➤ 平键连接的特点、种类、选用及失效；
> ➤ 半圆键连接、楔键连接、切向键连接和花键连接的特点。

能力点：>>>
> ➤ 键连接选择。

键是一种标准零件，通常用来实现轴与轮毂之间的周向固定以传递转矩；有些兼作轴上零件的轴向固定；还有的对沿轴向移动的零件起导向作用。键连接具有结构简单、装拆方便、工作可靠及标准化等优点，得到广泛应用。根据用途和结构特点的不同，键连接分类如下：

$$
链连接
\begin{cases}
松键连接
\begin{cases}
平键连接 \\
半圆键连接 \\
花键连接
\end{cases} \\
紧键连接
\begin{cases}
楔键连接 \\
切向键连接
\end{cases}
\end{cases}
$$

一、平键连接

平键的两侧面是工作面，平键连接工作时靠键与键槽的互相挤压传递转矩，键的上表面与轮毂槽底之间留有间隙，平键连接具有结构简单、装拆方便、轴与轴上零件对中性好等优点，应用广泛。但它不能实现轴上零件的轴向固定。平键连接适用于高速、承受变载、冲击的场合。按用途不同平键可分为普通平键、导向平键和滑键三种，其中普通平键用于静连接，导向平键和滑键用于动连接。

1. 普通平键

普通平键按键的端部形状不同分为 A 型（圆头）、B 型（方头）、C 型（单圆头）三种形式，如图 1-2-1 所示。普通平键和键槽的标准为 GB/T 1096—2003，见表 1-2-1。A 型用于端铣刀加工的轴槽，轴上应力较大，但键在槽中固定良好，工作时不松动，应用广泛。B 型用于盘状铣刀加工的轴槽，轴上应力集中较小，但键在轴槽中易松动，故对尺寸较大的键，宜用紧定螺钉将键压在轴槽底部。C 型键用于轴端。

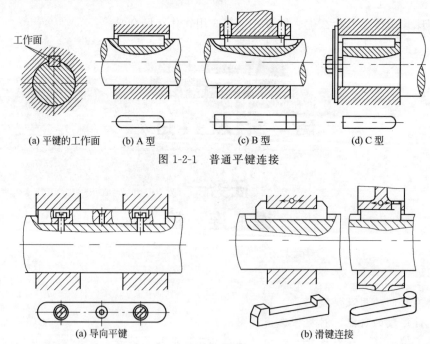

(a) 平键的工作面 (b) A 型 (c) B 型 (d) C 型

图 1-2-1　普通平键连接

(a) 导向平键 (b) 滑键连接

图 1-2-2　导向平键和滑键连接

2. 导向平键和滑键

导向平键和滑键均用于轮毂与轴间需要有相对滑动的动连接，如图 1-2-2 所示。导向平

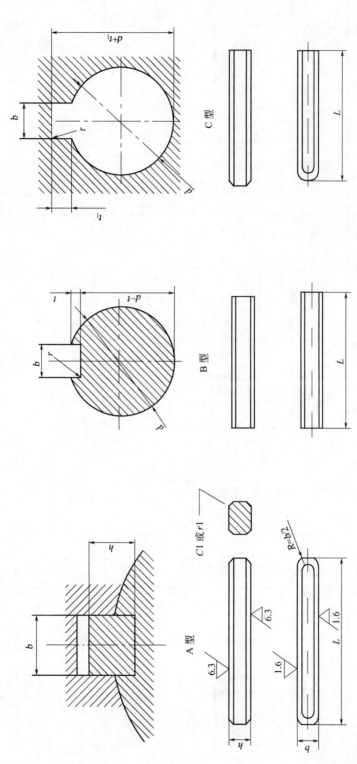

表 1-2-1　普通平键和键槽尺寸（摘自 GB/T 1096—2003）

mm

标记示例：

圆头普通平键（A 型）b＝16mm，h＝10mm，L＝100mm；　　　键 16×10×100 GB/T 1096—2003

方头普通平键（B 型）b＝16mm，h＝10mm，L＝100mm；　　　键 B16×10×100 GB/T 1096—2003

单圆头普通平键（C 型）b＝16mm，h＝10mm，L＝100mm；　　　键 C16×10×100 GB/T 1096—2003

轴	键	键槽											
		宽度 b						深度				半径 r	
公称直径 d	公称尺寸 b×h	公称尺寸 b	极限偏差					轴 t		毂 t₁		最小	最大
			较松键连接		一般键连接		较紧连接	公称尺寸	极限偏差	公称尺寸	极限偏差		
			轴 H9	毂 D10	轴 N9	毂 JS9	轴和毂 P9						
自 6~8	2×2	2	+0.025 / 0	+0.060 / −0.020	−0.004 / −0.029	±0.0125	−0.006 / −0.031	1.2	+0.1 / 0	1	+0.1 / 0	0.08	0.16
>8~10	3×3	3						1.8		1.4			
>10~12	4×4	4	+0.030 / 0	+0.078 / +0.030	0 / −0.003	±0.015	−0.012 / −0.042	2.5		1.8		0.16	0.25
>12~17	5×5	5						3.0		2.3			
>17~22	6×6	6						3.5		2.8			
>22~30	8×7	8	+0.036 / 0	+0.098 / +0.040	0 / −0.036	±0.018	−0.015 / −0.051	4.0		3.3		0.25	0.40
>30~38	10×8	10						5.0		3.3			
>38~44	12×8	12	+0.043 / 0	+0.120 / +0.050	0 / −0.043	±0.0215	−0.018 / −0.061	5.0	+0.2 / 0	3.3	+0.2 / 0		
>44~50	14×9	14						5.5		3.8			
>50~58	16×10	16						6.0		4.3			
>58~65	18×11	18						7.0		4.4			
>65~75	20×12	20	+0.052 / 0	+0.149 / +0.065	0 / −0.052	±0.026	−0.022 / −0.074	7.5		4.9		0.40	0.60
>75~85	22×14	22						9.0		5.4			
>85~95	25×14	25						9.0		5.4			
>95~110	28×16	28						10.0		6.4			

键的长度系列：6,8,10,12,14,16,18,20,22,25,28,32,36,40,45,50,56,63,70,80,90,100,110,125,140,160,180,200,250,280,320,360

注：1. 在工作图中，轴槽深用 t（d−t）或轴槽深用 t₁ 或（d+t₁）标注。

2. （d−t）和（d+t₁）两组合尺寸的极限偏差按相应的 t 和 t₁ 极限偏差选取，但（d−t）偏差值应取负号（—）。

3. 较松键连接用于导向平键，一般用于载荷不大的场合；较紧键连接用于载荷较大、有冲击和双向转矩的场合。

键是加长的普通平键，有圆头（A 型）和方头（B 型）两种，导向平键用螺钉固定在轴上的键槽中，轮毂可沿键作轴向移动。为拆卸方便，在键的中部有起键用的螺孔。滑键则是将键固定在轮毂上，随轮毂一起沿轴槽移动。导向平键用于轮毂沿轴向移动距离较小的场合，当轮毂的轴向移动距离较大时，宜采用滑键连接。

3. 平键的选择

键是标准件，键的选择包括类型选择和尺寸选择两个方面。选择键连接类型时，一般需考虑传递转矩大小，轴上零件沿轴向是否有移动及移动距离大小，对中性要求和键在轴上的位置等因素，并结合各种键连接的特点加以分析选择。平键的尺寸主要是键的截面尺寸 $b \times h$ 及键长 L。$b \times h$ 根据轴径 d 由标准中查得，键的长度参考轮毂的长度确定，一般应略短于轮毂长（一般比轮毂的长度略短 5～10mm）；导向平键应按轮毂的长度及滑动距离而定，并且要符合标准规定的长度系列。

4. 平键连接的失效

对于普通平键连接（静连接），其主要失效形式是工作面的压溃，有时也会出现键的剪断，但一般只作连接的挤压强度校核。对于导向平键连接和滑键连接，其主要失效形式是工作面的过度磨损，通常按工作面上的压力进行条件性的强度校核计算。当强度不足时，可适当增加键长或采用两个键按 180°布置。

二、半圆键连接

半圆键连接如图 1-2-3 所示，键的底面为半圆形。轴上键槽用尺寸与半圆键相同的半圆键槽铣刀铣出。半圆键工作时靠侧面传递转矩，键在槽中能绕几何中心摆动，以适应轮毂上键槽的斜度，因此工艺性较好，装配方便，但轴上键槽较深，对轴的强度削弱较大，主要用于轻载时锥形轴头与轮毂的连接。

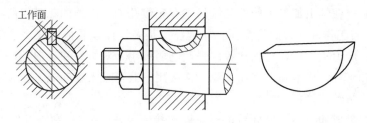

图 1-2-3　半圆键连接

三、楔键连接和切向键连接

楔键连接用于静连接，如图 1-2-4 所示。楔键的上下面是工作面，键的上表面和与它相配合的轮毂键槽底面均具有 1∶100 的斜度，装配时将键打入轴和毂槽内，其工作面上产生很大的预紧力，工作时，主要靠摩擦力传递转矩，并能承受单方向的轴向力。楔键分为普通楔键和钩头楔键两种，普通楔键有圆头、平头和单圆头三种形式。圆头普通楔键［图 1-2-4(a)］是放入式的（放入轴上键槽后打紧轮毂），其他楔键［图 1-2-4(b)］都是打入式（先将轮毂装到适当位置再将键打紧）。楔键连接的缺点是键楔紧后，轴和轮毂的配合产生偏心和偏斜，受载荷作用时，楔键连接容易松动。楔键连接只适用于对中性要求不高、载荷平稳、低速运转的场合，如农业机械、建筑机械等。

切向键连接如图 1-2-5 所示。切向键是由一对斜度为 1∶100 的楔键组成。装配时，把一对楔键分别从轮毂两端打入，共同楔紧在轴与轮毂之间。其上下两面（窄面）为工作面，

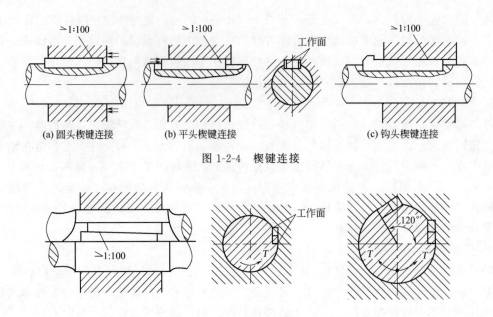

(a) 圆头楔键连接　　　　　(b) 平头楔键连接　　　　　　　　　　(c) 钩头楔键连接

图 1-2-4　楔键连接

图 1-2-5　切向键连接

工作时，靠工作面上的挤压力和轴与轮毂间的摩擦力来传递转矩。用一个切向键时，只能传递单向转矩；当要传递双向转矩时，必须用两个切向键，两者间的夹角为 120°～130°。用于载荷很大，对中要求不严的场合。由于键槽对轴削弱较大，常用于直径大于 100mm 的轴上。如大型带轮及飞轮，矿用大型绞车的卷筒及齿轮等与轴的连接。

四、花键连接

花键连接是由在轴上加工出的外花键齿和在轮毂孔加工出的内花键齿所构成的连接，如图 1-2-6 所示，其工作面是键的齿侧面。花键连接是多齿传递载荷，故比平键连接承载能力强，且槽较浅，应力集中小，对轴和毂的强度削弱较小，对中性和导向性好，但花键加工需用专门的设备和工具，成本高。因此，花键连接用于载荷较大或动载、变载及定心要求高的场合，也常用于滑动连接。

花键连接按齿形的不同，可分为矩形花键连接（见图 1-2-7）和渐开线花键连接（见图 1-2-8）两类，这两类花键均已标准化。

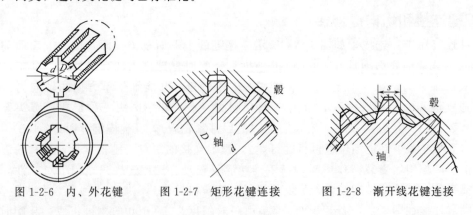

图 1-2-6　内、外花键　　　图 1-2-7　矩形花键连接　　　图 1-2-8　渐开线花键连接

矩形花键的定心方式为小径定心，即外花键和内花键的小径为配合面。其特点是定心精

度高，定心的稳定性好，能用磨削的方法消除热处理引起的变形。矩形花键连接是应用最为广泛的花键连接。如航空发动机、汽车、燃气轮机、机床、工程机械、拖拉机、农业机械及一般机械传动装置等。

渐开线花键的齿廓为渐开线，分度圆压力角 α 有 30°及 45°两种。渐开线花键的定心方式为齿形定心。受载时齿上有径向力，能起自动定心作用，有利于各齿受力均匀，强度高，寿命长。用于载荷较大，定心精度要求较高以及尺寸较大的连接，如航空发动机、燃气轮机、汽车等。压力角 45°的花键多用于轻载、小直径和薄型零件的连接。

练一练

1. 键连接的功用是实现轴与轮毂之间_____。

A. 安装与拆卸方便　　　　　　　B. 沿轴向可做相对滑动并具有导向作用

C. 沿周向固定并传递扭矩　　　　D. 沿轴向固定并传递轴向力

2. 能构成紧键连接的两种键是_____。

A. 楔键和半圆键　　　　　　　　B. 平键和切向键

C. 半圆键和切向键　　　　　　　D. 楔键和切向键

3. 楔键和_____，两者的接触面都具有 1/100 的斜度。

A. 轴向键槽的底面　　　　B. 轮毂上键槽的底面　　　C. 键槽的侧面

4. 切向键传递双向扭矩时，应反向安装两对键，相隔_____。

A. 90°～120°　　　　　　　　　B. 120°～135°

C. 135°～180°　　　　　　　　　D. 180°

5. 平键标记：键 B20×80 GB/T 1096—2003 中，20×80 表示_____。

A. 键宽×轴径　　　　　　　　　B. 键宽×键高

C. 键宽×键长　　　　　　　　　D. 键高×键长

6. 半圆键连接的主要优点是_____。

A. 轴的削弱较轻　　　　　　B. 键槽的应力集中小　　　C. 键槽加工方便

7. 半圆键和切向键的应用场合是_____。

A. 前者多用来传递较大载荷，后者多用来传递较小载荷

B. 两者都用来传递较小载荷

C. 前者多用来传递较小载荷，后者多用来传递较大载荷

D. 两者都用来传递较大载荷

8. 题 8 图中，图(a) 所采用的键连接是_____；图(b) 所采用的键连接是_____；

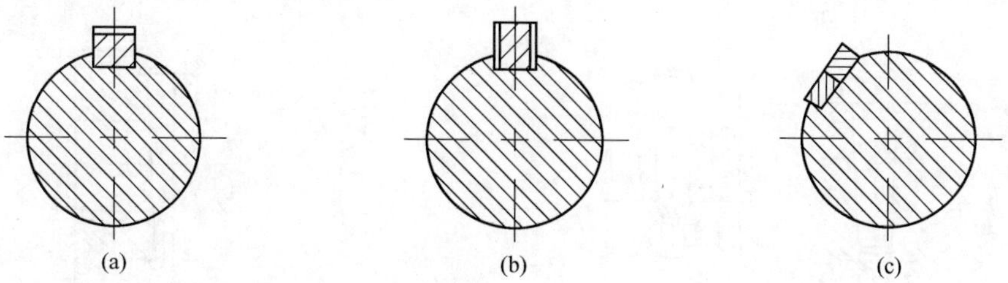

(a)　　　　　　　　　(b)　　　　　　　　　(c)

题 8 图

图(c) 所采用的键连接是_____。

    A. 楔键   B. 切向键   C. 平键   D. 半圆键

9. 齿轮轮毂与轴采用平键连接，已知配合处轴径 $d=60mm$，则键的剖面尺寸 $b \times h$ 是_____。

    A. 16×10 B. 18×11 C. 20×12 D. 22×14

10. 花键连接与平键连接相比较，_____的观点是错误的。

    A. 承载能力比较大   B. 旋转零件在轴上有良好的对中性

    C. 对轴的削弱比较大

任务二
销 连 接

知识点： >>>

    ➤ 销连接的类型、特点及应用。

能力点： >>>

    ➤ 销的选择。

销主要用于固定零件之间的相对位置，称为定位销［图 1-2-9(a)、(b)］，它是组合加工和装配时的重要辅助零件；也可用于连接，称为连接销［图 1-2-9(c)］，可传递不大的载荷；还可作为安全装置中的过载剪断元件，称为安全销［图 1-2-9(d)］。

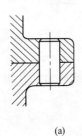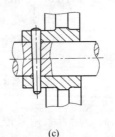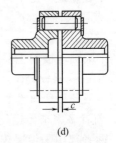

(a)   (b)   (c)   (d)

图 1-2-9 销连接

销有圆柱销、圆锥销、槽销、销轴和开口销等多种类型，均已标准化。

普通圆柱销是利用微量的过盈，固定在光孔中，多次装拆将有损于连接的紧固和定位精度［图 1-2-9(a)、(d)］。

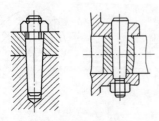

图 1-2-10 外螺纹圆锥销

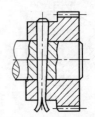

图 1-2-11 开尾圆锥销

普通圆锥销具有 1：50 的锥度，小端直径是标准值，定位精度高，自锁性好，用于经常装拆的连接 ［图 1-2-9(b)、(c)］。

内螺纹圆锥销、外螺纹圆锥销（图 1-2-10），可用于销孔没有开通或拆卸困难的场合。开尾圆锥销（图 1-2-11），它可保证销在冲击、振动或变载下不致松脱。

习题 1-2

1. 试述键连接的功用和种类。
2. 根据用途不同，平键分为哪几种类型？指出其中哪些用于静连接，哪些用于动连接。
3. 普通平键的截面尺寸和长度如何确定？
4. 平键连接有哪些失效形式？
5. 花键连接有哪两种形式？花键连接的特点是什么？
6. 半圆键与普通平键连接相比，有什么优缺点？它适用在什么场合？
7. 销有哪几种类型？各应用于什么场合？

课题三

轴

任务一
轴的用途及分类

知识点：》》》
➤ 轴的类型及功用。

能力点：》》》
➤ 轴的区分。

轴是机器中的重要零件之一，用来支撑转动的传动零件，传递运动和动力、承受载荷，以及保证装在轴上的零件具有确定的工作位置和具有一定的回转精度。

根据轴线的形状不同，轴又可分为直轴（图 1-3-1）、曲轴（图 1-3-2）、挠性钢丝轴（图 1-3-3）。后两种轴属于专用零件。

直轴按外形不同可分为光轴 ［图 1-3-1(a)］ 和阶梯轴 ［图 1-3-1(b)］。直轴一般制成实心轴，但为了减轻重量或满足某些机器结构上的需要，也可以采用空心轴 ［图 1-3-1(c)］。光轴形状简单，加工容易，应力集中小，主要用于农业机械和纺织机械中作转动轴。阶梯轴各轴段截面的直径不同，这种设计使各轴段的强度相近，且便于轴上零件的装拆和固定，阶梯轴在机器上应用最广泛。

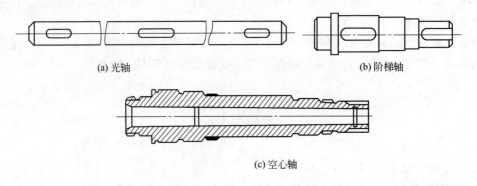

(a) 光轴

(b) 阶梯轴

(c) 空心轴

图 1-3-1　直轴

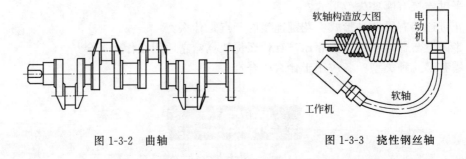

图 1-3-2　曲轴

图 1-3-3　挠性钢丝轴

曲轴可将旋转运动转化为直线运动或将直线运动转化为旋转运动，常用于往复式机械中，如曲柄压力机和内燃机等。

挠性轴是多层钢丝密集缠绕而成的钢丝软轴，可将转矩和回转运动灵活地传递到不同位置，且具有缓冲作用，如用在牙钻和混凝土振捣器中。

根据承受载荷的不同，轴可分为转轴、传动轴和芯轴三种。

（1）转轴　既传递转矩，又承受弯矩的轴。转轴是机器中最常见的轴，通常简称为轴。如图 1-3-4 所示的齿轮轴。

（2）芯轴　承受弯矩，不传递转矩的轴，如图 1-3-5(a) 所示自行车前轮轴（固定芯轴）和图 1-3-5（b）所示火车车轮轴（转动芯轴）。

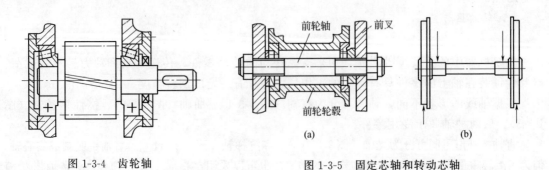

图 1-3-4　齿轮轴

图 1-3-5　固定芯轴和转动芯轴

（3）传动轴　主要用于传递转矩而不承受弯矩，或所承受的弯矩很小的轴称为传动轴。如图 1-3-6 所示为汽车发动机至后桥的轴，在车辆运行中，该轴主要承受扭转作用。

图 1-3-6　传动轴

练一练

1. 工作时承受弯矩并传递转矩的轴，称为_____；工作时只受弯矩，不传递转矩的轴，称为_____；工作时以传递转矩为主，不承受弯矩或弯矩很小的轴，称为_____。

A. 芯轴　　　　　　　B. 转轴　　　　　　　C. 传动轴

2. 自行车前轮的轴是_____；自行车的后轴是_____；自行车后轮的轴是_____。

A. 芯轴　　　　　　　B. 转轴　　　　　　　C. 传动轴

3. 汽车下部，由发动机、变速器、通过万向联轴器带动后轮差速器的轴，是_____。

A. 芯轴　　　　　　　B. 转轴　　　　　　　C. 传动轴

4. 后轮驱动的汽车，支持后轮的轴是_____；其前轮的轴是_____。

A. 芯轴　　　　　　　B. 转轴　　　　　　　C. 传动轴

5. 车床的主轴是_____。

A. 芯轴　　　　　　　B. 转轴　　　　　　　C. 传动轴

任务二
轴 的 结 构

知识点： 》》》

➢ 轴上零件的固定目的及方法；

➢ 轴的结构工艺性要求；

➢ 轴的常用材料。

如图 1-3-7 所示为圆柱齿轮减速器中的低速轴。轴通常由轴头、轴颈及轴身等部分组成。安装轮毂的轴段称为轴头，轴与轴承配合处的轴段称为轴颈，其他部分称为轴身。

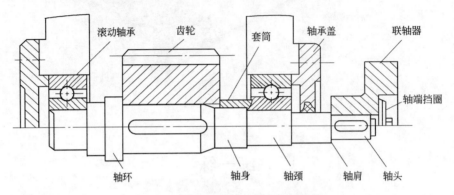

图 1-3-7 圆柱齿轮减速器中的低速轴

为使轴的结构和其各个部位都具有合理的形状和尺寸，在考虑轴的结构时，应满足以下三个方面的要求：

① 轴上零件定位可靠；
② 轴便于加工和尽量避免或减小应力集中；
③ 轴上零件便于安装和拆装。

一、轴上零件的固定

1. 轴向固定

轴上零件轴向固定的目的是为了保证零件在轴上有确定的轴向位置，防止零件作轴向移动，并能承受轴向力。常用的轴向固定方法、特点及应用见表 1-3-1。

表 1-3-1 轴上零件的轴向固定方法、特点及应用

固定方法	简图	特点与应用
轴肩、轴环		结构简单、定位可靠，可承受较大的轴向力，是一种常用的固定方法，常用于齿轮、带轮、轴承和联轴器等传动零件的轴向固定。为保证轴上的零件的端面能紧靠定位面，轴肩的内圆角半径 r 应小于外圆角半径 R 或倒角 c。R 和 c 的尺寸可查阅机械手册。固定滚动轴承时 h 应小于滚动轴承内圈厚度。一般取轴肩高度 $h=R(c)+0.5\sim2mm$，轴环宽 $b\approx1.4h$
圆螺母		装拆方便，固定可靠，可承受较大的轴向力，但因切制螺纹而易引起应力集中，降低轴的疲劳强度，一般采用细牙螺纹。常用双圆螺母或圆螺母与止动垫圈固定轴端零件，当零件间距较大时，亦可用圆螺母代替套筒以减小结构重量

固定方法	简图	特点与应用
圆锥面		能消除轴和轮毂间的径向间隙,装拆较方便,定心精度高,能承受冲击载荷,但锥面不如圆柱面加工简便。多用于轴端零件的固定,常与轴端压板或螺母联合使用,使零件获得双向轴向固定
弹性挡圈		结构简单、紧凑、拆装方便,但只能承受较小的轴向力,可靠性差。挡圈位于承载轴段时,轴的强度削弱较严重
轴端挡圈		适于轴端零件的定位和固定。可承受剧烈的振动和冲击载荷,轴径小时用一个螺钉锁紧,轴径大时用两个或两个以上的螺钉锁紧
紧定螺钉与挡圈		结构简单,承受不大的轴向力。不适用于有冲击、振动、高速的场合,光轴上应用较多。紧定螺钉同时亦起周向固定作用
套筒		结构简单、可靠。轴上不需开槽、钻孔,适用于轴上两零件间的间距不大的场合,当轴的转速很高时不宜采用

2. 周向固定

轴上零件周向固定的目的是为了传递转矩,防止零件与轴产生相对的转动。常用的周向固定方法、特点及应用见表 1-3-2。

表 1-3-2　轴上零件的周向固定方法、特点及应用

方法	简图	特点与应用
平键连接		结构简单,加工容易,装拆方便,对中性好,但不能承受轴向力,可用于较高精度、较高转速及受冲击或变载的场合

方法	简图	特点与应用
花键连接	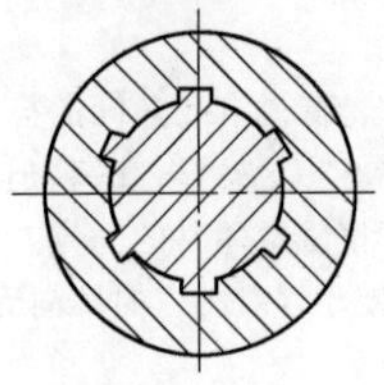	具有承载能力高、定心和导向性好、成本高等特点,适用于载荷较大或动载、变载及定心要求高的场合,也常用于滑动连接
销连接	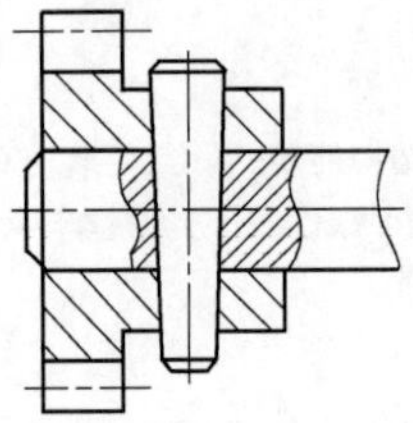	同时有轴向和周向固定作用,削弱轴的强度,不能承受较大的载荷,具有过载保护作用
紧定螺钉	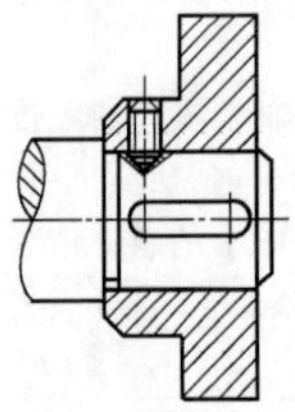	结构简单,不能承受较大载荷,只适用于辅助连接
过盈配合	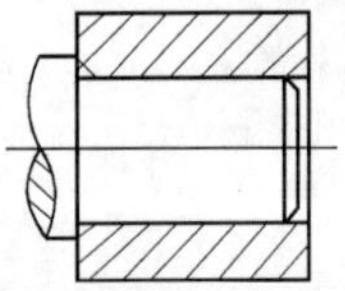	同时有轴向和周向固定作用,对中精度高,选择不同的配合有不同的连接强度。不适用于重载和经常拆卸的场合

二、轴的结构工艺性

为方便轴的制造及轴上零件的装配和使用维修,在确定轴的结构时,应考虑以下几方面的要求:

① 阶梯轴的直径应中间大两端小,以便于轴上零件的装拆。

② 轴端、轴颈与轴肩(或轴环)的过渡部分要设置倒角和过渡圆弧,以便于轴上零件装配,并减小应力集中,并应尽可能使倒角大小一致和圆角半径相同,以减少刀具规格和换刀次数。

③ 轴上需磨削的轴段应设计出砂轮越程槽,砂轮越程槽取宽度 $b=2\sim4mm$,深度 $a=0.5\sim1mm$,如图 1-3-8 所示。需车制螺纹的轴段应有退刀槽,螺纹退刀槽取宽度 $b\geqslant2P$(P 为螺距),如图 1-3-9 所示。轴上有多个越程槽或退刀槽时,应尽可能取相同的尺寸,以方便加工。

④ 轴上有多个键槽时,尽可能用同一规格尺寸,并安排在同一直线上,如图 1-3-10 所示。

⑤ 为了便于轴的加工及保证轴的精度,必要时应设置中心孔。

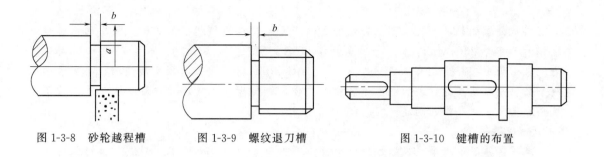

图 1-3-8　砂轮越程槽　　　　图 1-3-9　螺纹退刀槽　　　　图 1-3-10　键槽的布置

练一练

1. 减速器轴上的各零件中，_____的右端是用轴肩来进行轴向定位的。

A. 齿轮　　　　　　B. 左轴承　　　　　　C. 右轴承　　　　　　D. 半联轴器

2. 轴环的用途是_____。

A. 使轴上零件获得轴向固定　　　　B. 提高轴的强度　　　　C. 提高轴的刚度

3. 当轴上安装的零件要承受轴向力时，采用_____来进行轴向定位时，所能承受的轴向力较大。

A. 圆螺母　　　　　B. 紧钉螺母　　　　　C. 弹性挡圈

4. 若套装在轴上的零件，它的轴向位置需要任意调节，常用的周向固定方法是_____。

A. 键连接　　　　　B. 销钉连接　　　　　C. 紧定螺栓连接　　　　D. 紧配合连接

5. 增大轴在剖面过渡处的圆角半径，其优点是_____。

A. 使零件的轴向定位比较可靠　　　　B. 降低应力集中，提高轴的疲劳强度

C. 使轴的加工方便

知识链接

轴的材料

轴的材料种类很多，选用时主要根据对轴的强度、刚度、耐磨性等要求，以及为实现这些要求而采用的热处理方式，同时考虑制造工艺问题加以选用，力求经济合理

常用材料是碳素钢、合金钢和球墨铸铁。轴的毛坯一般采用轧制圆钢或锻件，轴的直径较小时，可用圆钢棒制造；对于重要的、大直径或阶梯直径变化较大的轴，多采用锻件。为节约金属和提高工艺性，直径大的轴可以制成空心的，并且带有焊接的或者锻造的凸缘。对于形状复杂的轴（如凸轮轴、曲轴）可采用铸件。

1. 碳素钢

由于碳素钢比合金钢成本低，且对于应力集中的敏感性较小，所以得到广泛的应用。对较重要或传递载荷较大的轴，常用 35、40、45 和 50 号优质碳素钢，其中 45 钢应用最广泛。这类材料的强度、塑性和韧性等都比较好。进行调质或正火处理可提高其力学性能。对不重要或传递载荷较小的轴，可用 Q235、Q275 等普通碳素钢。

2. 合金钢

合金钢具有较好的力学性能和淬火性能。但对应力集中比较敏感，价格较高，多用

于有特殊要求的轴，如要求重量轻或传递转矩大而尺寸又受到限制的轴。常用的低碳合金钢有 20Cr、20CrMnTi 等，一般采用渗碳淬火处理，使表面耐磨性和芯部韧性都较好。常用的中碳合金钢有 35SiMn、40Cr、20CrMnTi 等，一般采用调质处理，要求表面耐磨的轴或轴段要进行表面淬火等热处理。合金钢与碳素钢的弹性模量相差不多，故不宜用合金钢来提高轴的刚度。

3. 球墨铸铁

球墨铸铁具有价廉、吸振性好、耐磨，对应力集中不敏感，容易制成复杂形状的轴等特点。但铸造轴的质量不易控制，可靠性差。

轴的常用材料及其主要力学性能见表 1-3-3。

表 1-3-3　轴的常用材料及其主要力学性能

材料		热处理类型	毛坯直径 d/mm	力学性能					备注
类别	牌号			硬度（HBS）	抗拉强度 σ_b /MPa	屈服点 σ_s /MPa	弯曲疲劳极限 σ_{-1}/MPa	扭转疲劳极限 τ_{-1}/MPa	
碳素结构钢	Q235		≤16	—	460	235	200	105	用于不重要或承载不大的轴
			≤40	—	440	225			
	45	正火	≤100	170～217	600	300	275	140	应用最广
		调质	≤200	217～255	650	360	300	155	
合金钢	40Cr	调质	≤100	241～266	750	550	350	200	用于承载较大而无很大冲击的重要轴
			>100～300	241～266	700	550	340	185	
	35SiMn	调质	≤100	229～286	800	520	400	205	性能接近40Cr用于中小型轴
			>100～300	217～269	750	450	350	185	
	20Cr	渗碳	15	表面56～62HRC	850	550	375	215	用于要求强度、韧性均较高的轴
			30		650	400	280 280	160	
			≤60		650	400	280	160	
	20CrMnTi	渗碳	15	表面56～62HRC	1100	850	525	300	
球墨铸铁	QT400-15			156～197	400	300	145	125	用于结构形状复杂的轴

习题 1-3

1. 轴的功用是什么？

2. 轴按功用与所受载荷的不同分为哪三种？各有何应用特点？常见的轴大多属于哪一种？

3. 自行车的前轮轴是什么类型的轴？中轴与后轮轴是什么类型的轴？为什么？

4. 选用轴的材料时应考虑哪些问题？碳钢及合金钢各适用于什么场合？

5. 轴的结构应满足什么要求？

6. 轴上零件最常用的轴向固定的目的是什么？常用的轴向固定方法有哪些？

7. 轴上零件最常用的周向固定的目的是什么？常用的周向固定方法有哪些？

课题四

轴　　承

用于确定轴与其他零件相对运动位置并起支承作用或导向作用的零（部）件称为轴承。轴承的功用是支承轴及轴上零件，减少转轴与支承之间的摩擦和磨损，并保持轴的旋转精度。根据轴承工作时的摩擦性质的不同，可分为滑动轴承和滚动轴承两大类。

任务一

滑 动 轴 承

知识点：》》》
➤ 滑动轴承的种类、特点及应用；
➤ 滑动轴承的材料。

能力点：》》》
➤ 正确选用滑动轴承。

一、概述

在滑动摩擦下工作的轴承称为滑动轴承。滑动轴承结构简单，工作平稳，无噪声，承载能力大，径向尺寸小，可做成剖分式，转速及回转精度可以很高，具有良好的耐冲击性和吸振性；高速时比滚动轴承的寿命长，但非液体摩擦滑动轴承，摩擦损失大；液体摩擦滑动轴承，摩擦损失与滚动轴承相差不多，但设计、制造润滑及维护要求较高。滑动轴承适用于低速、重载或转速特别高、对轴的支承精度要求较高以及径向尺寸受限制的场合。

滑动轴承主要由滑动轴承座、轴瓦或轴套组成。装有轴瓦或轴套的壳体称为滑动轴承座；与轴颈相配的圆形整体零件称为轴套，与轴颈相配的对开式零件称为轴瓦。

轴瓦是滑动轴承中的重要零件。如图 1-4-1 所示，向心滑动轴承的轴瓦内孔为圆柱形。若载荷方向向下，则下轴瓦为承载区，上轴瓦为非承载区。润滑油应由非承载区引入，所以在顶部开进油孔。在轴瓦内表面，以进油口为中心沿纵向、斜向或横向开有油槽［如图 1-4-1(c)］，以

(a) 轴瓦

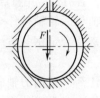
(b) 轴颈与轴瓦接触面

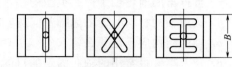
(c) 轴瓦上的油槽形式

图 1-4-1　轴瓦

利于润滑油均匀分布在整个轴颈上。油槽不应开通，其长度一般取轴瓦轴向长度的 80%，以防止漏油。

二、滑动轴承的主要类型和结构

滑动轴承按照承受载荷的方向主要分为：径向滑动轴承、止推滑动轴承和径向止推滑动轴承三种形式，其中径向滑动轴承应用最广。常用滑动轴承的结构特点见表 1-4-1。

表 1-4-1　常用滑动轴承的结构特点

类型		结构简图	结构特点及应用
整体式		轴承座　油孔　轴套	轴承座上设有安装润滑油杯的螺纹油孔，在轴套上开有油孔，并在轴套的内表面上开有油沟。这种轴承结构简单，成本低廉。但安装不方便，装拆时要求轴或轴承作轴向运动，磨损后无法调整，只能扩孔加轴套。所以这种轴承多用在低速、轻载或间歇性工作的机器中
径向滑动轴承	剖分式	45°　4　3　2　1	剖分式径向滑动轴承，由轴承座 1、轴承盖 2、剖分轴瓦 3 和连接螺栓 4 等所组成。轴承盖上制有螺纹孔，以便安装油杯或油管。为了安装时容易对心，在轴承盖与轴承座的中分面上做出阶梯形的梯口。在轴瓦剖分面上，配置调整垫片，当载荷垂直向下或略有偏斜时，轴承的中分面常为水平方向。若载荷方向有较大偏斜时，则轴承的中分面也斜着布置(通常倾斜 45°，使中分平面垂直于或接近垂直于载荷)。装拆方便，当轴瓦磨损后，可以减少垫片厚度，以调整轴承径向间隙。应用较广
	调心式	B　d　D　球面	轴瓦的支承面做成球面，使其能自动适应轴或机架的变形，以避免边缘摩擦的情况。此种轴承适用于轴承宽度 B 与轴颈直径之比大于 1.5 的场合

类型	结构简图	结构特点及应用
止推滑动轴承	（a）　（b）　（c）　（d）	止推轴承用于承受轴向载荷。按轴径支承面的形式不同，分为实心[图（a）]、空心[图（b）]、环形[图（c）]和多环形[图（d）]等几种。由图可知，止推轴承的工作面可以是轴端面或轴上的环形平面。由于支承面上离中心愈远处，其相对滑动速度愈大，因而磨损也愈快，所以实心轴端面上的压力分布极不均匀，靠近中心处的压强极高。因此，一般止推轴承大多数采用环形支承面。多环轴径能承受较大的双向轴向载荷

知识链接

滑动轴承的材料

轴瓦和轴承衬材料直接影响轴承的性能，应根据使用要求、经济性要求合理选择。由于滑动轴承的主要失效形式是磨损与胶合，当强度不足时也可能出现疲劳破坏。因此，轴瓦和轴承衬材料应具备下述性能：足够的强度和塑性；良好的减摩性（摩擦因数要小）和耐磨性；良好的储备润滑油的功能；良好的磨合性；良好的导热性和耐蚀性；良好的工艺性能，使之制造容易，价格便宜。

常用轴瓦和轴承衬材料的牌号、性能及应用见表1-4-2。

表1-4-2　常用轴瓦和轴承衬材料的牌号、性能及应用

轴瓦材料		最高工作温度/℃	性能	应用
铸造锡锑轴承合金	ZSnSb11Cu6	150	摩擦因数小，抗胶合性良好，耐腐蚀，易磨合，变载荷下易疲劳	用于高速、重载下工作的重要轴承，如石油钻机
	ZSnSb8Cu4			
铸造铅锑轴承合金	ZPbSb16Sn16Cu2	150	各方面性能与锡锑轴承合金相近，但材料较脆，可作为锡锑轴承合金的代用品	用于中速、中载轴承，不宜受较大的冲击载荷，如机床、内燃机等
	ZPbSb15Sn4Cu3Cd2			
铸造锡青铜	ZCuSn10P1	280	熔点高，硬度高，承载能力、耐磨性、导热性均高于轴承合金，但可塑性差，不易磨合	用于中速重载及受变载荷的轴承，如破碎机
	ZCuSn5Pb5Zn5			用于中速、中载的轴承
铸造铝青铜	ZCuAl10Fe3	280	硬度较高，抗胶合性能较差	用于润滑充分的低速、重载轴承，如重型机床

此外还可采用铸铁、粉末合金（如铁-石墨、青铜-石墨）、非金属材料（如塑料、橡胶和木材等）等作轴承材料。

滚 动 轴 承

知识点：
➤ 滚动轴承的结构、类型、特点、应用及选择；
➤ 滚动轴承的代号；
➤ 滚动轴承的失效。

能力点：
➤ 明确选择滚动轴承的条件；
➤ 正确识别滚动轴承的代号；
➤ 能够分清滚动轴承的失效形式。

一、概述

以滚动摩擦为主的轴承称为滚动轴承。滚动轴承具有摩擦阻力小、启动灵敏、效率高、旋转精度高、润滑简便和易于更换等优点，被广泛应用于各种机器和机构中。与滑动轴承相比，滚动轴承的径向尺寸较大，减振能力较差，高速时寿命低，噪声较大。

典型的滚动轴承构造如图 1-4-2 所示，由内圈、外圈、滚动体和保持架组成。内圈装在轴颈上，与轴一起转动；外圈装在机座的轴承孔内，一般不转动；内外圈上设置有滚道，当内外圈之间相对旋转时，滚动体沿着滚道滚动；保持架使滚动体均匀分布在滚道上，以减少滚动体之间的碰撞和磨损；常见的滚动体有球形、短圆柱滚子、圆锥滚子等，如图 1-4-3 所示。

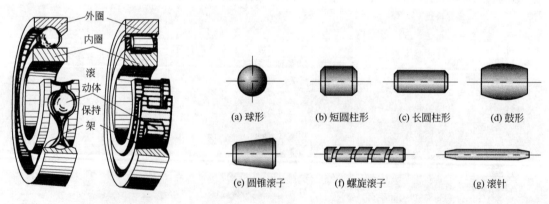

图 1-4-2 滚动轴承的结构

图 1-4-3 常见的滚动体种类

滚动轴承的内外圈和滚动体应具有较高的硬度、接触疲劳强度、良好的耐磨性和冲击韧性。一般用特殊轴承钢制造，常用材料有 GCr15、GCr15SiMn、GCr6、GCr9 等。滚动轴承的工作表面必须经磨削抛光，以提高其接触疲劳强度。保持架多用低碳钢板通过冲压成形方法制造，也可采用有色金属或塑料等材料。为适应某些特殊要求，有些滚动轴承还要附加其他特殊元件或采用特殊结构，如轴承无内圈或外圈、带有防尘密封结构或在外圈上加止动环等。

二、滚动轴承的类型及特点

滚动轴承种类很多,常用滚动轴承的类型、特点及应用见表1-4-3。

表 1-4-3　常用滚动轴承的类型、特点及应用

轴承类型及代号	结构简图	承载方向	允许角偏斜	性能特点及应用
调心球轴承 10000			2°~3°	主要承受径向载荷,同时也能承受较小的双向轴向载荷,极限转速低于深沟球轴承。因为外滚道表面是以轴承中点为中心的球面,故能调心。用于轴变形较大及不能精确对中的支承处
调心滚子轴承 20000C			1°~2.5°	轴承外圈滚道是球面,主要承受径向载荷及一定的双向轴向载荷,但不能承受纯轴向载荷,承载能力大,具有调心性能。常用在长轴或受载荷作用后轴有较大变形及多支点的轴上
推力调心滚子轴承 2900			1.5°~2.5°	外圈内表面是球面,可自动调心,能承受以轴向载荷为主的轴向、径向联合载荷,但径向载荷不得大于55%
圆锥滚子轴承 30000			2′	可同时承受较大的径向及轴向载荷,承载能力大于"7"类轴承。内、外圈可分离,便于装拆、调整间隙。一般成对使用
双列深沟球轴承 40000			8′~16′	主要承受径向,也能承受一定的双向轴向载荷。径向和轴向刚度大于深沟球轴承
推力轴承 5100			不允许	只能承受轴向载荷,且作用线必须与轴线重合。分为单、双向两种。高速时,因滚动体离心力大,球与保持架摩擦发热严重,寿命降低,故极限转速很低
双向推力轴承 5200			不允许	能承受双向轴向载荷,且作用线必须与轴线重合。分为单、双向两种。高速时,因滚动体离心力大,球与保持架摩擦发热严重,寿命降低,故极限转速很低

轴承 类型及代号	结构简图	承载方向	允许 角偏斜	性能特点及应用
深沟球轴承 60000		↑ ↔	$8'\sim16'$	主要承受径向载荷,也可同时承受少量双向轴向载荷。摩擦阻力小,极限转速高,结构简单,价格便宜,应用最广泛
角接触球轴承 70000C($\alpha=15°$) 70000AC($\alpha=25°$) 70000B($\alpha=40°$)		↑	$2'\sim10'$	能同时承受径向和单向轴向载荷。接触角 α 有 15°、25° 和 0° 三种,接触角大的承受轴向载荷能力高。一般成对使用。适用于转速较高、同时承受径向和轴向载荷的场合
推力滚子轴承 80000		↓	不允许	只能承受单向轴向载荷,承载能力比推力球轴承大得多,极限转速低,不允许轴线偏移。适用于轴向载荷大而不需调心的场合
圆柱滚子轴承 N0000		↑	$2'\sim4'$	能承受较大的径向载荷,内、外圈间可沿轴向自由移动,不能承受轴向载荷,极限转速也较高,但允许的角偏移很小,约 $2'\sim4'$。设计时,要求轴的刚度大,对中性好
滚针轴承 NA0000		↑	不允许	这类轴承一般不带保持架,摩擦因数大。内外圈可分离。不能承受轴向载荷,不允许有角度偏斜,极限转速较低。结构紧凑,在内径相同的条件下,与其他轴承比较,其外径最小。适用于径向尺寸受限制的部件中

三、滚动轴承的代号

滚动轴承代号是用字母加数字来表示轴承的结构、尺寸、公差等级、技术性能等特征的产品符号。由前置代号、基本代号、后置代号构成,其排列顺序和代号内容见表 1-4-4。

表 1-4-4　滚动轴承的代号组成

前置代号	基本代号					后置代号						
	五	四	三	二	一							
		尺寸系列代号										
轴承的分部件代号	类型代号	宽度系列代号	直径系列代号	内径代号		内部结构代号	密封与防尘结构代号	保持架及其材料代号	特殊轴承材料代号	公差等级代号	游隙代号	多轴承配置代号	其他代号

基本代号表示轴承的类型与尺寸等主要特征。前置代号和后置代号都是轴承代号的补

充，用于轴承结构、形状、材料、公差等级、技术要求等有特殊要求的轴承，一般情况的可部分或全部省略。

1. 基本代号

轴承的基本代号包括三项内容：类型代号、尺寸系列代号和内径代号。

（1）内径代号　基本代号右起第一、二位数字。表示轴承公称内径的大小，用数字表示，见表1-4-5。

表1-4-5　轴承内径代号

轴承公称内径 d/mm	内径代号	示例
10	00	6203
12	01	6——深沟球轴承
15	02	2——尺寸系列代号(0)2
17	03	03——$d=17$(mm)
20～480 (22,28,32除外)	04～96 轴承内径 d=内径代号×5	32207 3——圆锥滚子轴承 22——尺寸系列代号 07——$d=7×5=35$(mm)
0.6～10(非整数) 1～9(整数) 22,28,32 ≥500	用公称内径毫米数直接表示，与尺寸系列代号间用"/"分开。	230/500,62/22,618/2.5 2,6——调心滚子轴承、深沟球轴承 30,2,18——尺寸系列代号 500,22,2.5——$d=500,22,2.5$(mm)

（2）尺寸系列代号　基本代号右起第三、四位数字。

① 直径系列代号　基本代号右起第三位数字。表示结构、内径相同而外径和宽度不同的轴承系列。用数字7、8、9、0、1、2、3、4、5表示，外径和宽度依次增大。其中0、1、2、3、4常用。图1-4-4表示内径相同、而直径系列代号不同的四种深沟球轴承的尺寸对比。

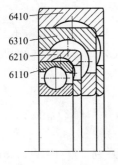
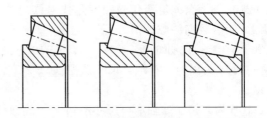

图1-4-4　直径系列示意图
图1-4-5　宽度系列示意图

② 宽（高）度系列代号　基本代号右起第四位数字。表示结构、内外径都相同而宽（高）度方面不同的轴承系列，对于向心轴承用宽度系列代号，代号有8、0、1、2、3、4、5、6，宽度尺寸依次递增；对于推力轴承用高度系列代号，代号有7、9、1、2，宽度尺寸依次递增。正常系列是0系列，代号0可不标出（除圆锥滚子轴承、调心滚子轴承外）。图1-4-5表示内径相同，而宽度系列代号不同的四种圆锥滚子轴承的尺寸对比。

（3）类型代号　基本代号右起第五位数字。轴承的类型代号用数字或字母表示，具体见表1-4-6。

表 1-4-6　轴承类型代号

类型代号	轴承类型	类型代号	轴承类型
0	双列角接触球轴承	6	深沟球轴承
1	调心球轴承	7	角接触球轴承
2	调心滚子轴承和推力调心滚子轴承	8	推力圆柱滚子轴承
3	圆锥滚子轴承	N	圆柱滚子轴承
4	双列深沟球轴承	U	外球面球轴承
5	推力球轴承	QJ	四点接触球轴承

2. 前置代号

前置代号在基本代号左侧用字母表示成套轴承的分部件，如 L 表示可分离轴承的可分离内圈或外圈，如 L4N 207。R 表示不带可分离内圈或外圈的轴承，如 RNU 207（N 表示内圈无挡边的圆柱滚子轴承）。K 表示滚子和保持架组件，如 K 83207。WS、GS 分别为推力圆柱滚子轴承的轴圈、座圈，如 WS 83207、GS 83207。

3. 后置代号

后置代号作为补充代号，轴承在结构形状、尺寸公差、技术要求等有改变时，才在基本代号右侧予以添加。一般用字母（或字母加数字）表示，共有 8 组，其顺序如表 1-4-4 所列。后置代号的部分内容介绍如下。

（1）内部结构代号　内部结构代号是以字母表示轴承内部结构的变化情况。例如：C、AC 和 B 分别代表公称接触角 $\alpha = 15°$、$25°$ 和 $40°$；E 代表增大承载能力进行结构改进的加强型；D 为剖分式轴承；ZW 为滚针保持架组件，双列；代号示例如 7210B、7210AC、NU207E。

（2）公差等级代号　公差等级分为六级，其代号有 /P0、/P6、/P6x、/P5、/P4、/P2，分别表示标准规定的 0、6、6x、5、4、2 公差等级；2 级精度最高，0 级最低；/P6x 级仅适用于圆锥滚子轴承；/P0 级为普通级，可不标出。代号示例如 6203、6203/P6。

（3）游隙代号　游隙系列代号 /C1、/C2、/C0、/C3、/C4、/C5 分别代表 6 个径向游隙系列 1、2、0、3、4、5 组（游隙量自小而大）；0 组为常用组，可不标出。代号示例如 6210、6210/C4。公差等级代号和游隙代号同时表示时可以简化，如 6210/P63 表示轴承公差等级 P6 级、径向游隙 3 组。

【例 1-4-1】　说明 6208、71210B、51410/P6 等轴承代号的含义。

解：6208 为深沟球轴承，尺寸系列（0）2（宽度系列 0，直径系列 2），内径 40mm，精度 P0 级。

71210B 为角接触球轴承，尺寸系列 12（宽度系列 1，直径系列 2），内径 50mm，接触角 $\alpha = 40°$，精度 P0 级。

51410/P6 为单向推力球轴承，尺寸系列 14（高度系列 1，直径系列 4），内径 50mm，精度 P6 级。

四、滚动轴承的类型选择

轴承类型选择适当与否，直接影响轴承寿命以及机器的工作性能。一般来说，选用滚动轴承应考虑以下因素。

① 轴承工作载荷的大小、方向及性质。当载荷较小而平稳、转速较高时，可选用球轴承，反之，宜选用滚子轴承。

当轴承同时承受径向及轴向载荷，若以径向载荷为主时可选用深沟球轴承；轴向载荷比径向载荷大很多时，可选用推力轴承与向心轴承的组合结构；径向载荷和轴向载荷均较大时可选用圆锥滚子轴承或角接触球轴承。

② 对轴承的特殊要求。跨距较大或难以保证两轴承孔同轴度的轴及多支点轴，宜选用调心轴承。

为便于安装、拆卸和调整轴承游隙，宜选用内外圈可分离的圆锥滚子轴承。

③ 经济性。一般球轴承比滚子轴承价廉；有特殊结构的轴承比普通结构的轴承贵。同型号的轴承，精度越高，价格也越高，一般机械传动宜选用普通级（P0）精度。

五、滚动轴承的固定

1. 滚动轴承的轴向固定

轴承的轴向固定是指当轴承受到轴向力的作用时，为保证轴承内圈与轴颈、外圈与轴承座孔之间不致产生相对轴向位移所采用的固定方法。轴承的轴向固定的方法较多。轴承内圈的轴向固定见图1-4-6，外圈的轴向固定见图1-4-7。

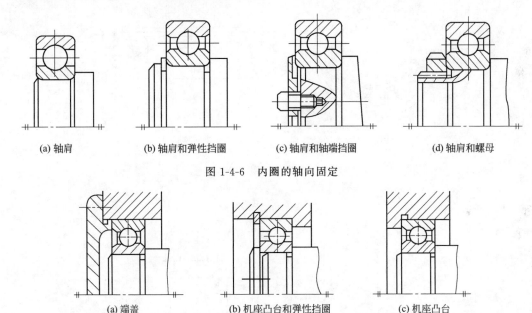

| (a) 轴肩 | (b) 轴肩和弹性挡圈 | (c) 轴肩和轴端挡圈 | (d) 轴肩和螺母 |

图 1-4-6　内圈的轴向固定

| (a) 端盖 | (b) 机座凸台和弹性挡圈 | (c) 机座凸台 |

图 1-4-7　外圈的轴向固定

2. 滚动轴承内外圈的周向固定和配合

滚动轴承外圈的周向固定，靠外圈和轴承座孔（或回转零件）、内圈与轴颈之间的配合来保证。由于滚动轴承是标准件，所以内圈与轴的配合采用基孔制，外圈与轴承座孔的配合采用基轴制。

当内圈旋转，外圈固定时，内圈与轴颈之间应采用较紧的配合，如n6，m6，k6等；外圈与轴承座孔之间应选较松的配合，如J7，H7，G7等。因轴承内径公差带在零线下方，故内圈与轴的配合比圆柱公差中规定的基孔制同类配合要紧些。

六、滚动轴承的失效

滚动轴承的失效形式主要有三种：疲劳点蚀、塑性变形和磨损。

疲劳点蚀：轴承工作时，滚动体和内外圈的接触处产生循环变化的接触应力。长期工作产生点蚀破坏，使轴承运转时产生振动、噪声，运转精度降低。

塑性变形：对转速较低和间歇摆动的轴承，在承受较大的冲击和静载荷下，滚道和滚动体出现永久的塑性变形，当变形超过一定界限便不能正常工作。

磨损：在多粉尘或润滑不良条件下工作时，滚动体和套圈工作表面容易产生磨损。速度过高时还会出现胶合、表面发热甚至滚动体回火。

滚动轴承结构特性

1. 游隙

轴承内、外滚道与滚动体之间的间隙称为游隙，即为当一个座圈固定时，另一座圈沿径向或轴向的最大移动量。游隙可影响轴承的运动精度、寿命、噪声、承载能力等，如图 1-4-8 所示。

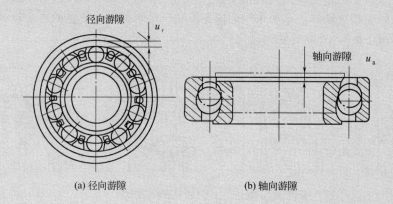

(a) 径向游隙　　　　　(b) 轴向游隙

图 1-4-8　轴承游隙

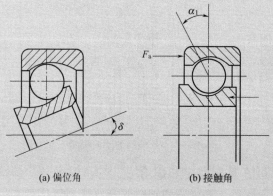

(a) 偏位角　　　　　(b) 接触角

图 1-4-9　轴承的偏位角和接触

2. 偏位角和接触角

安装误差或轴的变形，都会引起轴承内、外圈中心线法线相对倾斜，其倾斜角 δ 称为偏位角。滚动体与外圈滚道接触点的法线与轴承径向平面（端面）之间的夹角称为接触角。接触角 α 愈大，轴承承受轴向负荷的能力也愈大。如图 1-4-9 所示。

3. 极限转速

滚动轴承在一定载荷和润滑条件下，允许的最高转速称为极限转速。转速过高会产生高温，润滑失效产生破坏。

1. 为了保证润滑，油沟应开在轴承的承载区。 （　　）
2. 滑动轴承的宽径比较大时，常采用调心轴承。 （　　）
3. 主要承受径向载荷，又要承受较小轴向载荷，且转速较高时，宜选用深沟球轴承。 （　　）
4. 当轴在工作过程中弯曲变形较大时，应选用具有调心性能的调心轴承。 （　　）
5. 滚动轴承尺寸系列代号表示轴承内径和外径尺寸的大小。 （　　）

任务三
轴承的润滑与密封

知识点：》》》
➤ 轴承润滑的目的；
➤ 轴承的润滑方式与装置；
➤ 轴承的密封装置。

能力点：》》》
➤ 掌握轴承的润滑方式与装置的选择；
➤ 掌握轴承的密封装置的选取。

　　润滑的作用是减小摩擦与磨损、冷却散热、防锈蚀及减震等，对保证轴承的正常运转、提高工作效率、延长轴承使用寿命具有重大的意义。密封主要是为了防止灰尘、水、杂质等污物进入轴承的运动部位和防止润滑油漏失。所以在设计和使用轴承时都要对润滑和密封问题予以合理解决。

一、润滑剂

　　常用的润滑剂有润滑油和润滑脂两种。润滑脂密封简单不需要经常添加，不易流失。但润滑脂易变质，摩擦损耗大，无冷却效果，故常用于那些要求不高难以经常供油，或低速重载以及不常使用的场合。润滑油摩擦阻力小，冷却效果好，具有冲洗作用，是轴承中使用最多的润滑剂，目前使用的润滑油大部分是矿物油。润滑油的主要指标有黏度、油性、极压性、化学稳定性等，选用润滑油时，要考虑速度、载荷和工作情况等。对于载荷大、温度高的轴承宜选用黏度大的润滑油、载荷小、速度高的轴承宜选用黏度较小的润滑油。

二、润滑方法与润滑装置

　　轴承的润滑方式有连续润滑和间歇润滑，用润滑脂时，一般采用间歇式润滑，用润滑油时，对于小型、低速或间歇运动的机器也可采用间歇式润滑。常用轴承的润滑方式及装置见表1-4-7。

表 1-4-7　常用轴承的润滑方式及装置

润滑方式		装置示意图	说明
间歇润滑	针阀式油杯		用手柄控制针阀运动,使油孔关闭或开启,供油量的大小可用调节螺母调节针阀的开启高度来控制,用于要求供油可靠的轴承
	旋套式油杯		用于油润滑。转动旋盖,使旋套孔与杯体注油孔对正时可用油壶或油枪注油。不注油时,旋套壁遮挡杯体注油孔,起密封作用。用于低速、轻载和中载轴承
	压配式油杯		用于油润滑或脂润滑。将钢球压下可注油。不注油时,钢球在弹簧的作用下,使杯体注油孔封闭。主要用于轻载或低速、间歇工作的摩擦副。如开式齿轮、链条、钢丝绳以及一些简易机械设备
	旋盖式油杯		将润滑脂储存在黄油杯中,定期旋转杯盖,可将润滑脂压送到轴承中
连续润滑	芯捻式油杯		用于油润滑。杯体中储存润滑油,利用纱线的毛细管作用把油引到轴承中,注油量较小,适用于轻载及轴颈转速不高的场合
	油环润滑		用于油润滑。油环浸到油池中,当轴转动时,油环旋转把油带入轴承。该方法简单、可靠,但仅适用于 50～3000r/min 水平轴放置的轴。转速过低,油环无力将油带起;转速过高,油环带起的油容易被甩掉

润滑方式		装置示意图	说明
连续润滑	飞溅润滑	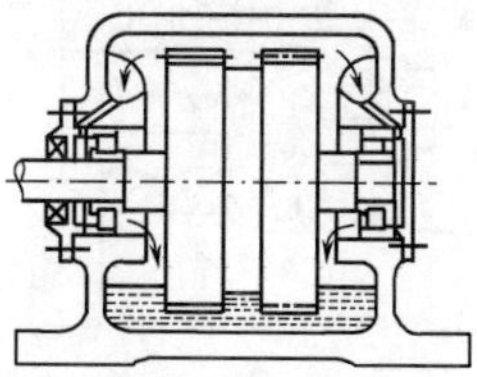	利用齿轮、曲轴等转动件,将润滑油由油池溅到轴承中进行润滑。该方法简单可靠,连续均匀。但有搅油损失,易使油发热和氧化变质。适用于转速不高的齿轮传动、蜗杆传动等
	压力润滑	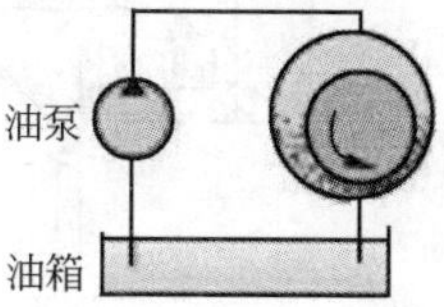	利用油泵将润滑油经油管输送到各轴承中润滑,它的润滑效果好,油循环使用,但装置复杂,成本高。适用于高速、重载或变载的重要轴承。如内燃机连杆轴承

三、密封

为了使轴承保持良好的润滑条件和正常的工作环境,充分发挥轴承的工作性能,延长使用寿命,轴承必须具有适宜的密封,以防止润滑剂的泄漏和灰尘、水气或其他污物的侵入。常见的轴承密封装置如图 1-4-10 所示。密封方式分接触式密封和非接触式密封两类。

1. 接触式密封

接触式密封装置的密封方式,是以弹性体施加一定的接触压力在滑动面上,来达到密封效果。一般接触式密封装置相对于非接触式密封装置,有较佳的密封效果,但是有摩擦和磨损,发热严重,用于低速主轴。常用的有细毛毡、橡胶等。

毛毡圈式密封装置,是在轴承盖上开出梯形槽,将细毛毡放置在梯形沟中以与轴密合接触 [图 1-4-10(a)左图] 或者在轴承盖上开缺口放置毡圈油封,然后用另外一个零件压在毡圈油封上,以调整毛毡与轴的密合程度 [图 1-4-10(a)右图],从而提高密封效果。这种密封结构简单,但摩擦较大,用于脂润滑、要求环境清洁、轴颈圆周速度小于 4~5m/s、工作温度不超过 90℃的地方。

橡胶圈式密封装置,它是在轴承盖中,放置一个用耐油橡胶制的唇形密封圈,靠弯折了的橡胶的弹力和附加的环形螺旋弹簧的扣紧作用而紧套在轴上,以便起密封作用。唇形密封圈密封唇的方向要朝向密封的部位。即如果主要是为了封油,密封唇应对着轴承(朝内);如果主要是为了防止外物浸入,则密封唇应背着轴承 [朝外,图 1-4-10(b)左图];如果两个作用都要有,最好使用密封唇反向放置的两个唇形密封圈 [图 1-4-10(b)右图]。用于脂或油润滑,圆周速度小于 7m/s,工作温度范围-40~100℃的地方。

2. 非接触式密封

非接触式密封是密封件与其相对运动的零件不接触,且有适当间隙的密封。这种形式的密封,在工作中几乎不产生摩擦热,没有磨损,特别适用于高速和高温场合。非接触式密封常用的有缝隙式 [图 1-4-10(c)] 和迷宫式 [图 1-4-10(d)] 等各种不同结构形式。

缝隙式是靠轴与盖间的细小环形间隙密封,间隙愈小愈长,效果愈好,间隙取 0.1~0.3mm,开有油沟时效果更好。用于脂润滑,环境干燥清洁。

迷宫式是将旋转件与静止件之间间隙做成迷宫(曲路)形式,在间隙中充填润滑油或润

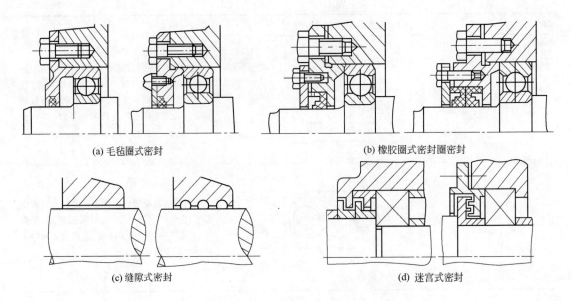

(a) 毛毡圈式密封　　　　　　　　　　　　(b) 橡胶圈式密封圈密封

(c) 缝隙式密封　　　　　　　　　　　(d) 迷宫式密封

图 1-4-10　常见的轴承密封装置

滑脂以加强密封效果。图 1-4-10(d) 左图为轴向曲路，因考虑到轴要伸长，轴向间隙应大些，取 1.5～2mm；图 1-4-10(d) 右图为径向曲路，径向间隙不大于 0.1～0.2mm。用于脂润滑或油润滑，要求工作温度不高于密封用脂的滴点。这种密封效果可靠。

练一练

1. 轴承润滑的目的在于减少摩擦与磨损、_____、_____以及_____。
2. 滚动轴承常用的润滑剂有_____和_____两大类。
3. 密封方式分_____密封和_____密封两类；毛毡圈式密封为_____密封；缝隙式密封为_____密封。

习题 1-4

1. 轴承的功用是什么？
2. 滑动轴承与滚动轴承各有何特点？
3. 滑动轴承的轴瓦材料应满足什么要求？
4. 滚动轴承由哪几部分组成？
5. 解释下列滚动轴承代号的含义：7308C、6204、30205、60209/P5、51424、16002。
6. 从载荷的性质和大小、转速、经济性等方面，说明如何选用球轴承与滚子轴承。
7. 轴承润滑的作用是什么？常用的润滑方法与润滑装置有哪些？
8. 轴承密封的作用是什么？
9. 滚动轴承的内、外圈如何实现轴向和周向固定？
10. 滚动轴承失效的主要形式是哪两种？

11. 试述滑动轴承的结构特点及适用场合。

联轴器、离合器和制动器

联轴器和离合器是机械传动中常用的部件，主要用于连接两轴，使其一同旋转并传递转矩，有时也可用作安全装置。联轴器和离合器不同之处是：用联轴器连接的两轴，在机器运转时两轴是不能脱开的，只有在机器停止运转时通过拆卸，才能使两轴分离；离合器可以根据工作需要，在机器运转时随时使两轴接合或分离，而不必停车。

制动器是利用摩擦阻力矩消耗运动部件的功能，降低机器的运转速度或使其停转。

任务一
联 轴 器

知识点： »»»
➢ 常用联轴器的类别、特点及应用。
能力点： »»»
➢ 正确选用常用联轴器。

一、概述

联轴器所连接的两轴，由于制造及安装误差、承载后变形、温度变化和轴承磨损等原因，会产生轴向偏移、径向偏移、角度偏移等，如图 1-5-1 所示。偏移产生附加载荷，甚至出现剧烈振动。因此，要求联轴器要具有补偿两轴一定范围内偏移的能力，同时还应具有一定的缓冲减振性能，以保护原动机和工作机不受或少受损伤，同时还要求联轴器安全、可靠，有足够的强度和使用寿命。

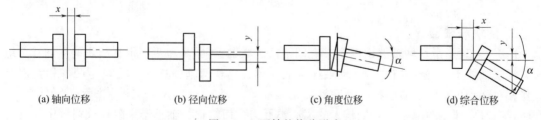

(a) 轴向位移　　　　　(b) 径向位移　　　　　(c) 角度位移　　　　　(d) 综合位移

图 1-5-1　两轴的偏移形式

根据工作性能，联轴器分为刚性联轴器和弹性联轴器两大类。刚性联轴器又有固定式和可移动式两种。固定式刚性联轴器构造简单，但要求被连接的两轴严格对中，而且在运转时不得有任何的相对移动。可移动式刚性联轴器则可补偿两轴在工作中发生的一定限度的相对移动。弹性联轴器中有弹性元件，所以具有缓冲、吸振的功能和适应轴线偏移的能力。

二、常用联轴器的结构和特点

1. 凸缘联轴器

如图 1-5-2 所示，凸缘联轴器由两个带凸缘的半联轴器用螺栓连接而成。半联轴器用键与两轴相连接。图 1-5-2(a) 所示为两半联轴器用铰制孔螺栓连接，靠孔与螺栓对中，拆装方便，传递转矩大。图 1-5-2(b) 所示的两半联轴器靠凸肩和凹槽的配合对中，用普通螺栓连接，对中精度高，但装拆时，轴必须作轴向移动。为了运行安全，凸缘联轴器可做成带防护边的，如图 1-5-2(c) 所示。图 1-5-2(d) 描述了凸缘联轴器的装配过程。

凸缘联轴器结构简单，价格低廉，能传递较大的转矩，但不能补偿两轴线的相对位移，也不能缓冲减振，故只适用于两轴能严格对中、载荷平稳的场合。

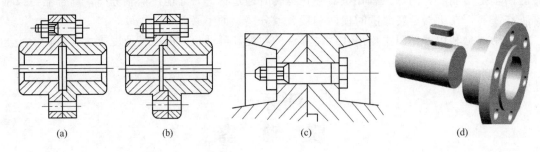

(a)　　　　　　(b)　　　　　　(c)　　　　　　(d)

图 1-5-2　凸缘联轴器

2. 套筒联轴器

如图 1-5-3 所示，套筒联轴器是采用公用套筒与两轴相连接。公用套筒与两轴的连接方式常采用键连接 [图 1-5-3(a)] 或销连接 [图 1-5-3(b)]。其结构简单，制造容易，径向尺寸小，但两轴线要求严格对中，装拆时必须做轴向移动。常用于传递转矩较小、两轴直径较小、对中精度高、工作平稳的场合。

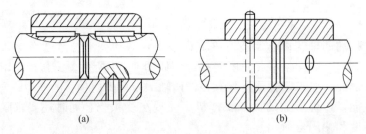

(a)　　　　　　　　　(b)

图 1-5-3　套筒联轴器

3. 滑块联轴器

图 1-5-4 所示滑块联轴器由两个带有凹槽的半联轴器 1、3 和两面带有凸块的中间盘 2 组成。半联轴器 1、3 分别与主、从动轴连接成一体，实现两轴的连接，凸块与凹槽相互嵌合并作相对移动可补偿径向偏移。该联轴器结构简单，径向尺寸小，但耐冲击性差，易磨损。在转速高时中间盘的偏心会产生较大的离心惯性力，而给轴和轴承带来附加载荷。中间盘用尼龙做成，可减少转动时中间盘偏心产生的离心力并起缓冲作用。为减少磨损，可由中间盘 2 油孔注入润滑剂。这种联轴器适用于轴的刚性大、转速低、冲击小的场合。

4. 齿轮联轴器

齿轮联轴器由两个具有外齿的内套筒 1、4 和两个具有内齿的外套筒 2、3 组成，两内套

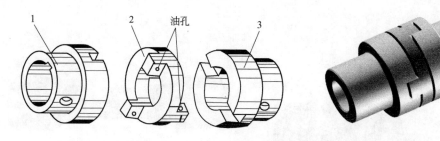

图 1-5-4　滑块联轴器

1,3—半联轴器；2—中间盘

筒与轴之间采用键连接，两外套筒之间用螺栓 5 连接，如图 1-5-5 所示。齿轮联轴器通过内外齿的啮合，实现两轴的连接。外齿轮齿顶做成球面，啮合留很大间隙，当两轴出现相对径向、轴向和角度位移时，具有补偿能力。齿轮联轴器能传递较大的转矩，并能补偿两轴间较大的综合位移，但结构较复杂，成本高，常用于安装误差较大或刚性较差、高速重载的场合。

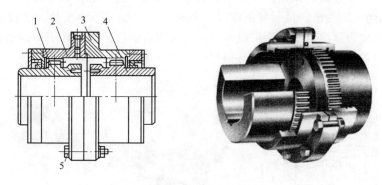

图 1-5-5　齿轮联轴器

1,4—内套筒；2,3—外套筒；5—螺栓

5. 万向联轴器

万向联轴器由两个叉状的万向接头和十字轴组成，如图 1-5-6(a) 所示。万向联轴器利用叉形接头与十字轴之间构成的转动副，能补偿较大的角位移，可允许两轴有偏角 35°～45°，但交角越大，当十字轴万向联轴器单个使用、主动轴以等角速度转动时，从动轴作变角速度回转，造成在传动中产生附加动载荷。为此，常将十字轴万向联轴器成对使用，如图 1-5-6(b) 所示。万向联轴器广泛用于汽车、工程机械等的传动系统中。图 1-5-7 所示为万向联轴器在汽车中的应用。

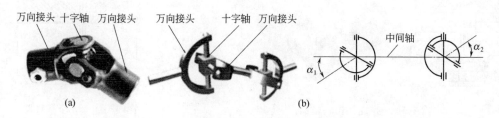

图 1-5-6　万向联轴器

图 1-5-7 万向联轴器在汽车中的应用

6. 弹性套柱销联轴器

弹性套柱销联轴器如图 1-5-8 所示。其结构与凸缘联轴器相似，不同之处是用带有弹性套的柱销代替了螺栓连接，弹性套一般用耐油橡胶制成，剖面为梯形以提高弹性。柱销材料多采用 45 钢。弹性套柱销联轴器制造简单，装拆方便，能补偿小偏移，能缓冲，吸振，不需滑润，但寿命较短。适用于载荷平稳，需正反转或启动频繁的小转矩高速轴连接，如电动机轴与工作机械的连接。为便于更换易损件弹性套，设计时应留一定的拆卸空间 B。

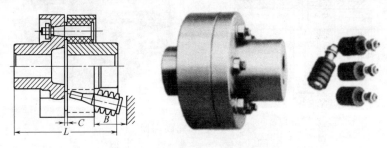

图 1-5-8 弹性套柱销联轴器

7. 弹性柱销联轴器

弹性柱销联轴器（见图 1-5-9）利用弹性柱销，如尼龙柱销，将两半联轴器连接在一起，柱销形状一端为柱形，另一端制成腰鼓形，以增大角度位移的补偿能力。为防柱销脱落，柱销两端装有挡板。弹性柱销联轴器适用于启动及换向频繁，转矩较大的中、低速轴的连接。

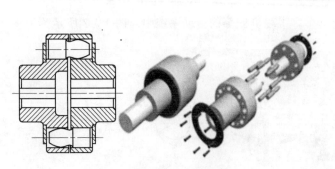

图 1-5-9 弹性柱销联轴器

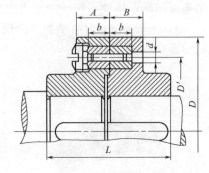

图 1-5-10 安全联轴器

8. 安全联轴器

安全联轴器结构与凸缘式联轴器相似，两半联轴器用钢制销钉连接，如图 1-5-10 所示。在过载或受冲击时，销钉被剪断，联轴器断开，保护薄弱环节。这类联轴器由于销钉剪断后，不能自动恢复工作能力，必须停车更换销钉。因此主要用于偶然性过载的机器设备中。

练一练

1. 联轴器和离合器的主要区别是：联轴器靠啮合传动，离合器靠摩擦传动。　　（　　）
2. 套筒联轴器主要适用于径向安装尺寸受限制并要求严格对中的场合。　　　（　　）
3. 若两轴刚性较好，且安装时能精确对中，可选用刚性凸缘联轴器。　　　　（　　）
4. 齿轮联轴器的特点是有齿顶间隙，能吸收振动。　　　　　　　　　　　　（　　）
5. 工作中有冲击、振动、两轴不能严格对中时，宜选用弹性联轴器。　　　　（　　）
6. 十字滑块联轴器主要适用于什么场合_____。
A. 转速不高、有剧烈的冲击载荷、两轴线又有较大相对径向位移的连接
B. 转速不高、没有剧烈的冲击载荷、两轴线又有较大相对径向位移的连接
C. 转速较高、载荷平稳且两轴严格对中的连接
7. 刚性联轴器和弹性联轴器的主要区别是什么_____。
A. 弹性联轴器内有弹性元件，而刚性联轴器则没有
B. 弹性联轴器能补偿两轴较大的偏移，而刚性联轴器不能补偿
C. 弹性联轴器过载时打滑，而刚性联轴器不能
8. 生产实践中，一般电动机与减速器的高速级的联轴器常选用什么类型的联轴器_____。
　　A. 凸缘联轴器　　　　　B. 十字滑块联轴器　　　　C. 弹性套柱销联轴器

任务二
离 合 器

知识点：>>>
　　➢ 常用离合器的类别、特点及应用。
能力点：>>>
　　➢ 正确选用常用离合器。

一、概述

离合器可根据需要方便地使两轴接合或分离，以满足机器变速、换向、空载启动、过载保护等方面的要求。

对离合器的基本要求是：接合平稳，分离迅速；工作可靠，操纵灵活、省力；调节和维护方便，外形尺寸小，重量轻，摩擦式离合器还要求其耐磨性好，并具有良好的散热能力。

离合器按工作原理可分为嵌合式离合器和摩擦式离合器。嵌合式离合器通过主、从动元件上牙齿之间的嵌合来传递运动和动力，结构简单、承载能力大、能使主从动轴的转速同步，但接合时有刚性冲击，适于在停机或低速时接合。摩擦式离合器通过主、从动元件间的摩擦力来传递运动和动力，接合平稳，即使是在高速下离合也很平稳，但传递转矩较小，过载时工作面打滑，具有过载保护作用。在离合时，主从动轴不能同步回转，磨损较大，外形尺寸大。适用于在高速下接合而主从动轴同步要求较低的场合。

二、常用离合器的结构和特点

1. 嵌入式离合器

常用的嵌入式离合器有牙嵌式离合器和齿轮式离合器。

（1）牙嵌式离合器　牙嵌式离合器如图 1-5-11 所示，是由两端面上带牙的半离合器 1、2 组成。半离合器 1 用平键固定在主动轴上，半离合器 2 用导向键 3 或花键与从动轴连接。在半离合器 1 上固定有对中环 5，从动轴可在对中环中自由转动，通过滑环 4 的轴向移动操纵离合器的接合和分离。

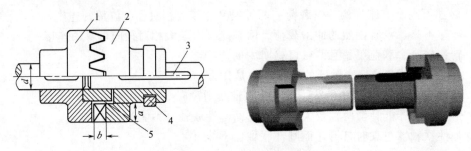

图 1-5-11　牙嵌式离合器

1,2—半离合器；3—导向键；4—滑环；5—对中环

牙嵌式离合器的牙型有三角形、矩形、梯形和锯齿形，如图 1-5-12 所示。三角形牙易结合分离，强度低，适用于轻载；矩形牙接合和分离困难，牙磨损后无法自动补偿，使用较少；梯形牙易结合分离，强度高，传递转矩大，牙磨损后能自动补偿，冲击小，应用较广；锯齿牙嵌合分离容易，强度高，传递转矩大，但只能传递单向转矩。

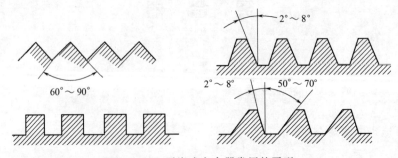

图 1-5-12　牙嵌式离合器常用的牙型

（2）齿轮式离合器　齿轮式离合器如图 1-5-13 所示，由具有直齿圆柱齿轮形状的两半离合器组成，其中一个为内齿轮，用平键固定在主动轴上，另一个为外齿轮，用导向键或花键与从动轴连接。齿轮式离合器除具有牙嵌式离合器的特点外，其传递转矩的能力更大，多用于机床变速箱内。

2. 摩擦式离合器

摩擦离合器依靠两接触面间的摩擦力来传递运动和动力。其种类很多，最常用的是圆盘式摩擦离合器。圆盘式摩擦离合器分为单片式和多片式两种。

单片式摩擦离合器由摩擦圆盘 1、2 和滑环 3 组成，如图 1-5-14 所示。主动摩擦圆盘 1 通过普通平键与主动轴连接，从动摩擦圆盘 2 通过导向平键与从动轴连接，操纵滑环 3 可使从动摩擦圆盘轴向移动，以实现两摩擦圆盘的接合和分离。单片式摩擦离合器结构简单，但径向尺寸较大，只能传递不大的转矩。

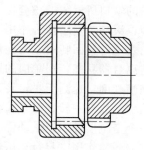

图 1-5-13　齿轮式离合器

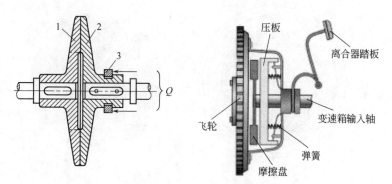

图 1-5-14　单片式摩擦离合器

1—主动摩擦圆盘；2—从动摩擦圆盘；3—滑环

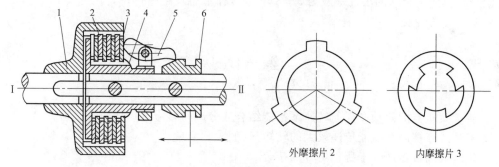

外摩擦片 2　　　　内摩擦片 3

图 1-5-15　多片式摩擦离合器

1—外毂；2—外摩擦片；3—内摩擦片；4—内毂；5—压板；6—锥套

多片式摩擦离合器由于摩擦面增多，故传递转矩大，径向尺寸小，连接平稳，适用载荷范围大，应用较广，但散热不好，结构较为复杂，离合动作缓慢，磨损较严重。

如图 1-5-15 所示多片式摩擦离合器由内摩擦片组 3 和外摩擦片组 2 组成。外摩擦片靠外齿与外毂 1 上的凹槽构成类似花键的连接，外毂 1 用平键联在主动轴 I 上。内摩擦片靠内齿与内毂 4 上的凹槽构成动连接，内毂用平键或花键与从动轴 II 连接。借助操纵机构向左移动锥套 6，使压板 5 压紧交替放置的内外摩擦片使两轴结合；当锥套向右移动时，压紧力消失，两轴分离。

3. 超越式离合器

图 1-5-16 所示为滚柱式单向超越式离合器，它由外圈 1、星轮 2、滚柱 3、顶杆 4 和弹簧 5 组成。在星轮的三个缺口内，各装有一个滚柱，每个滚柱被弹簧、顶杆推向由外圈与星

轮的缺口所形成的楔缝中。星轮和外圈都可做主动件。星轮 2 与主动轴相连，并顺时针回转，滚柱 3 受摩擦力作用滚向狭窄部位被楔紧，外圈 1 随星轮 2 同向回转，离合器接合。星轮 2 逆时针回转时，滚柱 3 滚向宽敞部位，外圈 1 不与星轮同转，离合器自动分离，因而超越离合器只能传递单向的转矩，又称为定向离合器。若外圈和星轮分别作顺时针同向回转，则当外圈转速高于星轮转速时，离合器为分离状态，外圈和星轮各以自己的转速旋转，互不相干。当外圈转速低于星轮转速时，则离合器接合。外圈和星轮均可作为主动件，但无论哪一个是主动件，当从动件转速超过主动件时，从动件均不可能反过来驱动主动件。这种特性称为超越作用。自行车后轮上的飞轮就是利用该原理做成的，使自行车下坡或脚不蹬踏时，链轮不转，轮毂由于惯性仍按原转向转动。

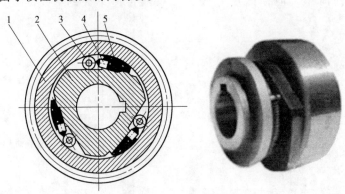

图 1-5-16　超越离合器
1—外圈；2—星轮；3—滚柱；4—顶杆；5—弹簧

　　滚柱式单向离合器的滚柱一般为 3～8 个。具有定向及超越作用，尺寸小，工作时无噪声，可用于高速传动。

练一练

1. 要求某机器的两轴在任何转速下都能结合或分离时，应选用牙嵌式离合器。（　　）
2. 多片式摩擦离合器能传递较大的转矩。（　　）
3. 牙嵌式离合器适合于哪种场合的接合＿＿。
A. 只能在很低转速或停车时接合　B. 任何转速下都能接合　C. 高速转动时接合

任务三
制　动　器

知识点：》》》
　　➢ 常用制动器的类别、特点及应用。
能力点：》》》
　　➢ 正确选用制动器。

一、概述

制动器是利用摩擦力矩来降低机器运动部件的转速或使其停止回转的装置，其构造和性能必须满足以下要求：

① 能产生足够的制动力矩。

② 结构简单，外形紧凑。

③ 制动迅速、平稳、可靠。

④ 制动器的零件要有足够的强度和刚度，还要有较高的耐磨性和耐热性。

⑤ 调整和维修方便。

制动器一般设置在机构中转速较高的轴上（转矩小），以减小制动器的尺寸。

二、制动器的类型、结构特点及应用

按制动零件的结构特征，制动器一般可分为闸带式、内涨式、外抱块式等。

1. 闸带式制动器

图 1-5-17 所示为闸带式制动器，当力 F 作用时，利用杠杆机构收紧闸带而抱住制动轮，靠带与轮间的摩擦力达到制动的目的，为了增加摩擦作用，闸带材料一般为钢带上覆以石棉或夹铁纱帆布。其结构简单，径向尺寸小，自动效果好，易于调节，但制动带磨损不均匀，散热不良。

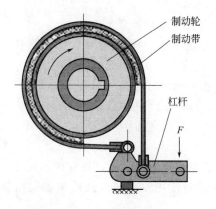

图 1-5-17　闸带式制动器

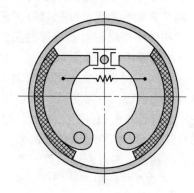

图 1-5-18　内涨蹄式制动器

2. 内涨蹄式制动器

图 1-5-18 所示为内涨蹄式制动器，两个制动蹄分别通过两个销轴与机架铰接，制动蹄表面装有摩擦片，制动轮与需制动的轴固连。制动时由泵产生推力克服弹簧力使制动蹄压紧制动轮，从而使制动轮制动。它的制动蹄位于制动轮内侧，在制动时制动块向外张开，摩擦制动轮的内侧，达到制动的目的。这种制动器结构紧凑，散热条件好，密封性和刚性较高，但结构复杂。广泛应用于各种车辆以及尺寸受限制的机械中。

3. 外抱块式制动器

图 1-5-19 所示为外抱块式制动器，制动和开启迅速、尺寸小、质量轻，两瓦块间间隙易调，更换瓦块和电磁铁方便。但制动时冲击大，开启时所需电磁铁的吸力大。主要用于起重运输设备中，不适用于制动力矩大和频繁启动的场合。

4. 锥形制动器

图 1-5-20 所示为锥形制动器，可依靠锥面的摩擦实现制动。锥形制动器一般应用在较小扭矩的制动上。

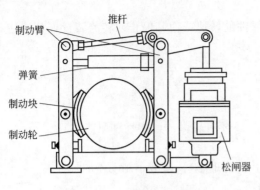

图 1-5-19　外抱块式制动器

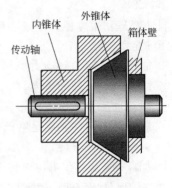

图 1-5-20　锥形制动器

习题 1-5

1. 联轴器和离合器的主要功用是什么？两者的根本区别是什么？

2. 按结构特点不同，联轴器、离合器各分为哪几种？

3. 什么是制动器？按结构形式不同分为哪几种？

4. 刚性联轴器和弹性联轴器有何区别？它们各适应于什么场合？

5. 试比较刚性联轴器、无弹性元件的挠性联轴器和有弹性元件的挠性联轴器各有何优缺点？各适用于什么场合？

6. 在下列工况下，选择哪类联轴器较好？试举出一两种联轴器的名称。

(1) 载荷平稳，冲击轻微，两轴易于准确对中，同时希望联轴器寿命较长。

(2) 载荷比较平稳，冲击不大，但两轴轴线具有一定程度的相对偏移。

(3) 载荷不平稳且具有较大的冲击和振动。

(4) 机器在运转过程中载荷较平稳，但可能产生很大的瞬时过载，导致机器损坏。

7. 十字轴万向联轴器适用于什么场合？为何常成对使用？在成对使用时如何布置才能使主、从动轴的角速度随时相等？

8. 试比较嵌合式离合器和摩擦离合器的特点和应用？

9. 自行车后轮上的飞轮应用了哪种离合器的工作原理？何时接合？何时分离？

10. 制动器应满足哪些要求？

课题六

实训：齿轮轴的拆装

1. 实训目的

通过齿轮轴的拆装，了解轴的结构特点和结构工艺性，熟悉轴的结构，明确轴系的功用；分析轴系零部件的装配方案，掌握轴上零件的拆装、定位、固定和调整方法。通过轴系结构的分析，巩固和扩展相关知识。

2. 实训内容和要求

观察给定轴上各零件的结构及位置（见图 1-6-1），拆卸轴上的各零件并作记录所采用的固定方法，测绘轴的各段直径。

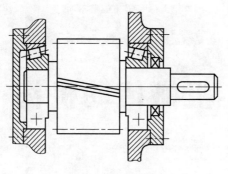

图 1-6-1 齿轮轴

3. 实训过程

① 观察轴上各零件的结构、每个零件所处的位置及相互关系，明确轴系功用。

② 分析确定轴上零件的装配顺序，确定轴上零件的配合性质以及零件在轴上的定位和固定方法。

③ 绘出轴的结构图，根据零件的轴向定位方法，确定并标注各轴径尺寸。

机械传动机构

机械传动在机械工程中应用非常广泛，主要是指利用机械方式传递动力和运动的传动。分为两类：一是靠构件间的摩擦力传递动力和运动的摩擦传动，包括带传动和摩擦轮传动等。摩擦传动容易实现无级变速，具有过载打滑、缓冲和保护传动装置的作用，大都能适用于轴间距较大的传动场合，但这种传动一般不能用于大功率的传动，也不能保证准确的传动比。二是靠主动件与从动件啮合或借助中间件啮合传递动力或运动的啮合传动。包括链传动、齿轮传动等。啮合传动能够传递大的功率，传动比准确，但一般要求较高的制造精度和安装精度。

课题一

带 传 动

任务一
带传动概述

知识点：》》》
  ➤ 带传动的组成和工作原理；
  ➤ 带传动的类型；
  ➤ 带传动的特点及应用；
  ➤ 带传动的相关参数。

能力点：》》》
  ➤ 熟悉工作原理；
  ➤ 掌握带传动中的特点及应用；
  ➤ 明确带传动的相关参数。

一、带传动的组成和工作原理

带传动是一种常用的机械传动方式，广泛应用于各种机械中，如图2-1-1(a)、(b)、(c)所示。带传动由主动带轮1、从动带轮2和传动带3组成，如图2-1-1(d)所示，利用带作为中间挠性件，依靠带与带轮之间的摩擦力或啮合来传递运动和动力。

(a) 带传动在空气压缩机中的应用

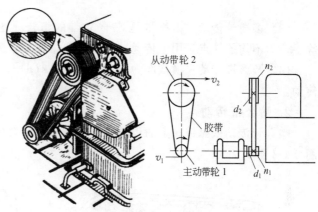

(b) 带传动在车床上的应用

(c) 带传动在数控机床中的应用

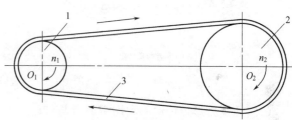

(d) 带传动示意图

1—主动带轮；2—从动带轮；3—传动带

图 2-1-1　带传动

三、带传动的类型

根据工作原理不同，带传动可分为摩擦带传动和啮合带传动两类。

1. 摩擦带传动

摩擦带传动是依靠带与带轮之间的摩擦力传递运动的。按带的横截面形状不同可分为四种类型，如图2-1-2所示。

（1）平带传动　平带的横截面为扁平矩形［图2-1-2(a)］，内表面与轮缘接触为工作面。常用的平带有橡胶帆布带、皮革平带和棉布带等。平带可适用于平行轴传动、平行轴交叉传动和相错轴的半交叉传动，多用于高速和中心距较大的场合。

（2）V带传动　V带的横截面为等腰梯形，两侧面为工作面［图2-1-2(b)］，工作时V带与带轮轮槽的两侧面接触，但V带与轮槽槽底不接触。在同样压力的作用下，V带传动的摩擦力约为平带传动的三倍，故能传递较大的载荷。在一般机械传动中，应用最为广泛。

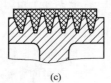

| (a) | (b) | (c) | (d) |

图 2-1-2　摩擦带传动的类型

（3）多楔带传动　多楔带是若干 V 带的组合［图 2-1-2(c)］，可避免多根 V 带长度不等、传力不均的缺点，用于传递功率较大、结构要求紧凑、变载荷或冲击的场合。

（4）圆形带传动　横截面为圆形［图 2-1-2(d)］，常用皮革或棉绳制成，只用于小功率传动。

2. 啮合带传动

啮合带传动依靠带轮上的齿与带上的齿或孔啮合传递运动。啮合带传动有两种类型，如图 2-1-3 所示。

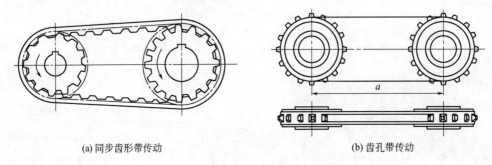

(a) 同步齿形带传动　　　　　　　　(b) 齿孔带传动

图 2-1-3　啮合带传动

（1）同步齿形带传动　利用带的齿与带轮上的齿相啮合传递运动和动力，带与带轮间为啮合传动没有相对滑动，可保持主、从动轮线速度同步［图 2-1-3(a)］。

（2）齿孔带传动　带上的孔与轮上的齿相啮合，同样可避免带与带轮之间的相对滑动，使主、从动轮保持同步运动［图 2-1-3(b)］。

三、带传动的特点及应用

1. 摩擦带传动的特点及应用

由于带富有弹性，并靠摩擦力进行传动，因此它具有结构简单，传动平稳、噪声小，能缓冲吸振，过载时带在带轮上打滑，对其他零件起过载保护作用，适用于中心距较大的传动等优点。但带传动不能保证准确的传动比，外廓尺寸大，传动效率低（一般 0.94～0.96），传动带需张紧在带轮上，对轴和轴承的压力较大，带的使用寿命短，不宜在高温、易燃以及有油和水的场合使用。

根据上述特点，带传动适用于要求传动平稳，但传动比不严格的场合。工业上用得最多的是普通 V 带传动，功率在 100kW 以下，速度为 5～25m/s，传动比可达 7，效率为 0.94～0.96，一般多用于高速级起减速作用。

2. 啮合带传动的特点及应用

同步带传动具有传动比恒定、不打滑、效率高、初张力小、对轴及轴承的压力小、速度及功率范围广、不需润滑、耐油、耐磨损以及允许采用较小的带轮直径、较短的轴间距、较大的速比，使传动系统结构紧凑的特点，但安装和制造要求高。一般参数为：带速 $v \leqslant$ 50m/s；功率 $P \leqslant 100$kW；传动比 $i \leqslant 10$；效率 $\eta = 0.92 \sim 0.98$；工作温度 $-20 \sim 80℃$。目前同步带传动主要用于中小功率要求速比准确的传动中，如计算机、数控机床、纺织机械、汽车等。

四、带传动的相关参数

1. 带传动的传动比

带传动中，主动轮转速 n_1 与从动轮转速 n_2 之比称为传动比，用符号 i 表示。

$$i_{12} = \frac{n_1}{n_2} = \frac{d_{d2}}{d_{d1}} \tag{2-1-1}$$

式中　n_1——主动轮的转速，r/min；

　　　n_2——从动轮的转速，r/min；

　　　d_{d1}——主动轮的基准直径，mm；

　　　d_{d2}——从动轮的基准直径，mm。

通常，V 带传动的传动比 $i \leqslant 7$。

2. 包角

包角是指带与带轮接触弧所对应的圆心角，如图 2-1-4 所示。包角的大小反映了带与带轮接触弧的长短。包角越小，接触弧越短，接触面间产生的总摩擦力越小，带所传递功率越小；反之，带所传递功率越大。因此，为了保证带的传动能力，对于 V 带传动，一般要求小带轮的包角 $\alpha_1 \geqslant 120°$，平带传动，一般要求小带轮的包角 $\alpha_1 \geqslant 150°$。

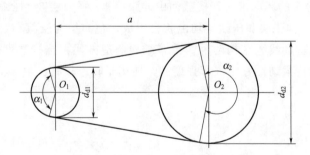

图 2-1-4　带轮的包角

练一练

1. V 带是横截面为＿＿＿＿＿＿＿的传动带，其工作面为＿＿＿＿，对于 V 带传动，要求其包角 $\alpha \geqslant$＿＿＿＿。

2. V 带传动的传动＿＿＿＿、噪声＿＿＿＿，能缓冲吸振，过载时具有＿＿＿＿作用，但不能保证＿＿＿＿传动比，传动效率＿＿＿＿。

3. 同步齿形带传动不会产生打滑现象，传动比准确，但不可用于高速。（　　）

4. 带传动都是依靠带与带轮之间的摩擦力合来传递运动和动力的。（　　）

任务二
V 带 传 动

知识点：
> V 带的构造和标准；
> 带轮的材料和结构；
> V 带传动工作能力分析；
> V 带的选用；
> 带传动的张紧、安装和维护。

能力点：
> 熟悉 V 带与 V 带轮的结构和标准；
> 掌握带传动中的弹性滑动与打滑现象及其相互间的区别；
> 明确 V 带选用时应注意的问题；
> 熟悉带传动安装和维护时的注意事项。

V 带有普通 V 带、窄 V 带、宽 V 带、大楔角 V 带等多种类型，其中普通 V 带应用最广。

一、普通 V 带的结构和标准

普通 V 带为无接头的环形带，其横截面由伸张层 1、强力层 2、压缩层 3 和包布层 4 构成，如图 2-1-5 所示。伸张层和压缩层均由胶料组成，包布层为胶帆布，强力层是承受载荷的主体，分为帘布结构和线绳结构两种。帘布结构制造方便，抗拉强度高，常用 V 带多采用这种结构。线绳结构柔韧性好，抗弯强度高，适用于转速较高、载荷不大和带轮直径较小的场合。

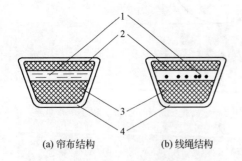

(a) 帘布结构　　　(b) 线绳结构

图 2-1-5　V 带剖面结构

1—伸张层；2—强力层；3—压缩层；4—包布层

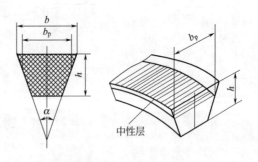

图 2-1-6　V 带的截面尺寸

按 GB/T 11544—2012 规定，普通 V 带按横截面尺寸由小到大分为 Y、Z、A、B、C、D、E 七种型号，在相同的条件下，截面尺寸越大，则传递的功率就越大。带的截面尺寸如图 2-1-6 和表 2-1-1 所示。楔角 α 均为 $40°$。

表 2-1-1　V 带的截面尺寸（摘自 GB/T 11544—2012）　　　　　　　mm

型号	节宽 b_p	顶宽 b	高度 h
Y	5.3	6	4
Z	8.5	10	6
A	11.0	13	8
B	14.0	17	11
C	19.0	22	14
D	27.0	32	19
E	32.0	38	23
SPZ	8.5	10	8
SPA	11.0	13	10
SPB	14.0	17	14
SPC	19.0	22	18

表 2-1-1 中，楔角 α 为普通 V 带横截面两侧边的夹角，一般为 40°。普通 V 带横截面中梯形的最大宽度叫顶宽 b，梯形的高度叫做带的高度 h。V 带在规定张紧力下绕在带轮上时，外层受拉伸变长，内层受压缩变短，两层之间存在一长度不变的中性层，沿中性层形成的面称为节面，节面的宽度称为节宽 b_p，节面的周长为带的基准长度 L_d 或公称长度，普通 V 带的基准长度应符合表 2-1-2 的规定。带的高度 h 与其节宽 b_p 的比值叫做带的相对高度 h/b_p。普通 V 带相对高度已标准化为 0.7。

普通 V 带的标记由型号、基准长度和标准编号三部分组成，例如标记为：B2240 GB/T 11544—2012，表示 B 型 V 带，带的基准长度为 2240mm。

V 带的型号和标准长度都压印在胶带的外表面上，以供识别和选用。

表 2-1-2　普通 V 带的基准长度（摘自 GB/T 11544—2012）　　　　　　mm

Y	Z	A	B	C	D	E
200	405	630	930	1565	2740	4660
224	475	700	1000	1760	3100	5040
250	530	790	1100	1950	3330	5420
280	625	890	1210	2195	3730	6100
315	700	990	1370	2420	4080	6850
355	780	1100	1560	2715	4620	7650
400	920	1250	1760	2880	5400	9150
450	1080	1430	1950	3080	6100	12230
500	1330	1550	2180	3520	6840	13750
	1420	1640	1300	4060	7620	15280
	1540	1750	2500	4600	9140	16800
		1940	2700	5380	10700	
		2050	2870	6100	12200	
		2200	3200	6815	13700	
		2300	3600	7600	15200	
		2480	4060	9100		
		2700	4430	10700		
			4820			
			5370			
			6070			

二、V 带轮的材料和结构

1. V 带轮的轮槽截面形状及主要参数

V 带轮的轮槽截面形状见图 2-1-7，其主要参数如下：

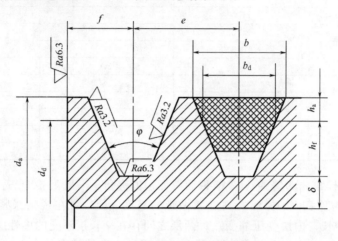

图 2-1-7　V 带轮轮槽形状及主要参数

(1) 基准宽度 b_d　带的节面宽度重合处的带槽宽度称为带槽的基准宽度，通常带轮轮槽的基准宽度与 V 带的节面宽度 b_p 相等，即 $b_d = b_p$。

(2) 槽角 φ　轮槽横截面两侧边的夹角。处于弯曲状态的 V 带横截面内两侧边的夹角（楔角）α 会变小。带轮直径越小，V 带弯曲越严重，楔角 α 越小。为了保证 V 带两侧工作面与轮槽工作面紧密贴合，轮槽的槽角 φ 应比 V 带的楔角 α 略小。槽角 φ 常取 38°、36°、34°。小带轮取小值，大带轮取较大值。

(3) 基准直径 d_d　轮槽基准宽度处对应的带轮直径称为基准直径。基准直径不能太小。基准直径越小，带的弯曲变形越严重，弯曲应力越大。因此，对各型号的普通 V 带带轮都规定有最小基准直径 d_{dmin}。普通 V 带传动带轮的最小基准直径 d_{dmin} 和基准直径系列如表 2-1-3 所示。

表 2-1-3　普通 V 带轮的最小基准直径 d_{dmin} 和基准直径系列 d_d（摘自 GB/T 13575.1—2012）

mm

V 带轮型号	Y	Z	A	B	C	D	E
d_{dmin}	20	50	75	125	200	355	500
基准直径系列	20　22.4　25　28　31.5　35.5　40　45　50　56　63　71　75　80　(85)　90　(95)　100　106　112　118　125　132　140　150　160　(170)　180　200　212　224　(236)　250　(265)　280　315　355　375　400　(425)　450　(475)　500　(530)　560　630　710　750　800　850　900　950　1000　1060　1120　1250　1350　1400　1500　1600　1700　1800　2000　2120　2240　2360　2500

注：括号内的直径尽量不用。

2. V 带轮的材料

制造 V 带轮的材料可采用灰铸铁、铸钢、铝合金或工程塑料，以灰铸铁应用最为广泛。当带轮圆周速度不大于 25m/s 时，采用 HT150，当带轮圆周速度大于 25～30m/s 时采用 HT200，速度更高的带轮可采用球墨铸铁或铸钢，也可采用钢板冲压后焊接带轮。小功率传动可采用铸铝或工程塑料。

3. V带轮的结构

带轮由轮缘、轮辐、轮毂三部分组成。V带轮按轮辐的结构不同分为实心式、腹板式、孔板式、轮辐式四种形式，如图 2-1-8 所示。当基准直径小于等于 2.5 倍轴的直径时采用实心式带轮，当基准直径小于等于 300mm 时采用腹板式带轮，在孔板内外圆直径之差大于等于 100mm 时采用孔板式带轮，当基准直径大于 300mm 时采用轮辐式带轮。

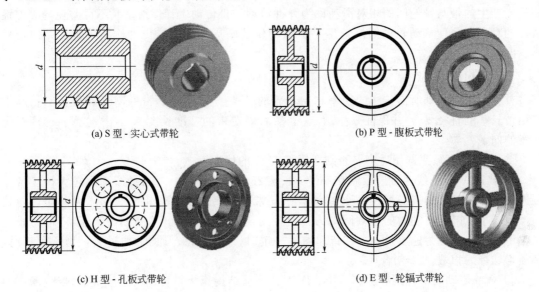

(a) S 型 - 实心式带轮   (b) P 型 - 腹板式带轮

(c) H 型 - 孔板式带轮   (d) E 型 - 轮辐式带轮

图 2-1-8　V 带轮结构

三、带的打滑和弹性滑动

1. 过载打滑

带要以一定的初拉力张紧在带轮上，使带与带轮的接触面间产生正压力。带不工作时，带两边具有相等的初拉力；带传动工作时，当主动轮以转速 n_1 转动时，由图 2-1-9 可知，由于摩擦力的作用，主动轮 1 拖动带 3，带 3 又驱动从动轮 2 以转速 n_2 转动，从而把主动轮上的运动和动力传到从动轮上，这就使进入主动轮一边的带拉力增加，称为紧边；另一边拉力减小被放松，称为松边。

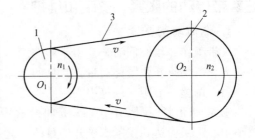

图 2-1-9　带传动的受力分析
1—主动轮；2—从动轮；3—带

紧边与松边的拉力差值等于带与带轮接触面上产生的摩擦力的总和，即为带传动中带所传递的圆周力（外载荷）F。

圆周力 F(N)、带速 v(m/s) 和传递功率 P(kW) 之间的关系为

$$P = \frac{Fv}{1000} \tag{2-1-2}$$

由上式可知，当功率 P 一定时，带速 v 小，则圆周力 F 大，因此通常把带传动布置在机械设备的高速级传动上，以减小带传递的圆周力；当带速一定时，传递的功率 P 愈大，即圆周力（外载荷）F 愈大，需要带与带轮之间的摩擦力也愈大。当带所需传递的圆周力（外载荷）超过最大静摩擦力，即过载时，带与带轮将产生相对的滑动，这种现象称为打滑。

打滑时，主动轮还在转动，但带与从动轮的运转速度下降，使带磨损加剧，传动效率降低，严重时将使传动失效，故在带传动中应防止出现打滑。

2. 弹性滑动

带是弹性体，它在受力情况下会产生弹性变形。由于带在紧边和松边上所受的拉力不相等，因而两边产生的弹性变形也不相同，将引起带与带轮间的相对滑动。这种由于带的弹性变形而产生的带与带轮间的相对滑动称为弹性滑动。带传动中弹性滑动是不可避免的，弹性滑动的存在，将使从动轮的圆周速度小于主动轮的圆周速度，使传动比不稳定，并使带发热、磨损。

四、V 带的选用

首先根据带传动所需传递的功率和主动轮的转速选择普通 V 带的型号和根数 Z；其次选用带轮基准直径 d_d，并保证 $d_d \geqslant d_{dmin}$。然后确定带的基准长度 L_d，并验算。选用时应注意的问题：

① 两带轮直径要选用适当，否则会影响 V 带的使用寿命。

② 普通 V 带的线速度应限制在 $5\text{m/s} \leqslant v \leqslant 25\text{m/s}$ 范围内。V 带的线速度越大，V 带作圆周运动时所产生的离心惯性力也越大，使 V 带拉长，V 带与带轮之间的压力减小，导致摩擦力减小，降低传动时的有效圆周力，使带的传动能力下降，产生打滑；但 V 带的线速度也不宜过小，因为速度过小，在传递功率一定时，所需有效圆周力便过大，为避免打滑，必须增加带的根数。

③ V 带传动的中心距应适当。中心距大，传动结构也大，传动时会引起 V 带颤动；中心距太小，小带轮上包角也小，减小传递的有效拉力；单位时间内带在带轮上挠曲次数增多，V 带容易疲劳，影响 V 带的寿命。

④ V 带的根数应小于 10。V 带的根数影响到带的传动能力，根数多，传递功率大，但根数愈多，带受力不均匀，影响 V 带的寿命，所以 V 带传动中所需带的根数应按具体传递功率的大小而定。

五、带传动的张紧、安装和维护

1. 带传动的张紧

V 带工作一段时间后，会由于塑性变形而松弛，造成初拉力 F_0 降低。为了保证带的传动能力，需要重新张紧传动带。常见的张紧方法有调整中心距和使用张紧轮两种。

（1）调整中心距　调整中心距的张紧装置有带的定期张紧和带的自动张紧两种。

① 定期张紧　图 2-1-10(a) 是将装有带轮的电动机装在滑道，旋转调节螺钉以增大或减小中心距从而达到张紧或松开的目的，适用于水平或倾斜不大的布置。图 2-1-10(b) 是把电机装在一摆动底座上，通过调节螺栓调节中心距达到张紧的目的，适用于垂直或接近垂直的布置。

② 自动张紧　图 2-1-10(c) 是把电动机装在浮动架上，利用电机及带轮的重量，使带轮随浮动架绕固定轴摆动而改变中心距达到自动张紧的目的。

（2）使用张紧轮　图 2-1-11 所示为利用张紧轮进行张紧的装置，常用于带传动中心距不可调的情况下。图 2-1-11(a) 所示为定期式张紧装置，定期调整张紧轮的位置可达到张紧的目的。图 2-1-11(b) 所示为摆锤式自动张紧装置，依靠摆捶重力可使张紧轮自动张紧。

V 带和同步带张紧时，张紧轮一般放在带的松边内侧并应尽量靠近大带轮一边，这样可使带只受单向弯曲，且小带轮的包角不致过分减小。如图 2-1-11(a) 所示为定期式张紧

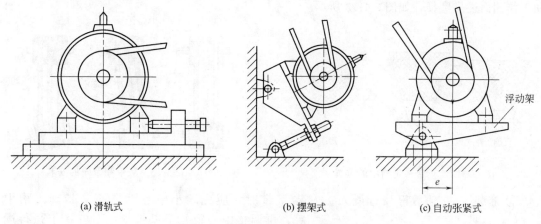

(a) 滑轨式　　　　　(b) 摆架式　　　　　(c) 自动张紧式

图 2-1-10　带传动调整中心距张紧装置

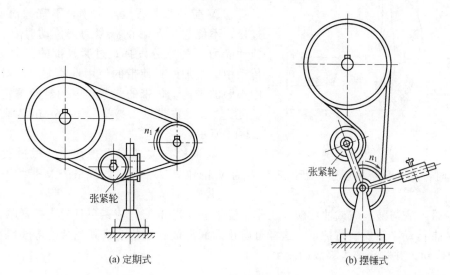

(a) 定期式　　　　　　　　　　(b) 摆锤式

图 2-1-11　张紧轮的布置

装置。

平带传动时，张紧轮一般应放在松边外侧，并要靠近小带轮处。这样小带轮包角可以增大，提高了平带的传动能力。如图 2-1-11（b）所示为摆锤式自动张紧装置。

2. 带传动的安装与维护

为提高 V 带传动的效率，延长 V 带的使用寿命和确保带传动的正常运转，必须正确做好带传动装置的安装、维修与保养工作。

① 选用普通 V 带时，注意带的型号和基准长度不要搞错，以保证 V 带在轮槽中的正确位置：V 带顶面和带轮轮槽顶面取齐，V 带和轮槽的工作面之间可充分接触；高出轮槽顶面太多，则工作面的实际接触面积减小，使传动能力降低；低于轮槽顶面过多，会使 V 带底面与轮槽底面接触，两侧工作面接触不良而使摩擦力丧失，如图 2-1-12 所示。

② 平行轴传动时各带轮的轴线必须保持规定的平行度。安装带轮时，各带轮相对应的 V 形槽的对称平面应重合，误差不得超过 $20'$，否则将加剧带的磨损，甚至使带从带轮上脱落。带轮安装在轴上不得摇晃摆动，轴和轴端不应有过大的变形，以免传动时 V 带的扭曲

和工作侧面过早磨损，如图 2-1-13 所示。

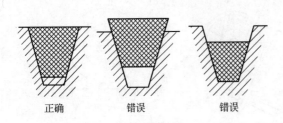

图 2-1-12　V 带在轮槽中的位置

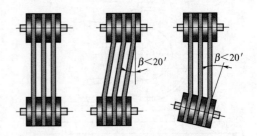

图 2-1-13　V 带和带轮的安装

③ 套装 V 带时不得强行撬入。安装 V 带时，应先缩小中心距，将 V 带套入槽中后，再调整中心距并予以张紧，不应将带强行撬入，以免损坏带的工作表面和降低带的弹性。

④ V 带的张紧程度要适当，不宜过松或过紧。过松，不能保证足够的张紧力，传动时容易打滑，传动能力不能充分发挥；过紧，带的张紧力过大，传动中磨损加剧，使带的使用寿命缩短。对于中等中心距的带传动，带的张紧程度的经验测定法是带长度为 1m 的皮带以大拇指按下 15mm 为宜，如图 2-1-14 所示。

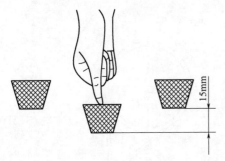

图 2-1-14　V 带的张紧程度

⑤ 定期检查 V 带，发现其中一根过渡松弛或疲劳破坏时，应全部更换新带，新旧带、普通 V 带和窄 V 带、不同规格的 V 带均不能混合使用。

⑥ 胶带不宜与酸、碱或油接触，工作温度不宜超过 60℃，应避免日光直接暴晒。

⑦ V 带传动必须安装防护罩。这样可防止因润滑油、切削液或其他杂物等飞溅到 V 带上而影响传动，并防止伤人事故的发生。

知识链接

窄 V 带传动

楔角 α 为 40°、相对高度约为 0.9 的 V 带称为窄 V 带，窄 V 带也已经标准化，按截面尺寸由小到大分为 SPZ、SPA、SPB、SPC 四种。

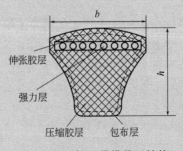

图 2-1-15　窄 V 带横截面结构

窄 V 带的横截面结构如图 2-1-15 所示，由包布层、伸张胶层、强力层和压缩胶层等部分组成。自由状态下，带的顶面为拱形，带的侧面为内凹曲面，带在轮上弯曲时，带侧面变直，使之与轮槽保持良好的贴合，即内凹的曲线形给变形提供了空间，减小了带的磨损。窄 V 带的强力层采用高强度的合成纤维绳或钢丝绳，强力层线绳排放位置稍高，其强力层和压缩胶层之间设置一层定向纤维胶片，能承受较大的预紧力，且可挠曲次数增加，当带高与普通 V 带相同时，其带宽较普通 V 带小约 1/3，故横向刚度大。

由于窄 V 带结构上的特点，在相同的速度下，窄 V 带传动能力比普通 V 带可提高 0.5～1.5 倍。而在传动功率相同时，带轮宽度和直径可减小，费用比普通 V 带降低 20%～40%，使用寿命明显延长，极限速度可达 40～50m/s，传动效率可达 90%～97%。此外使用窄 V 带可使传动中心距缩短，带轮宽度减少。故窄 V 带传动应用日趋广泛，广泛用于大功率且结构要求紧凑的传动中。

练一练

1. V 带传动主要依靠_____传递运动和动力。

A. 带的紧边拉力 　　　　　　　　　　B. 带和带轮接触面间的摩擦力

C. 带的预紧力

2. 在一般传递动力的机械中，主要采用_____传动。

A. 平带　　　　　　B. 同步带　　　　　　C. V 带　　　　　　D. 多楔带

3. V 带传动中，带截面楔角为 40°，带轮的轮槽角应_____40°。

A. 大于　　　　　　B. 等于　　　　　　C. 小于

4. 带传动正常工作时不能保证准确的传动比是因为_____。

A. 带容易变形和磨损　　　　　B. 带在带轮上打滑　　　C. 带的弹性滑动

5. 带传动采用张紧装置的目的是_____。

A. 减轻带的弹性滑动　　　　　　　　B. 提高带的寿命

C. 调节带的预紧力

任务三
同步带传动

知识点：>>>

　➤ 同步带的参数、类型和规格；

　➤ 同步带轮的结构；

　➤ 同步带传动的主要失效形式。

能力点：>>>

　➤ 了解同步带的参数、类型及同步带传动的主要失效形式。

一、同步带的参数、类型和规格

同步带是以细钢丝绳或玻璃纤维为强力层，外覆以聚氨酯或氯丁橡胶的环形带。带的内周制成齿状使其与齿形的带轮相啮合，故带与带轮间无相对滑动，构成同步传动。如图2-1-16所示。

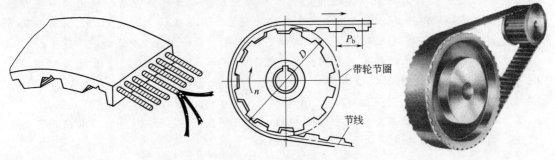

图 2-1-16　同步带结构与同步带传动

1. 同步带的参数

（1）节距 P_b 与基本长度 L_p。在规定张紧力下，同步带相邻两齿对称中心线的距离，称为节距 P_b。同步带工作时保持原长度不变的周线称为节线，节线长度 L_p 为基本长度（公称长度），带轮上对应位置处的圆称为节圆。如图 2-1-17 所示。显然有 $L_p = P_b z$。

（2）模数 m。与齿轮一样，也规定模数 $m = P_b/\pi$。

2. 同步带的类型和规格

同步带分为梯形齿和圆弧齿两大类，如图 2-1-17 所示。目前梯形齿同步带应用较广，圆弧齿同步带因其承载能力和疲劳寿命高于梯形齿而应用也日趋广泛。同步带按结构分为单面同步带和双面同步带两种形式。双面同步带按齿的排列不同又分为对称齿双面同步带（DA 型）和交错齿双面同步带（DB 型）两种，如图 2-1-18 所示。此外还有特殊用途和特殊结构的同步带。本节仅讨论单面梯形齿同步带。

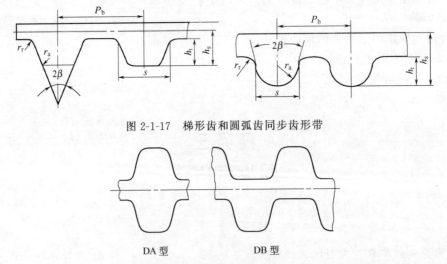

图 2-1-17　梯形齿和圆弧齿同步齿形带

DA 型　　　　　DB 型

图 2-1-18　对称齿双面同步齿形带和交错齿双面同步齿形带

较常用的梯形齿同步齿形带有周节制和模数制两种，其中周节制梯形齿同步齿形带已列入国家标准，称为标准同步带。标准同步带按节距大小分为 MXL 最轻型、XXL 超轻型、XL 特轻型、L 轻型、H 重型、XH 特重型、XXH 超重型七种类型。标准同步带的标记包括：型号、节线长度代号、宽度代号和国标号。对称齿双面同步带在型号前加"DA"，交错齿双面同步带在型号前加"DB"。

标记示例：

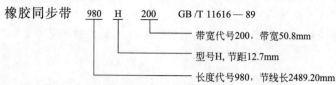

模数制梯形齿同步带以模数为基本参数，模数系列为 1.5、2.5、3、4、5、7、10，齿形角 2β 为 40°，其标记为：模数×齿数×宽度。例如，聚氨酯同步带 2×45×25 表示：模数 $m=2$，齿数 $z=45$，带宽 $b_s=25$mm 的聚氨酯同步带。

二、同步带轮

同步带轮的材料及轮辐、轮毂结构同 V 带轮。为防止齿形带工作时从带轮上脱落，一般推荐小带轮两边均有挡圈，而大带轮则无挡圈；或大小带轮均为单面挡圈，但挡圈各在不同侧，如图 2-1-19 所示。

图 2-1-19　常用同步带轮结构

同步带轮轮齿形状有渐开线齿廓和直边齿廓两种（用于梯形齿同步齿形带），其中渐开线齿廓的同步带轮可借用齿轮刀具用展成加工，齿廓具体尺寸请参阅有关手册。

三、同步带传动主要失效形式

（1）承载绳断裂　若带型号过小和小带轮直径过小等将导致承载绳断裂。

（2）爬齿和跳齿　同步带传递的圆周力过大、带与带轮间的节距差值过大、带的初拉力过小等会产生爬齿和跳齿现象。

（3）带齿的磨损　带齿与轮齿的啮合干涉、带的张紧力过大等会使带齿磨损。

（4）其他失效形式　带和带轮的制造安装误差将引起带轮棱边磨损、带与带轮的节距差值太大和啮合齿数过少引起的带齿剪切破坏、同步带背的龟裂、承载绳抽出和包布层脱落等。

任务四
实训：V带传动的安装调整

1. 实训目的

通过对实际带传动装置或模型演示的观察和具体操作，让学生进一步巩固和加深对带传动的理解；掌握带传动的安装、张紧及调整方法。

2. 实训的内容与要求

选择 3～5 种实际带传动装置，观察确定带传动的形式、带的材料和接头形式、带轮的结构类型、张紧及布置方式；通过尺寸测量确定 V 带的类型；具体拆装、检测和调整带传动。

3. 实训的过程

V 带传动观察、拆装、检测和调整过程：①观察带传动；②拆卸传动带，用游标卡尺测量 V 带的高和顶宽，对照表 2-1-1 确定 V 带的型号；③装复 V 带，测量中心距；④在带上施加垂直力，判断松紧是否合适；⑤调整并重新检测带的松紧度，直到合适为止。

习题 2-1

1. 带传动的工作原理是什么？

2. 摩擦带传动按胶带截面形状有哪几种？各有什么特点？为什么传递动力多采用 V 带传动？

3. 在相同的条件下，为什么 V 带比平带的传动能力大？

4. 小带轮的包角 α_1 对 V 带传动有何影响？为什么要求 $\alpha_1 \geqslant 120°$？

5. 按国标规定，普通 V 带横截面尺寸型号有哪几种？按什么顺序排列的？

6. 普通 V 带截面楔角为 40°，为什么将其带轮的槽形角制成 34°、36° 和 38° 三种类型？在什么情况下用较小的槽形角？

7. 什么是带的弹性滑动和打滑？引起带弹性滑动和打滑的原因是什么？带的弹性滑动和打滑对带传动性能有什么影响？

8. 为什么要限制带的速度以及带轮的最小基准直径？

9. 在 V 带传动中，为什么要限制带的根数？

10. 带传动为什么要张紧？常用的张紧方法有哪几种？在什么情况下使用张紧轮？

11. V 带传动和平带传动张紧轮的布置位置有什么不同，为什么？

12. 与其他传动相比带传动有哪些特点？

13. 为什么普通车床的第一级传动采用带传动，而主轴与丝杠之间的传动链中不能采用带传动？

14. 当与其他传动一起使用时，带传动一般应放在高速级还是低速级？为什么？

15. 同步带传动的主要失效形式有哪些？

课题二

链 传 动

任务一

链传动概述

知识点： >>>

> 链传动的类型、特点。

能力点： >>>

> 了解链传动的类型、特点。

链传动由主动链轮 1、从动链轮 2 和绕在链轮上并与链轮啮合的链条 3 组成，通过链条的链节与链轮上的轮齿相啮合传递运动和动力，如图 2-2-1 所示。

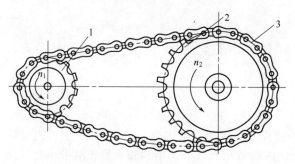

图 2-2-1 链传动
1—主动链轮；2—从动链轮；3—链条

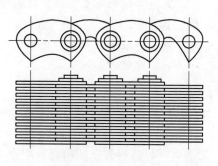

图 2-2-2 齿形链

一、链传动的类型

按照用途不同，链可分为起重链、牵引链和传动链三大类。起重链主要用于起重机械中提起重物，其工作速度 $v \leqslant 0.25\text{m/s}$；牵引链主要用于链式输送机中移动重物，其工作速度 $v \leqslant 4\text{m/s}$；传动链用于一般机械中传递运动和动力，通常工作速度 $v \leqslant 15\text{m/s}$。

传动链有齿形链和滚子链两种。齿形链是利用特定齿形的链片和链轮相啮合来实现传动的，如图 2-2-2 所示。齿形链传动平稳，噪声很小，故又称无声链传动。齿形链允许的工作速度可达 40m/s，但制造成本高，重量大，故多用于高速或运动精度要求较高的场合。本课题重点讨论应用最广泛的套筒滚子链传动。

二、链传动的特点

① 与带传动相比，链传动没有弹性滑动和打滑，平均传动比准确，工作可靠，效率高；传递功率大，过载能力强，相同工况下的传动尺寸小；所需张紧力小，作用于轴上的压力小；能在高温、潮湿、多尘、有污染等恶劣环境中工作。

② 与齿轮传动相比，链传动具有成本低廉、安装方便、中心距大等优点，但链传动的瞬时链速和瞬时传动比不是常数，因此传动平稳性较差，工作中有一定的冲击和噪声，仅能用于两平行轴间的传动。

链传动适用的一般范围为：通常传递的功率 $P \leqslant 100\text{kW}$，中心距 $a \leqslant 5 \sim 6\text{m}$，传动比 $i \leqslant 8$，线速度 $v \leqslant 15\text{m/s}$，传动效率为 $0.95 \sim 0.98$。链传动广泛应用于矿山机械、冶金机械、运输机械、机床传动及轻工机械中。

在链传动中，应用最广的是滚子链，本课题主要介绍滚子链。

任务二
滚子链传动

知识点：》》》

➤ 滚子链标准和链轮的结构；

一、滚子链的结构和规格

滚子链由内链板 1、套筒 2、销轴 3、外链板 4 和滚子 5 组成，如图 2-2-3 所示。内链板和套筒、外链板和销轴用过盈配合固定，构成内链节和外链节；销轴和套筒、滚子与套筒之间为间隙配合，构成屈伸自如的铰链。

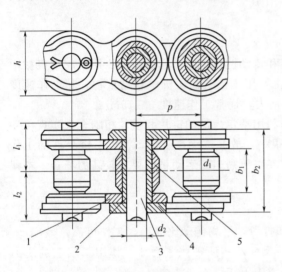

图 2-2-3 滚子链

1—内链板；2—套筒；3—销轴；4—外链板；5—滚子

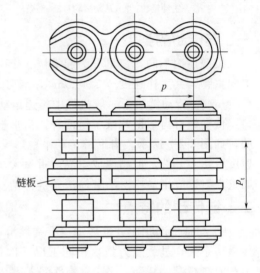

图 2-2-4 双排滚子链

滚子链已标准化。滚子链的主要参数是链条的节距，节距是链条上相邻两销轴中心的距离，用 p 表示。节距 p 越大，链的各部分尺寸和重量也越大，承载能力越高，且在链轮齿数一定时，链轮尺寸和重量随之增大。因此，设计时在保证承载能力的前提下，应尽量采取较小的节距。载荷较大时可选用双排链（图 2-2-4）或多排链，但排数一般不超过三排或四排，以免由于制造和安装误差的影响，而使各排链受载不均。

链条由若干个链节组成环形。当链节数为偶数时，链条两端恰好为一个内链板和一个外

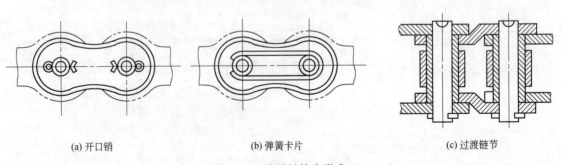

(a) 开口销   (b) 弹簧卡片   (c) 过渡链节

图 2-2-5 滚子链接头形式

链板，故可直接相连，但需要开口销或弹簧卡片锁紧，如图 2-2-5(a)、(b) 所示，前者用于大节距链，后者用于小节距链。当链节数为奇数时，链条两端同时为内链板或外链板，需采用过渡链节，如图 2-2-5(c) 所示。过渡链节的链板在工作时会产生附加弯矩，故应尽量避免采用奇数链节。

标准规定，滚子链分为 A、B 系列，其中 A 系列较为常用，其主要参数如表 2-2-1 所示。表中链号和相应的国际标准号一致，链号乘以 25.4/16mm 即为节距值。

表 2-2-1　A 系列滚子链的基本参数和尺寸（GB/T 1243—97）

链号	节距 p /mm	排距 p_t /mm	滚子外径 d_1/mm	内链节内宽 b_1/mm	销轴直径 d_2/mm	内链板高度 h_2/mm	单排极限拉伸载荷 F_Q/kN	单排每米质量 q /(kg/m)
08A	12.70	14.38	7.92	7.85	3.98	12.07	13.8	0.60
10A	15.875	18.11	10.16	9.40	5.09	15.09	21.8	1.00
12A	19.05	22.78	11.91	12.57	5.96	18.08	31.1	1.50
16A	25.40	29.29	15.88	15.75	7.94	24.13	55.6	2.60
20A	31.75	35.76	19.05	18.90	9.54	30.18	86.7	3.80
24A	38.10	45.44	22.23	25.22	11.11	36.20	124.6	5.60
28A	44.45	48.87	25.40	25.22	12.71	42.24	169.0	7.50
32A	50.80	58.55	28.58	31.55	14.29	48.26	222.4	10.10
40A	63.50	71.55	39.68	37.85	19.85	60.33	347.0	16.10
48A	76.20	87.83	47.63	47.35	23.81	72.39	500.4	22.60

滚子链的标记为：链号—排数—链节数标准编号。例如 16A—1—82 GB/T 1243—97 表示：A 系列滚子链、节距为 25.4mm、单排、链节数为 82、制造标准 GB/T 1243—97。

二、链轮

链轮齿应有足够的强度和耐磨性，故齿面多经热处理。小链轮的啮合次数比大链轮多，所受冲击力也大，故所用材料一般应优于大链轮。常用的链轮材料有碳素钢（如 Q275、45、ZG310-570 等）、灰铸铁（如 HT200）等。重要的链轮可采用合金钢。

链轮的结构可根据尺寸的大小确定，小直径链轮可制成实心式；中等直径的链轮可制成孔板式；大直径（$d>200$mm）的链轮可设计成组合式，若轮齿因磨损而失效，可更换齿圈。链轮的结构如图 2-2-6 所示。

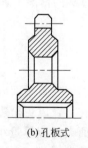
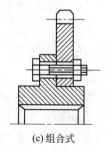

(a) 实心式　　　　　　(b) 孔板式　　　　　　(c) 组合式

图 2-2-6　链轮的结构

三、链轮的齿数及传动比

设主动链轮的齿数为 z_1，从动链轮的齿数为 z_2，主动链轮每转过一个齿，链条移动一个链节，从动链轮被链条带动转过一个齿。当主动链轮的转速为 n_1、从动链轮的转速为 n_2 时，单位时间内两轮转过的齿数相等，即：

$$z_1 n_1 = z_2 n_2 \quad 或 \quad \frac{n_1}{n_2} = \frac{z_2}{z_1}$$

主动链轮的转速 n_1 与从动链轮的转速 n_2 之比，称为链传动的传动比，表达式为：

$$i_{12} = \frac{n_1}{n_2} = \frac{z_2}{z_1}$$

为使链传动的运动平稳，小链轮的齿数不宜过少，对于滚子链，可按链速选取 z_1，然后按传动比确定大链轮齿数，一般大链轮齿数不宜大于120，过多易发生跳齿和脱链现象。一般链条节数为偶数，而链轮齿数最好选奇数，这样可使磨损较均匀。

一般滚子链的传动比 $i \leqslant 7$；推荐 $i = 2.0 \sim 3.5$，若传动比过大，则链条在小链轮上的包角过小，小链轮同时参与啮合的齿数机会过少，从而使链条磨损加快；而传动比过大，会使链传动装置外廓尺寸过大。

四、滚子链的主要失效形式

滚子链的失效主要是链条的失效。主要失效形式如下：

1. 链板疲劳破坏

链条在工作时，链板受拉，且松边拉力和紧边拉力不等，因此在一个运动循环中链板截面的拉应力是变化的。随着应力循环次数的增加，链板会因疲劳出现裂纹，直至断裂。

2. 滚子、套筒的冲击疲劳破坏

链传动的啮合冲击首先由滚子和套筒承受。在反复多次的冲击下，经过一定循环次数，滚子、套筒可能会发生冲击疲劳破坏。这种失效形式多发生于中、高速闭式链传动中。

3. 销轴与套筒的胶合

润滑不当或速度过高时，销轴和套筒的工作表面会发生胶合。胶合限定了链传动的极限转速。

4. 链条铰链磨损

链条在工作时，销轴与套筒之间存在着较大的正压力，又有相对转动，因此产生磨损。铰链磨损后链节变长，容易引起跳齿或脱链。开式传动、环境条件恶劣或润滑密封不良时，极易引起铰链磨损，从而急剧降低链条的使用寿命。

5. 链条的静力拉断

在低速（$v < 0.6\,\text{m/s}$）重载或偶然过载的情况下，链条所受拉力超过了本身的强度极限时，链条将被拉断。

五、链传动的布置、张紧与润滑

1. 链传动的安装

安装链传动时，要求两链轮应位于同一铅垂平面内，且轴线平行，两链轮的中心线最好水平或接近水平，使链条紧边在上松边在下，以免松边垂度过大使链与轮齿相干涉或紧松边相碰。倾斜布置时，两轮中心线与水平面夹角应尽量小于45°。应尽量避免垂直布置，以防止下链轮啮合不良。

2. 链传动的张紧

为了防止链传动松边垂度过大，引起啮合不良或链条振动，应采取张紧措施。常用的张紧方法有：调整中心距法；当中心距不可调整时，可采用拆去1～2个链节的方法进行张紧或设置张紧轮。张紧轮应安装在松边外侧靠近小轮的位置上，如图 2-2-7 所示。

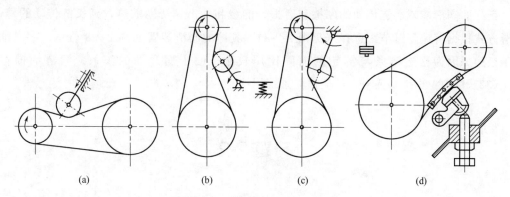

图 2-2-7　链传动的布置和张紧

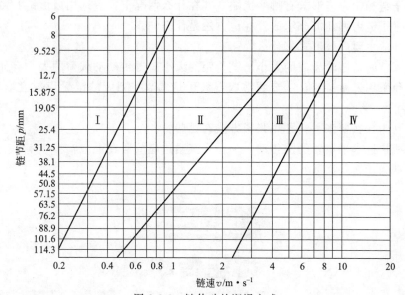

图 2-2-8　链传动的润滑方式

Ⅰ—人工定期润滑；Ⅱ—滴油润滑；Ⅲ—油浴或飞溅润滑；Ⅳ—压力喷油润滑

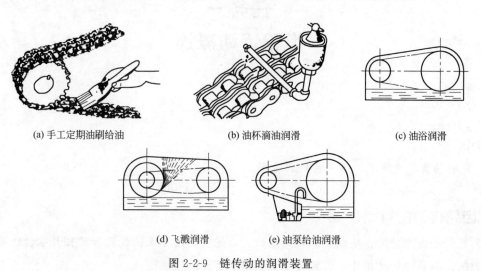

(a) 手工定期油刷给油　　　(b) 油杯滴油润滑　　　(c) 油浴润滑

(d) 飞溅润滑　　　(e) 油泵给油润滑

图 2-2-9　链传动的润滑装置

3. 链传动的润滑

良好的润滑能减小链传动的摩擦和磨损，能缓和冲击、帮助散热，延长链传动的寿命。润滑方式根据链速和链节距选择（见图 2-2-8）。具体的润滑装置如图 2-2-9 所示。润滑油应加于松边，因为松边链条与链轮的面间比压较小，便于润滑油的渗入。润滑油推荐用 L-AN32、L-AN46 和 L-AN68 号全损耗系统用油。

习题 2-2

1. 与带传动相比较，链传动有哪些优缺点？
2. 与滚子链相比，齿形链有哪些优缺点？在什么情况下，宜选用齿形链？
3. 套筒滚子链由哪几部分组成？标记方法是什么？
4. 链传动的主要失效形式是什么？
5. 链速一定时，链轮齿数的大小与链节距的大小对链传动动载荷的大小有什么影响？
6. 为避免采用过渡链节，链节数常取奇数还是偶数？相应的链轮齿数宜取奇数还是偶数？为什么？
7. 链传动为什么要张紧？常用张紧方法有哪些？
8. 水平或接近水平布置的链传动，为什么其紧边应放置在上边？
9. 链传动为什么要润滑？

课题三

齿轮传动

任务一
齿轮传动概述

知识点：》》》
➤ 齿轮的特点、类型。

能力点：》》》
➤ 明确齿轮的特点，了解齿轮的类型。

一、齿轮传动的特点

齿轮传动由主动轮、从动轮和机架组成。齿轮传动是靠两齿轮轮齿的相互啮合传递运动和动力的。与其他传动相比，齿轮传动具有以下特点。

1. 优点

① 传动效率高。在常用的机械传动中，齿轮传动效率最高，闭式齿轮传动效率为96%～99%。

② 结构紧凑。与带传动、链传动相比，所需的空间尺寸小。

③ 传动比稳定。传动比稳定往往是对传动性能的基本要求。齿轮传动获得广泛应用，正是由于其具有这一特点。

④ 工作可靠、寿命长。对于设计制造合理、使用维护良好的齿轮，工作十分可靠，寿命可长达一二十年，这也是其他机械传动所不能比拟的。

⑤ 使用的功率、速度和尺寸范围大。传递功率可从很小至几十万千瓦；速度最高可达300m/s。

⑥ 可实现平行轴、相交轴和任意交错轴之间的传动。

2. 缺点

① 齿轮传动的制造及安装精度要求高，价格较贵。

② 啮合传动会产生噪声。

③ 不宜用于中心距过大的场合。

齿轮传动是机械传动中应用最广泛的一种传动形式，它不仅用于传递运动（各种仪表机构），而且也用于传递动力（各种减速装置、机床传动系统等）。目前齿轮传动正逐步向小型化、高速化、低噪声和硬齿面技术的方向发展。

二、齿轮传动的类型

1. 根据轴之间的相互位置、齿向和啮合情况分类

$$\text{平面齿轮机构} \begin{cases} \text{直齿圆柱齿轮传动} \begin{cases} \text{外啮合直齿圆柱齿轮传动[图 2-3-1(a)]} \\ \text{内啮合直齿圆柱齿轮传动[图 2-3-1(b)]} \\ \text{齿轮与齿条传动[图 2-3-1(c)]} \end{cases} \\ \text{外啮合斜齿圆柱齿轮传动[图 2-3-2(a)]} \\ \text{人字齿轮传动[图 2-3-2(b)]} \end{cases}$$

$$\text{空间齿轮机构} \begin{cases} \text{圆锥齿轮传动：直齿、斜齿、曲线齿[图 2-3-3(a)、(b)、(c)]} \\ \text{交错轴斜齿圆柱齿轮传动} \begin{cases} \text{螺旋齿轮传动[图 2-3-4(a)]} \\ \text{蜗杆传动[图 2-3-4(b)]} \end{cases} \end{cases}$$

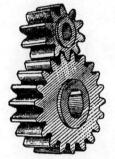
(a) 外啮合直齿圆柱齿轮传动

(b) 内啮合直齿圆柱齿轮传动

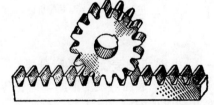
(c) 齿轮与齿条传动

图 2-3-1　直齿圆柱齿轮传动

2. 根据工作条件分类

根据工作条件不同，齿轮传动分为开式齿轮传动（图 2-3-5）和闭式齿轮传动（图 2-3-6）两种。前者轮齿外露，齿面易落灰尘，后者轮齿则被封闭在箱体内。

(a) 外啮合斜齿圆柱齿轮传动

(b) 人字齿轮传动

图 2-3-2　斜齿圆柱齿轮传动、人字齿轮传动

(a) 直齿圆锥齿轮传动

(b) 斜齿圆锥齿轮传动

(c) 曲线齿圆锥齿轮传动

图 2-3-3　圆锥齿轮传动

(a) 螺旋齿轮机构

(b) 蜗杆传动

图 2-3-4　交错轴斜齿轮传动

3. 根据齿廓表面的硬度分类

根据齿廓表面的硬度不同，齿轮传动分为软齿面齿轮传动（硬度≤350HBS）和硬齿面齿轮传动（硬度＞350HBS）。

4. 根据齿轮圆周速度分类

低速齿轮传动 $v＜3m/s$；中速齿轮传动 $v＝3～15m/s$；高速齿轮传动 $v＞15m/s$。

5. 根据轮齿齿廓曲线分类

根据轮齿齿廓曲线不同，齿轮分为渐开线齿轮、圆弧齿轮、摆线齿轮等，其中渐开线齿轮应用最广泛，本课题仅研究渐开线齿轮传动。

图 2-3-5　开式齿轮传动

图 2-3-6　闭式齿轮传动（已拆掉上盖的减速器）

任务二
渐开线齿廓

知识点： »»»

　　➤ 渐开线齿廓及啮合特性：齿轮传动对渐开线齿廓的基本要求、渐开线的形成和特性；

　　➤ 渐开线齿廓的啮合特点：恒定的传动比、中心距有可分性、齿轮的传力方向不变。

能力点： »»»

　　➤ 明确齿轮传动对渐开线齿廓的基本要求；

　　➤ 掌握渐开线的形成和特性；

　　➤ 理解渐开线齿廓的啮合特点。

一、齿轮传动对渐开线齿廓的基本要求

1. 传动要平稳

在齿轮传动中，应保证瞬时传动比恒定不变，以保持传动的平稳性，避免或减少传动中的冲击、振动和噪声。

2. 承载能力要大

要求齿轮的结构紧凑、质量轻，而承受载荷的能力强，即强度高，耐磨性好，寿命长。

二、渐开线的形成及性质

1. 渐开线的形成

当一直线 nn 沿半径为 r_b 的圆作纯滚动时，直线上任一点 K 的轨迹 AK 称为该圆的渐开线，如图2-3-7（a）所示。渐开线所对应的中心角 θ_K 称为渐开线 AK 段的展角，这个半径为 r_b 的圆称为渐开线的基圆，而作纯滚动的直线 nn 称为渐开线的发生线。

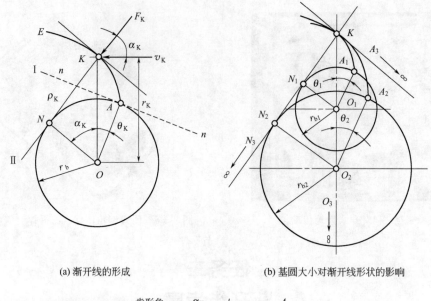

(a) 渐开线的形成　　　　　(b) 基圆大小对渐开线形状的影响

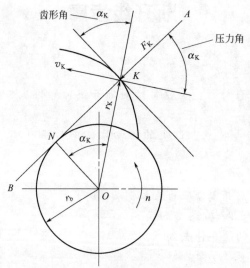

(c) 齿形角与压力角的关系

图 2-3-7　渐开线的形成与性质

2. 渐开线的性质

由渐开线的形成可知，渐开线有以下性质：

① 发生线在基圆上滚过的线段长度等于基圆上相应被滚过的弧长，即 $\overline{NK}=\overparen{NA}$，如图 2-3-7(a) 所示。

② 渐开线上任一点的法线必与基圆相切。如图 2-3-7(a) 所示，渐开线上任一点 K 的法线与基圆相切于 N 点，法线 KN 与发生线重合，又因发生线始终与基圆相切，所以渐开线上任一点的法线必与基圆相切。

③ 渐开线上各点的曲率半径不相等。离基圆越远，曲率半径越大；离基圆越近，曲率半径越小。

④ 渐开线的形状取决于基圆的大小。基圆大小相同时，所形成的渐开线相同。基圆半

径越小，渐开线越弯曲；基圆半径越大，渐开线越趋平直，如图 2-3-7（b）所示。当基圆半径趋于无穷大时，渐开线便成为直线。

⑤ 渐开线上各点的压力角（齿形角）不同。

渐开线上某点的法线（压力方向线）与该点速度方向所夹的锐角 α_K 称为该点的压力角；齿廓上任意一点的径向直线与齿廓在该点的切线所夹的锐角，称为该点的齿形角，也用 α_K 表示。由图 2-3-7（c）可以看出两者大小相等。

今以 r_b 表示基圆半径，由图 2-3-7（a）可知：

$$\cos\alpha_K = \frac{\overline{ON}}{\overline{OK}} = \frac{r_b}{r_K} \tag{2-3-1}$$

上式表示渐开线上各点压力角（齿形角）不等，r_K 越大（即 K 点离轮心越远），其压力角（齿形角）越大。在渐开线起始点（基圆上）的压力角（齿形角）等于零。

⑥ 渐开线是从基圆开始向外逐渐展开的，故基圆内无渐开线。

三、渐开线齿廓的啮合特性

如图 2-3-8 所示，一对相啮合渐开线齿轮的齿廓 E_1 和 E_2 在任一点 K 接触，过 K 点作两齿廓的公法线 nn，由渐开线的性质可知，这条公法线必然与两齿轮的基圆相切，即为两轮基圆的内公切线，切点是 N_1、N_2。当齿轮安装完之后，由于两基圆大小、位置不变，故同一方向上的内公切线只有一条，即 N_1N_2 为一条定直线，它与连心线的交点 P 为一定点，这个定点称为节点。分别以两齿轮的中心 O_1、O_2 为圆心，过节点 P 所做的两个相切的圆称为节圆。由于齿廓 E_1 和 E_2 无论在何处接触，接触点 K 均在两基圆的内公切线 N_1N_2 上，即所有啮合点都在直线 N_1N_2 上，故称直线 N_1N_2 为啮合线。啮合线与两轮节圆的公切线所夹的锐角 α' 称为啮合角。

1. 渐开线齿廓能保持恒定的瞬时传动比

如图 2-3-8 所示，两相互啮合的齿廓 E_1 和 E_2 在 K 点接触，主、从动轮分别以 ω_1 和 ω_2 转动，齿轮传动时，两轮在节点 P 处的线速度相等，即 $\overline{O_1P}\omega_1 = \overline{O_2P}\omega_2$

两齿轮的瞬时传动比为： $i_{12} = \dfrac{\omega_1}{\omega_2} = \dfrac{\overline{O_2P}}{\overline{O_1P}} = \dfrac{r'_2}{r'_1}$

如图 2-3-8 所示，因为直角 $\triangle O_1N_1P \backsim$ 直角 $\triangle O_2N_2P$，所以有：

$$i_{12} = \frac{\omega_1}{\omega_2} = \frac{r'_2}{r'_1} = \frac{r_{b2}}{r_{b1}} = 常数 \tag{2-3-2}$$

上式表明，一对渐开线齿轮的传动比等于两轮基圆半径的反比，当一对齿轮制成后，两齿轮的基圆半径为定值，所以渐开线齿轮的瞬时传动比为常数。

2. 具有中心距的可分性

由式（2-3-2）可知，即使两齿轮的中心距稍有改变，其传动比仍保持不变，这种性质称为渐开线齿轮中心距可分性。这给齿轮的制造、安装带来了很大方便。

3. 齿廓间作用的压力方向不变

两齿廓啮合传动时，如不计齿廓间的摩擦力，齿廓间作用的压力方向沿着齿廓的法线方向。由于啮合线 N_1N_2 既是两基圆的内公切线，又是两齿廓接触点的公法线，故两齿轮啮合传动时的传力方向始终沿着 N_1N_2 方向，啮合线为固定的直线，所以齿廓间作用的压力方向不变，传动平稳。

4. 齿廓间的相对滑动

齿轮在节点啮合时，两个节圆作纯滚动，齿面上无滑动存在。在其他点啮合时，由于两

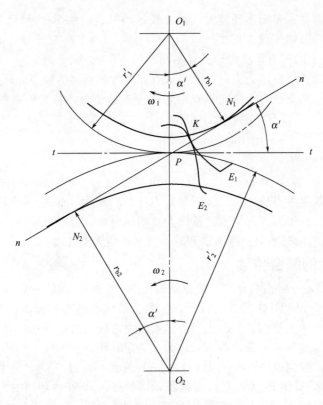

图 2-3-8　渐开线齿廓定传动比

轮啮合点的线速度不重合，齿廓间将产生相对滑动，从而引起摩擦损失并导致齿面磨损。

练一练

1. 齿轮传动应满足两个基本要求是_____和_____。
2. 形成渐开线的圆称为_____。
3. 基圆相同渐开线的形状相同，基圆越大，渐开线越弯曲。　　　　（　　）
4. 渐开线上各点处的压力角不相等，离基圆越远，压力角越大，离基圆越近，压力角越小。　　　　　　　　　　　　　　　　　　　　　　　　　　（　　）
5. 一对渐开线直齿圆柱齿轮的啮合线与____相切。
A. 两分度圆　　　　　B. 两基圆　　　　　C. 两齿根圆。

任务三
渐开线标准直齿圆柱齿轮

知识点：》》》
➤ 渐开线齿轮各部分的名称和符号；

一、渐开线齿轮各部分的名称和符号

图 2-3-9 所示为渐开线标准直齿圆柱齿轮的一部分，其各部分的名称如下。

1. 齿槽、齿厚与齿距

相邻两齿间的空间称为齿槽。在任意直径 d_K 的圆周上齿槽间的弧长称为齿槽宽，用 e_K 表示。轮齿两侧齿廓之间的弧长称为该圆上的齿厚，用 s_K 表示。相邻两齿同侧齿廓之间的弧长称为该圆上的齿距，用 p_K 表示。

2. 齿顶圆、齿根圆

过齿轮所有齿顶端的圆称为齿顶圆，其直径用 d_a 表示。过齿轮所有齿槽底部的圆称为齿根圆，其直径用 d_f 表示。

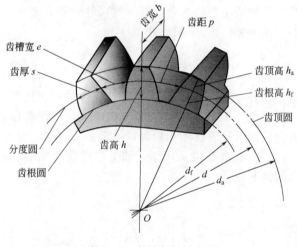

图 2-3-9 齿轮各部分名称

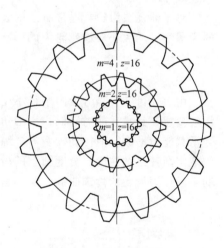

图 2-3-10 齿轮模数的大小

3. 分度圆

标准齿轮上齿厚和齿槽宽相等处的圆称为齿轮的分度圆，其直径用 d 表示，并作为计算齿轮几何尺寸的一个基准。分度圆上的齿厚用 s 表示，齿槽宽用 e 表示，齿距用 p 表示。在分度圆上齿厚等于齿槽宽，即 $s = e$。

4. 齿顶高、齿根高和齿全高

齿顶圆和分度圆之间的径向距离称为齿顶高，用 h_a 表示；分度圆与齿根圆之间的径向距离称为齿根高，用 h_f 表示；齿顶圆与齿根圆之间轮齿的径向距离称为齿全高，用 h 表示。

二、标准直齿圆柱齿轮的基本参数

1. 齿数 z

一个齿轮的轮齿总数。当齿轮的模数一定时，齿数越多，齿轮的几何尺寸越大，轮齿的渐开线曲率半径越大，齿廓曲线越平直。

2. 模数 m

分度圆上的齿距 p 与圆周率 π 的比值称为模数。即 $m = p/\pi$，单位为 mm。

根据齿距的定义，分度圆周长为 $pz = \pi d$，由于 π 为无理数，这对齿轮的计算和测量都不方便，因此规定比值 p/π 为有理数，并标准化，称为模数，以 m 表示。模数的标准系列见表 2-3-1。

表 2-3-1 标准模数系列（摘自 GB 1357—2008）   mm

第一系列	1 1.25 1.5 2 2.5 3 4 5 6 8 10 12 16 20 25 32 40 50
第二系列	1.75 2.25 2.75 （3.25） 3.5 （3.75） 4.5 5.5 （6.5） 7 9 （11） 14 18 22 28 （30） 36 45

注：1. 本表适用于渐开线圆柱齿轮，对斜齿轮是指法面模数。
2. 优先采用第一系列，括号内的模数尽可能不用。

则分度圆的直径为

$$d = mz \tag{2-3-3}$$

模数是决定齿轮几何尺寸的重要参数。齿数相同时，模数越大，轮齿就越大，承载能力越高。相同齿数、不同模数的齿轮对比如图 2-3-10 所示。

3. 齿形角 α

对于渐开线齿轮，通常所说的齿形角是指分度圆上的齿形角。渐开线圆柱齿轮分度圆上的齿形角 α 的大小对齿轮轮齿的形状有影响（图 2-3-11），根据公式(2-3-1)

$$\cos\alpha = \frac{\overline{ON}}{\overline{OK}} = \frac{r_b}{r} \tag{2-3-4}$$

由上式可知，当分度圆半径不变时，齿形角减小，则基圆半径增大，轮齿的齿顶变宽，齿根变瘦，其承载能力降低；齿形角增大，则基圆半径减小，轮齿的齿顶变尖，齿根变厚，其承载能力增大，但传动较费力，综合考虑齿轮副的传动性能和轮齿的承载能力，国家标准中规定渐开线圆柱齿轮分度圆上的齿形角 $\alpha = 20°$。也就是说采用渐开线上齿形角为 $20°$ 左右的一段作为齿轮的齿廓曲线，而不是任意段的渐开线。

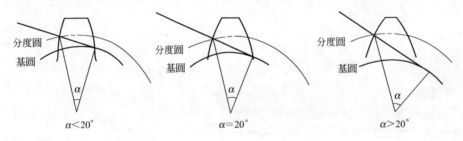

图 2-3-11 齿形角对轮齿形状的影响

因此齿轮的分度圆也可定义为：齿轮上具有标准模数和标准齿形角的圆。

4. 齿顶高系数 h_a^*

齿顶高与模数的比值称为齿顶高系数，用 h_a^* 表示。

$$h_a = h_a^* m \tag{2-3-5}$$

国标规定标准直齿的圆柱齿轮齿顶高系数 $h_a^* = 1$。

5. 顶隙系数 c^*

一个齿轮的齿顶圆到另一个齿轮的齿根圆的径向距离称为顶隙，用 c 表示。顶隙的存在有利于润滑油的流动，并保证两啮合齿轮传动时不至于卡死，也使得轮齿的齿根高应大于齿顶高。

顶隙与模数的比值称为顶隙系数，用 c^* 表示，即

$$c = c^* m \tag{2-3-6}$$

所以

$$h_f = (h_a^* + c^*)m \tag{2-3-7}$$

国标规定标准直齿的圆柱齿轮顶隙系数 $c^* = 0.25$。

三、标准直齿圆柱齿轮的几何尺寸计算

采用标准模数 m，齿形角 $\alpha = 20°$，齿顶高系数 $h_a^* = 1$，顶隙系数 $c^* = 0.25$，分度圆上的齿厚和齿槽宽相等的渐开线直齿圆柱齿轮称为标准直齿圆柱齿轮，简称标准直齿轮。

标准直齿圆柱齿轮的参数和几何尺寸计算公式列于表 2-3-2。

表 2-3-2　标准直齿圆柱齿轮传动的参数和几何尺寸计算公式

名称	符号	公式		
		外齿轮	内齿轮	齿条
齿数	z	根据工作要求确定		
模数	m	由轮齿的承载能力确定,并按表 2-3-1 取标准值		
齿形角	α	$\alpha = 20°$		
分度圆直径	d	$d = mz$		
齿顶高	h_a	$h_a = h_a^* m$		
齿根高	h_f	$h_f = (h_a^* + c^*)m$		
全齿高	h	$h = (2h_a^* + c^*)m$		
齿顶圆直径	d_a	$d_a = (z + 2h_a^*)m$	$d_a = (z - 2h_a^*)m$	∞
齿根圆直径	d_f	$d_f = (z - 2h_a^* - 2c^*)m$	$d_f = (z + 2h_a^* + 2c^*)m$	∞
中心距	a	$a = (d_1 + d_2)/2 = m(z_2 + z_1)/2$	$a = (d_1 - d_2)/2 = m(z_2 - z_1)/2$	∞
基圆直径	d_b	$d_b = d\cos\alpha$		∞
齿距	p	$p = \pi m$		
齿厚	s	$s = \pi m/2$		
齿槽宽	e	$e = \pi m/2$		

【例 2-3-1】　已知一标准渐开线直齿圆柱齿轮，齿数 $z_1 = 20$，模数 $m = 2mm$，拟将该齿轮作某外啮合传动的主动齿轮，现需配一从动齿轮，要求传动比 $i = 3.5$，试计算从动齿轮的几何尺寸及两轮的中心距。

解：根据给定的传动比 i，可计算从动轮的齿数

$$z_2 = iz_1 = 3.5 \times 20 = 70$$

已知齿轮的齿数 z_2 及模数 m，由表 2-3-2 所列公式可以计算从动轮各部分尺寸。

分度圆直径　$d_2 = mz_2 = 2 \times 70 = 140(mm)$

齿顶圆直径　$d_{a2} = (z_2 + 2h_a^*)m = (70 + 2 \times 1) \times 2 = 144(mm)$

齿根圆直径　$d_f = (z_2 - 2h_a^* - 2c^*)m = (70 - 2 \times 1 - 2 \times 0.25) \times 2 = 135(mm)$

全齿高　$h = (2h_a^* + c^*)m = (2 \times 1 + 0.25) \times 2 = 4.5(mm)$

中心距　$a = \dfrac{d_1 + d_2}{2} = \dfrac{m}{2}(z_1 + z_2) = \dfrac{2}{2} \times (20 + 70) = 90(mm)$

四、齿条

当齿轮的直径无穷大时，其分度圆、齿顶圆、齿根圆都变为相互平行的直线，即分度

线、齿顶线、齿根线，此时齿轮变成齿条，如图 2-3-12（a）所示。齿条的几何参数如图 2-3-12(b)所示。与齿轮相比，齿条有下述两个重要特点。

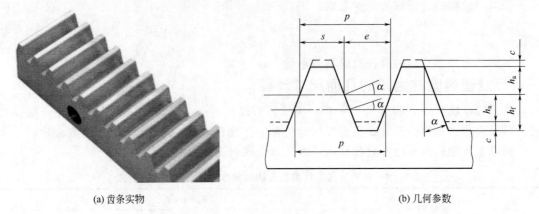

(a) 齿条实物　　　　　　　　　　　　　　　　(b) 几何参数

图 2-3-12　齿条及几何参数

（1）在任一平行线上齿距（$p = \pi m$）均相等。

（2）齿条平行线上的压力角 α 均相等（$\alpha = 20°$），且与齿条的齿形角相等。

五、内齿轮

如图 2-3-13 所示为直齿圆柱内齿轮的一部分。它的齿顶圆在分度圆之内，齿根圆在分度圆之外，渐开线内凹的一边为其工作面，故它的齿槽相当于外齿轮的轮齿。为使一个外齿轮与一个内齿轮传动时，不发生干涉，内齿轮的顶圆直径应大于基圆直径。标准内齿轮圆柱齿轮的几何尺寸计算公式见表 2-3-2。

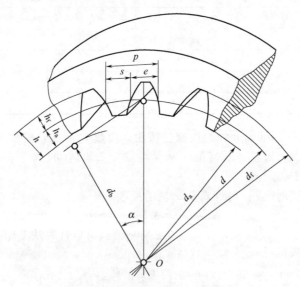

图 2-3-13　内齿轮的几何参数

练一练

1. 标准渐开线圆柱齿轮分度圆上的_____和_____的比值，称为模数。齿数相同时，模数越大，分度圆直径越_____，轮齿越_____，齿轮所能承受的载荷就_____。

2. 标准直齿圆柱齿轮的压力角 $\alpha =$ _____、齿顶高系数 $h_a^* =$ _____、顶隙系数 $c^* =$ _____。

3. 一标准直齿圆柱齿轮的齿距 $p = 15.7\text{mm}$，齿顶圆直径 $d_a = 400\text{mm}$，则该齿轮的齿数为_____。

A. 82　　　　B. 80　　　　C. 78　　　　D. 76

4. 当模数一定时，齿轮齿数越多，其几何尺寸越小，承载能力越小。　　　（　　）

5. 标准渐开线圆柱齿轮的标准模数和标准齿形角都在分度圆上。　　　（　　）

任务四
渐开线齿轮的啮合传动

知识点： »»»
- ➤ 标准直齿圆柱齿轮的正确啮合条件；
- ➤ 直齿圆柱齿轮的连续传动条件；
- ➤ 齿轮的标准安装。

能力点： »»»
- ➤ 掌握直齿圆柱齿轮的正确啮合条件及连续传动条件；
- ➤ 明确何谓齿轮的标准安装。

一、渐开线齿轮正确啮合条件

所谓正确啮合就是指一对渐开线齿轮能够顺利地啮入啮出，传动中既不出现啮合间隙，也不出现卡死的现象。由图 2-3-14 可知，必须使两齿轮的基圆齿距相等，即 $p_{b1} = p_{b2}$。

因为　$d_b = d\cos\alpha$　　$p_b = p\cos\alpha = \pi m\cos\alpha$。

所以　$m_1\cos\alpha_1 = m_2\cos\alpha_2$。

由于模数和齿形角已经标准化，所以，渐开线齿轮的正确啮合条件是：

① 两轮的模数必须相等 $m_1 = m_2 = m$。

② 两齿轮分度圆上的齿形角必须相等 $\alpha_1 = \alpha_2 = \alpha$。

二、标准中心距

正确安装的渐开线齿轮，理论上应为无齿侧间隙啮合，即一齿轮节圆上的齿槽宽与另一齿轮节圆齿厚相等。标准齿轮正确安装时齿轮的分度圆与节圆重合，啮合角 $\alpha' = \alpha = 20°$。

由于渐开线齿廓具有可分离性，两轮中心距略大于正确安装中心距时仍能保持瞬时传动比恒定不变，但齿侧出现间隙，反转时会有冲击。

三、渐开线齿轮连续传动的条件

如图 2-3-15 所示为一对相互啮合的齿轮，设轮 1 为主动轮，轮 2 为从动轮。齿廓的啮合是由主动轮 1 的轮齿齿根部推动从动轮 2 的齿顶开始的，因此从动轮齿顶圆与啮合线的交点 B_2 为一对齿廓进入啮合的开始。随着轮 1 推动轮 2 转动，两齿廓的啮合点沿着啮合线移动，

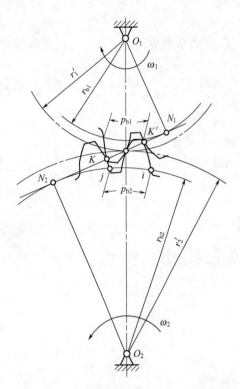

图 2-3-14　渐开线齿轮正确啮合的条件

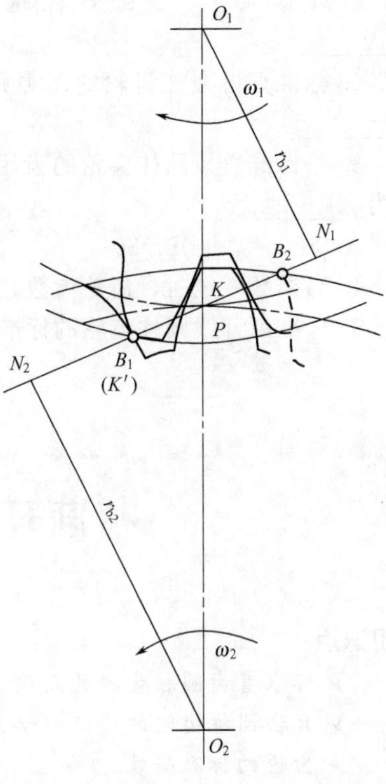

图 2-3-15　渐开线齿轮连续传动的条件

当啮合点移动到齿轮 1 的齿顶圆与啮合线的交点 B_1 时，这对齿廓终止啮合，两齿廓即将分离。故啮合线 N_1N_2 上的线段 B_1B_2 为齿廓啮合点的实际轨迹，称为实际啮合线，而线段 N_1N_2 称为理论啮合线。

当一对轮齿在 B_2 点开始啮合时，前一对轮齿仍在 K 点啮合，则传动就能连续进行。由图 2-3-15 可见，实际啮合线段 B_1B_2 的长度大于齿轮的法线齿距（即基圆齿距 p_b）。如果前一对轮齿已在 B_1 点脱离啮合，而后一对轮齿仍未进入啮合，则这时传动发生中断，将引起冲击。所以，保证连续传动的条件是使实际啮合线长度大于或至少等于齿轮的法线齿距。通常将实际啮合线长度与基圆齿距之比称为齿轮的重合度，用 ε 表示，即

$$\varepsilon = \frac{\overline{B_1B_2}}{p_b} = \frac{\overline{B_1B_2}}{\pi m \cos\alpha} \geqslant 1 \qquad (2\text{-}3\text{-}8)$$

理论上当 $\varepsilon = 1$ 时，就能保证一对齿轮连续传动，但考虑齿轮的制造、安装误差和啮合传动中轮齿的变形，实际上应使 $\varepsilon > 1$，常使 $\varepsilon \geqslant 1.1 \sim 1.4$。重合度越大，表示同时啮合的齿的对数越多，传动越平稳。对于标准齿轮传动，其重合度都大于 1，故通常不必进行验算。

【例 2-3-2】 有一个标准渐开线直齿圆柱齿轮，模数 $m_1 = 4\text{mm}$，齿数 $z_1 = 20$，今要用它作为齿轮传动中的主动轮，需要选配一个合适的从动轮，要求传动比 $i = 3$。现有一个标准渐开线直齿圆柱齿轮，测得其齿顶圆直径 $d_{a2} = 248\text{mm}$，齿数 $z_2 = 60$。试判断这两个齿轮能否相配满足预定的要求，并计算该齿轮传动的主要几何尺寸。

解题分析：要判断这两个齿轮能否互相配合而满足预定的要求，这要解决两个问题：

① 是否满足正确啮合条件。

② 传动比是否满足要求。

解： ① 确定从动轮的模数

$$d_2 = (z + 2h_a^*)m = (z + 2)m$$

故
$$m_2 = \frac{d_2}{z_2 + 2} = \frac{248}{60 + 2} = 4$$

已知 $m_1 = 4\text{mm}$，所以 $m_1 = m_2 = m = 4\text{mm}$。

② 因为两齿轮均为标准直齿圆柱齿轮，它们的齿形角均为20°，即

$$\alpha_1 = \alpha_2 = \alpha = 20°$$

所以两齿轮满足正确啮合条件，可以相配。

③ 计算传动比 i

$$i = \frac{z_2}{z_1} = \frac{60}{20} = 3$$

符合要求的传动比。

④ 计算主要几何尺寸

分度圆直径：$d_1 = mz_1 = 4 \times 20 = 80(\text{mm})$

$\qquad\qquad d_2 = mz_2 = 4 \times 60 = 240(\text{mm})$

齿顶圆直径：$d_{a1} = m(z_1 + 2) = 4 \times (20 + 2) = 88(\text{mm})$

$\qquad\qquad d_{a2} = m(z_2 + 2) = 4 \times (60 + 2) = 248(\text{mm})$

齿根圆直径：$d_{f1} = m(z_1 - 2.5) = 4 \times (20 - 2.5) = 70(\text{mm})$

$\qquad\qquad d_{f2} = m(z_2 - 2.5) = 4 \times (60 - 2.5) = 230(\text{mm})$

中心距：$\qquad a = m(z_1 + z_2)/2 = 4 \times (20 + 60)/2 = 160(\text{mm})$

练一练

1. 有一对直齿圆柱齿轮传动，已知主动轮的转速 $n_1 = 960\text{r/min}$，齿数 $z_1 = 20$，这对齿轮的传动比为2.5，则从动轮的转速 $n_2 = $_____，齿数 $z_2 = $_____。

2. 齿轮传动的重合度为多少_____时，才能保证齿轮机构的连续传动。

A. $\varepsilon \leqslant 0$ B. $0 < \varepsilon < 1$ C. $\varepsilon \geqslant 1$

3. 一对齿轮要正确啮合，它们的_____必须相等。

A. 直径   B. 宽度   C. 齿数   D. 模数

知识链接

一、渐开线齿轮的切齿原理

齿轮加工方法很多，如切削加工、铸造、热轧、冲压、电加工等。但最常用的是切削加工，按切削齿廓的原理不同，分为仿形法和展成法两大类。

1. 仿形法

仿形法是用与齿轮齿槽形状完全相同的圆盘铣刀（图2-3-16）或指状铣刀（图2-3-17）在铣床上进行加工齿轮的方法。这种加工方法简单，不需要专用机床，由于生产中通常用同一号铣刀切制同模数、不同齿数的齿轮，齿形通常是近似的，因此，精度低，而且是逐个齿切削，生产效率低，故仅适用于单件生产及精度要求不高的齿轮加工。

2. 展成法

展成法是利用一对齿轮作无侧隙啮合传动时，两轮齿廓互为包络线的原理来加工齿

轮的方法，又称为包络法或范成法，是目前齿轮加工中最常用的一种切削加工方法。常用的展成加工方法有滚齿加工、齿轮插刀加工和齿条插刀加工等。

图 2-3-16　仿形法用盘形铣刀加工齿轮

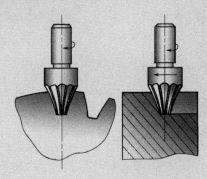

图 2-3-17　用指状铣刀加工齿轮

（1）滚齿加工　如图 2-3-18 所示，滚刀的外形为一螺旋回转体，当滚刀转动时，滚刀从上向下切削齿形。在轴向剖面内相当于齿条移动，并与齿轮啮合，同时滚刀沿齿轮轮坯的轴向进刀，直至全部轮齿加工完毕。滚齿加工可以实现连续加工，生产效率较高。

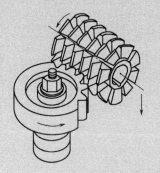

图 2-3-18　滚齿加工

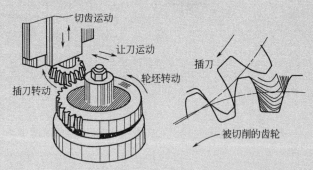

图 2-3-19　齿轮插刀加工

（2）齿轮插刀加工　如图 2-3-19 所示，齿轮插刀加工是利用一对齿轮的啮合原理，将其中一个齿轮作为刀具，另一个齿轮为轮坯，由机床保证它们按齿轮传动的要求运动。同时刀具还不断沿齿轮轮坯轴线方向进行往复运动，这样就将轮坯切制成与刀具相啮合的齿轮。此种加工方法，切削精度很高，但由于切削过程不连续，生产效率低。

（3）齿条插刀加工　如图 2-3-20 所示，齿条插刀加工齿轮是利用齿轮与齿条的啮合原理。齿条插刀的中线与齿轮轮坯的分度圆相切，并以 $v_2 = r_1\omega_1$ 的运动关系相互滚动（展成运动），同时齿条插刀沿齿轮轮坯轴线切削（切削运动）。

总之，用展成法加工齿轮时，只要刀具与被加工齿轮的模数和压力角相同，不管被加工齿轮的齿数是多少，都可以用一把刀具来加工，这给生产带来了很大的方便，因此展成法得到了广泛的应用。

二、根切现象和最少齿数

用范成法加工齿轮时，如果齿轮的齿数太少，则切削刀具的齿顶就会切去轮齿根部的一部分，这种现象称为根切，如图 2-3-21 所示。根切将使轮齿的抗弯强度降低，重合度减小，影响传动的平稳性。

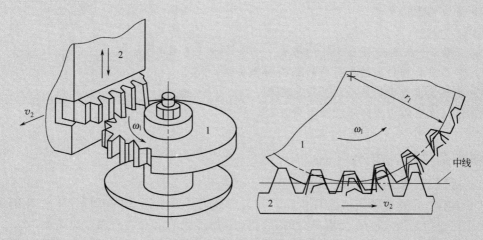

图 2-3-20　齿条插刀加工

加工标准齿轮时，刀具与轮坯的相对位置应按标准齿轮正确安装的要求进行安装，即刀具的分度线与轮坯的分度圆相切。这时齿轮的齿数过少，刀具的齿顶与啮合线的交点 B_2 越接近理论啮合点 N_1，当齿轮的齿数过少时，B_2 点将超过 N_1 点（图 2-3-22），由于基圆内无渐开线，所以必产生根切。

若要避免根切，必须是刀具的齿顶不超过啮合极限点。可以证明，用齿条刀具加工渐开线标准直齿圆柱齿轮，当 $h^* = 1$，$\alpha = 20°$ 时，齿轮不产生根切的最小齿数 $z_{\min} = 17$。

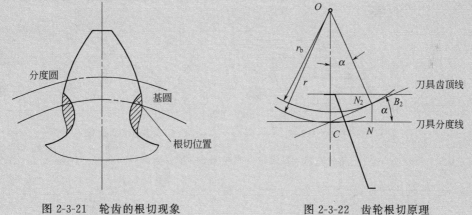

图 2-3-21　轮齿的根切现象　　　　　　图 2-3-22　齿轮根切原理

任务五
其他齿轮传动简介

知识点：▶▶▶

➢斜齿圆柱齿轮传动；

➤ 直齿锥齿轮传动。

能力点： ➤➤➤

➤ 了解平行轴斜齿圆柱齿轮的形成、啮合特性及基本参数；

➤ 掌握平行轴斜齿圆柱齿轮的正确啮合条件；

➤ 了解直齿锥齿轮传动的功用、参数；

➤ 掌握直齿锥齿轮的正确啮合条件。

一、斜齿圆柱齿轮传动

1. 斜齿圆柱齿轮的形成

对于具有一定宽度的直齿圆柱齿轮，其齿廓曲面是发生面 S 在基圆柱上作纯滚动时，发生面上任一与基圆柱母线 NN' 平行的直线 KK' 所形成的渐开线曲面，如图 2-3-23(a) 所示。直齿圆柱齿轮啮合时，其接触线是与轴线平行的直线 [图 2-3-23(b)]，因而一对齿廓沿齿宽同时进入啮合或退出啮合，轮齿上所受的载荷也是突然加上，又突然卸掉的，容易引起冲击和噪声，传动平稳性差，不适宜用于高速齿轮传动。

斜齿圆柱齿轮齿廓曲面的形成原理和直齿轮相似，如图 2-3-24(a) 所示。所不同的是形成渐开线齿面的直线 KK' 不再与轴线平行，而是与其成 β_b 角。当发生面 S 在基圆柱上做纯滚动时，其上与母线 NN' 成一倾斜角 β_b 的斜直线 KK' 在空间所走过的轨迹，即为斜齿轮的渐开线螺旋齿面。β_b 称为基圆柱上的螺旋角。

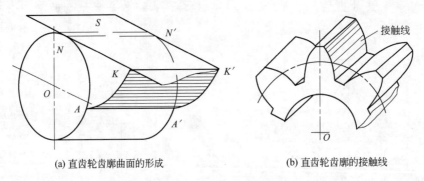

(a) 直齿轮齿廓曲面的形成　　　　　(b) 直齿轮齿廓的接触线

图 2-3-23　直齿轮齿廓曲面的形成及接触线

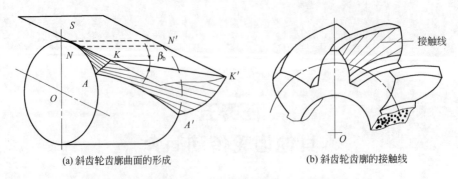

(a) 斜齿轮齿廓曲面的形成　　　　　(b) 斜齿轮齿廓的接触线

图 2-3-24　斜齿轮齿廓曲面的形成及接触线

2. 斜齿圆柱齿轮的啮合特性

斜齿圆柱齿轮啮合时，其接触线都是平行于斜直线 KK' 的直线 [图 2-3-24(b)]，因齿高有一定限制，故在两齿廓啮合过程中，接触线长度由零逐渐增长，从某一位置以后又逐渐缩短，直至脱离啮合，即斜齿轮进入和脱离接触都是逐渐进行的，轮齿上所受的载荷也是逐渐加上，又逐渐卸掉的，故传动平稳，噪声小，而且斜齿轮的重合度大，承载能力高，但传动时会产生轴向力，适用于高速、大功率及传动平稳性要求高的两平行轴之间的传动。

3. 基本参数及几何尺寸计算

（1）螺旋角 β 如图 2-3-25（a）所示为斜齿轮的分度圆柱及其展开图。β 称为分度圆柱上的螺旋角，简称螺旋角。它表示轮齿的倾斜程度。β 值越大，传动的平稳性越好，但轴向力大，设计中常取 $\beta = 8° \sim 20°$。斜齿轮按其齿廓螺旋线的旋向不同，分为左旋齿轮和右旋齿轮，如图 2-3-25（b）、（c）所示。

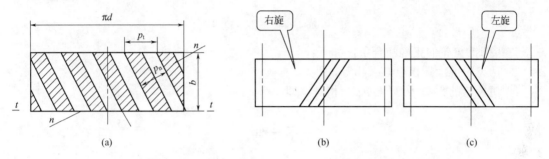

图 2-3-25　斜齿轮的展开图及齿廓螺旋线的旋向

（2）端面参数和法面参数　对于渐开线斜齿圆柱齿轮，垂直于齿轮轴线的平面称为端面，用 t 作标记；垂直于轮齿螺旋线方向的平面称为法面，用 n 作标记。由于在切制斜齿轮的轮齿时，刀具的进刀方向一般是垂直于法面的，轮齿的法面齿形与刀具齿形相同，故国际规定法面参数（m_n，α_n）为标准参数。

由图 2-3-25（a）斜齿轮的展开图可知，p_t 为端面齿距，而 p_n 为法面齿距，$p_n = p_t \cos\beta$，因为 $p = \pi m$，所以 $\pi m_n = \pi m_t \cos\beta$，故斜齿轮法面模数与端面模数的关系为

$$m_n = m_t \cos\beta \tag{2-3-9}$$

与模数类似，斜齿轮分度圆上的端面压力角 α_t 与法面压力角 α_n 间的关系为

$$\tan\alpha_n = \tan\alpha_t \cos\beta \tag{2-3-10}$$

4. 斜齿圆柱齿轮的正确啮合条件

斜齿轮传动的正确啮合条件为：两斜齿轮的法面模数和法面压力角分别相等，两斜齿轮的螺旋角大小相等，旋向相反。即

$$\begin{cases} m_{n1} = m_{n2} = m_n \\ \alpha_{n1} = \alpha_{n2} = \alpha_n \\ \beta_1 = -\beta_2 \text{（负号表示旋向相反）} \end{cases}$$

二、直齿锥齿轮传动

圆锥齿轮用来实现两相交轴之间的传动，两轴交角 Σ 一般多采用 90°。圆锥齿轮的轮齿可以有直齿、斜齿和曲线齿等形式。因直齿锥齿轮的设计和制造较为简单，故应用广泛。这里仅介绍两轴交角 $\Sigma = \delta_1 + \delta_2 = 90°$ 的标准直齿圆锥齿轮传动。

锥齿轮的轮齿是分布在一个截圆锥的锥面上，轮齿从大端到小端逐渐收缩变小。考虑计算和测量方便，规定锥齿轮大端的参数取标准值。大端的模数为标准模数，大端压力角 $\alpha = 20°$，如图 2-3-26 所示。

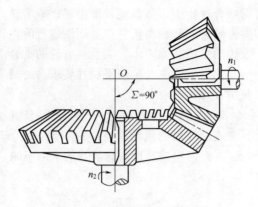

图 2-3-26　直齿圆锥齿轮传动

直齿圆锥齿轮的正确啮合条件如下：

① 两齿轮的大端模数必须相等，即 $m_1 = m_2 = m$。

② 两齿轮的大端压力角也必须相等，即 $\alpha_1 = \alpha_2 = \alpha$。

练一练

1. 一对外啮合的斜齿圆柱齿轮的正确啮合条件是：两齿轮的_____模数相等。齿形角相等，螺旋角_____，螺旋方向_____。

2. 直齿锥齿轮规定以_____端的参数为标准值。其正确啮合的条件是_____。

3. 斜齿圆柱齿轮可以作为滑移齿轮。　　　　　　　　　　　　　　　（　　）

4. 斜齿圆柱齿轮传动适用于高速重载的场合。　　　　　　　　　　　（　　）

任务六
齿轮传动的失效形式

知识点：>>>
> 齿轮传动的常见失效形式；
> 齿轮传动的润滑。

能力点：>>>
> 会分析齿轮传动的常见失效形式；
> 了解齿轮传动的润滑。

一、齿轮传动的失效形式

齿轮在工作过程中由于某种原因而损坏，使其失去正常工作能力的现象称为失效。齿轮传动的失效主要是轮齿的失效，轮齿的失效形式有很多种，常见的失效形式有：

1. 轮齿折断

轮齿折断通常有两种情况：一种是由于多次重复的弯曲应力和应力集中造成的疲劳折

断；另一种是由于突然产生严重过载或冲击载荷作用引起的过载折断。尤其是脆性材料（铸铁、淬火钢等）制成的齿轮更容易发生轮齿折断，如图 2-3-27 所示。轮齿折断常常是突然发生的，不仅机器不能正常工作，甚至会造成重大事故，因此，可通过采取以下措施防止：选择适当模数和齿宽，保证轮齿强度；采用合适材料和热处理方法；增大齿根圆半径，消除该处的加工刀痕以降低齿根的应力集中；增大轴的刚度以减轻齿面局部过载的程度；对轮齿进行喷丸滚压等强化处理，以提高齿面硬度、保持心部的韧性等。

图 2-3-27　轮齿折断

2. 齿面点蚀

轮齿工作时，齿面啮合处在交变接触应力的多次反复作用下，在靠近节线的齿面上会产生若干小裂纹。随着裂纹的扩展，将导致小块金属剥落，这种现象称为齿面点蚀，如图 2-3-28所示。齿面点蚀继续扩展会影响传动的平稳性，并产生振动和噪声，导致齿轮不能正常工作。点蚀是润滑良好的闭式齿轮传动常见的失效形式。开式齿轮传动，由于齿面磨损较快，很少出现点蚀。

提高齿面硬度和降低表面粗糙度值，增加润滑油黏度均可提高齿面的抗点蚀能力。

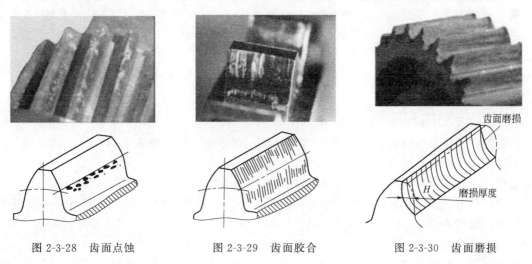

图 2-3-28　齿面点蚀　　　　图 2-3-29　齿面胶合　　　　图 2-3-30　齿面磨损

3. 齿面胶合

在高速重载的闭式齿轮传动中，齿面间的压力大，温升高，润滑效果差，当瞬时温度过高时，将使两齿面局部熔融、金属相互粘连，齿轮继续转动，两齿面沿相对滑动的方向撕下部分金属材料而出现撕裂沟痕，如图 2-3-29 所示。这种由于齿面粘焊和撕裂而造成的失效称为齿面胶合。低速重载的传动不易形成油膜，摩擦发热虽不大，但也可能因重载而出现冷胶合。齿面出现胶合现象后，将严重损坏齿面而导致齿轮失效。

采用黏度较大或抗胶合性能好的润滑油，降低表面粗糙度以形成良好的润滑条件；提高齿面硬度等均可增强齿面的抗胶合能力。

4. 齿面磨损

轮齿啮合时，由于相对滑动，会导致轮齿表面磨损，如图 2-3-30 所示。齿面磨损后，齿面将失去正确的齿形，严重时导致轮齿过薄而折断，齿面磨损是开式齿轮传动的主要失效形式。

采用闭式传动、提高齿面硬度、降低齿面粗糙度及采用清洁的润滑油等，均可以减轻齿面磨损。

5. 齿面塑性变形

硬度较低的软齿面齿轮，在低速重载时，由于齿面压力过大，在摩擦力作用下，齿轮的局部齿面可能产生塑性变形，使齿面出现凹槽或凸起的棱台，从而破坏齿轮的齿廓形状，使齿轮丧失工作能力，齿轮的这种失效形式称为齿面塑性变形，如图 2-3-31(a) 所示。

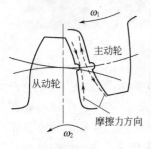

(a) 塑性变形机理　　　　(b) 主动轮塑性变形　　　　(c) 从动轮塑性变形

图 2-3-31　齿面塑性变形

主动轮齿上所受摩擦力是背离节线分别朝向齿顶及齿根作用的，故产生塑性变形后，齿面沿节线处变成凹沟 [图 2-3-31(b)]。从动轮齿上所受的摩擦力方向则相反，塑性变形后，齿面沿节线处形成凸棱 [图 2-3-31(c)]。

提高齿面硬度，采用黏度较高或加有极压抗磨剂的润滑油均有助于防止或减轻齿面塑性变形。

二、齿轮传动的润滑

齿轮传动由于啮合齿面间存在着相对滑动，则必然产生摩擦和磨损，造成传动效率降低、使用寿命缩短，所以良好的润滑油为重要。

闭式齿轮传动的润滑方式通常按齿轮圆周速度来确定。当齿轮圆周速度 $v \leqslant 12\text{m/s}$ 时，采用浸油润滑，即将大齿轮的轮齿浸入到油池中，当齿轮转动时把润滑油带到啮合齿面间，同时也将润滑油甩到箱壁上，以便散热。浸油深度约为一个齿高，但不应小于 10mm。油池中的油量应按传动功率的大小而定，单级齿轮传动，每 1kW 需油量 $0.35 \sim 0.7\text{L}$，对多级齿轮传动可按级数成倍增加。当齿轮圆周速度 $v > 12\text{m/s}$ 时，采用喷油润滑，即用油泵将润滑油经喷油嘴喷射到啮合齿面上，这样可避免速度过高带来的搅油损耗。

开式齿轮传动可用润滑油或润滑脂进行人工定期润滑。

练一练

1. 开式齿轮传动的主要失效形式是_____。

A. 轮齿疲劳折断　B. 齿面点蚀　C. 齿面磨损　D. 齿面胶合　E. 齿面塑性变形

2. 高速重载齿轮传动中，当散热条件不良时，齿轮的主要失效形式是_____。

A. 轮齿疲劳折断　B. 齿面点蚀　C. 齿面磨损　D. 齿面胶合　E. 齿面塑性变形

3. 低速重载软齿面齿轮传动，主要失效形式是_____。

A. 轮齿疲劳折断　B. 齿面点蚀　C. 齿面磨损　D. 齿面胶合　E. 齿面塑性变形

4. 齿轮传动中，轮齿的齿面疲劳点蚀损坏，通常首先发生在_____。

A. 接近齿顶处   B. 接近齿根处

C. 靠近节线的齿顶部分   D. 靠近节线的齿根部分

知识链接

一、齿轮常用材料

根据齿轮传动的主要失效形式，选择齿轮材料时，应考虑以下要求：轮齿的表面应有足够的硬度和耐磨性，在循环载荷和冲击载荷作用下，应有足够的弯曲强度。即齿面要硬，齿芯要韧，并具有良好的加工性能和热处理性能。

制造齿轮的材料主要是各种钢材，其次是铸铁，还有其他非金属材料。

1. 钢

钢材可分为锻钢和铸钢两类，只有尺寸较大（$d>400\sim600mm$），结构形状复杂的齿轮宜用铸钢外，一般都用锻钢制造齿轮，常用的是含碳量 $0.15\%\sim0.6\%$ 的优质碳素钢，如 45、50 等或合金钢，如 35SiMn、40Cr、20CrMnTi 等。

软齿面齿轮多经调质或正火处理后切齿，常用 45、40Cr 等。因齿面硬度不高，易制造，成本低，故应用广，常用于对尺寸和重量无严格限制的场合。

2. 铸铁

灰铸铁价廉、易切削，其中石墨能起润滑作用，能吸收噪声，但抗弯强度低，冲击韧性差。适用于形状复杂、尺寸较大，同时工作平稳、速度较低、功率不大的场合，尤其适用于开式齿轮传动。常用材料有 HT250、HT300 等。球墨铸铁的力学性能和抗冲击性能远高于灰铸铁，可替代某些调质钢的大齿轮。

3. 非金属材料

对高速、轻载而又要求低噪声的齿轮传动，也可采用非金属材料，加夹布胶木、尼龙等。非金属材料齿轮的优点是质量小、减振性好、噪声低、具有相应的抗腐蚀性；缺点是导热性差、易变形等。为了有利于散热，与其配对啮合的齿轮仍多用钢或铸铁制造。

二、齿轮热处理

1. 软齿面齿轮（齿面硬度≤350HBS）

软齿面齿轮常用的热处理方法为调质和正火。齿轮的材料一般选用中碳钢和中碳合金钢以及中碳铸钢和中碳合金铸钢。调质齿轮的强度、韧性和齿面硬度均高于正火齿轮，对于不宜调质、尺寸较大或不太重要的齿轮一般采用正火。

软齿面齿轮适宜于对强度、速度和精度要求不高的齿轮传动。通常是齿轮毛坯经过热处理后进行切齿，切制后即为成品。

2. 硬齿面齿轮（齿面硬度≥350HBS）

硬齿面齿轮采用表面硬化处理方法，常用方法包括以下几种。

表面淬火：常用材料为中碳钢和中碳合金钢。表面硬度可达 48～54HRC。芯部韧性高，能用于承受中等冲击载荷。中、小尺寸齿轮可采用中频或高频感应加热，大尺寸可采用火焰加热。感应加热使轮齿变形较小，对精度要求不很高的齿轮传动无需进行磨齿。火焰加热变形大，齿面不易获得均匀的硬度，质量不易保证。

渗碳淬火：常用材料为韧性较好的低碳钢和低碳合金钢。表面硬度可达 58～63HRC。用于承受较大冲击载荷的齿轮。

氮化：常用材料有 40CrMo、38CrMoAl 等。渗氮后齿轮硬度高，耐磨性好，变形小，处理后无需磨齿。但因氮化层较薄，其承载能力不及渗碳齿轮高，冲击载荷下易破碎，故宜用于载荷平稳、润滑良好的传动。

碳氮共渗：适宜处理各种中碳钢和中碳合金钢。表面硬度可达 62～67HRC。齿轮变形小，抗接触疲劳和抗胶合的性能优于渗碳淬火。

在齿轮工作过程中，小齿轮的轮齿接触次数比大齿轮多，若两齿轮的材料和齿面硬度都相同时，则一般小齿轮的寿命较短。因此，为了使大小齿轮寿命接近，通常取小齿轮的硬度值比大齿轮的高 30～50HBS。传动比越大，硬度差也应越大。对于硬齿面齿轮，硬度差不宜过大。实践表明，硬度差也有利于提高抗胶合能力

常用的齿轮材料、热处理方法、硬度和应用举例见表 2-3-3。

表 2-3-3 常用的齿轮材料、热处理方法、硬度和应用举例

材料	牌号	热处理方法	硬度		应用举例
			齿芯（HBS）	齿面（HRC）	
优质碳素钢	35	正火	150～180		低速轻载的齿轮或中速中载的大齿轮
	45		169～217		
	50		180～220		
	45		217～255		
合金钢	35SiMn	调质	217～269		
	40Cr		241～286		
优质碳素钢	35	表面淬火	180～210	40～45	高速中载、无剧烈冲击的齿轮。如机床变速箱中的齿轮
	45		217～255	40～50	
	40Cr		241～286	48～55	
合金钢	20Cr	渗碳淬火		56～62	高速中载、承受冲击载荷的齿轮。如汽车、拖拉机中的重要齿轮
	20CrMnTi			56～62	
	38CrMoAlA	氮化	229	>850HV	载荷平稳、润滑良好的齿轮
铸钢	Z310-570	正火	163～197		重型机械中的低速齿轮
	ZG340-640		179～207		
球墨铸铁	QT700-2		225～305		可用来代替铸钢
	QT600-2		229～302		
灰铸铁	HT250		170～241		低速中载、不受冲击的齿轮。如机床操纵机构的齿轮
	HT300		187～255		

注：正火、调质及铸件的齿面硬度与齿芯硬度相近。

习题 2-3

1. 齿轮传动的特点是什么？
2. 齿轮传动对渐开线齿廓的基本要求是什么？
3. 为什么渐开线齿廓的中心距具有可分性？

4. 渐开线是如何形成的？有什么性质？

5. 根据渐开线解释，一对外啮合渐开线齿廓为何具有以下性质。

（1）瞬时传动比为常数。

（2）两轮中心距允许有微量的变动。

（3）传力线是一条方向不变的直线。

6. 试说明分度圆与节圆、齿根圆与基圆、压力角与啮合角有什么不同？在齿轮传动中，节圆和分度圆重合，啮合角与压力角相等，要具备什么条件？

7. 什么是重合度？

8. 试说明渐开线齿廓的公法线、两基圆公切线、传力线和啮合线为什么是同一条线。

9. 齿条与齿轮相比有什么特点？齿条与齿轮啮合传动有什么特点？

10. 什么是根切？产生根切的原因是什么？

11. 齿轮的失效形式有哪几种？如何防止这些失效形式的发生？

12. 开式齿轮传动和闭式齿轮传动的失效形式有何不同？软齿面齿轮和硬齿面齿轮的失效形式又有什么不同？

13. 试比较直齿轮、斜齿轮、锥齿轮的正确啮合条件的区别；它们的标准参数各定在什么地方？

14. 一标准渐开线直齿轮，已知齿顶圆半径 $r_a = 43.6$mm，齿根圆半径 $r_f = 36$mm，$z = 20$，试确定模数、齿顶高系数、径向间隙系数。

15. 某镗床主轴箱中有渐开线标准齿轮，模数为 3mm，齿数为 50，试计算该齿轮的齿顶高、齿根高、齿厚、分度圆直径、齿顶圆直径及齿根圆直径。

16. 已知一对外啮合标准直齿圆柱齿轮机构的传动比为 2.5，齿轮 1 的齿数为 40，模数 $m = 10$mm，试求这对齿轮的主要尺寸。

17. 有一对标准外啮合直齿圆柱齿轮机构，实测两轮轴孔中心距 $a = 132$mm，小齿轮齿数为 38，齿顶圆直径 $d_{a1} = 120$mm，试配一大齿轮，确定其大齿轮的齿数 z_2、模数 m 及其他尺寸。

18. 已知一标准渐开线直齿轮，其齿数为 39，外径为 102.5mm，欲设计一大齿轮与其相啮合，现要求安装中心距为 116.25mm，试求这对齿轮主要尺寸。

19. 已知标准直齿圆柱齿轮传动，齿轮模数 $m = 2$mm，大轮齿顶圆直径 $d_{a2} = 100$mm，传动比为 2。求这对齿轮的各项几何参数 d_{a1}、d_1、d_2、z_1、z_2、a。

20. 一齿条与一直齿圆柱标准齿轮相啮合，已知 $m = 2$mm，$z = 20$，试求齿轮转一圈时，齿条的行程 L。

课题四

蜗杆传动

任务一

蜗杆传动概述

知识点： >>>

➤ 蜗杆传动的类型、特点；

➢ 蜗轮回转方向判定。

能力点：▶▶▶

➢ 了解蜗杆传动的类型、特点；

➢ 熟练进行蜗轮回转方向的判定。

一、蜗杆传动的组成及分类

蜗杆

蜗轮

图 2-4-1 蜗杆传动

蜗杆传动由蜗杆、蜗轮与机架组成，用来传递两交错轴之间的运动和动力。通常交错角为 90°（图 2-4-1），蜗杆为主动件，蜗轮为从动件，机构具有自锁性。

按蜗杆形状的不同，蜗杆传动可分为圆柱蜗杆传动［图 2-4-2(a)］、圆弧面蜗杆传动［图 2-4-2(b)］和圆锥面蜗杆传动［图 2-4-2(c)］。其中圆柱蜗杆传动应用最广。

圆柱蜗杆传动按其螺旋面的形状可分为阿基米德蜗杆传动（ZA 型）和渐开线蜗杆传动（ZI 型）。机械中常用的是阿基米德蜗杆传动。阿基米德蜗杆在轴向剖面内的齿形为直线，在垂直于轴线的截面内的齿形为阿基米德螺旋线。本课题主要介绍阿基米德蜗杆(图 2-4-3)。

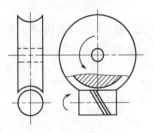

(a) 圆柱蜗杆传动

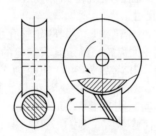

(b) 圆弧面蜗杆传动

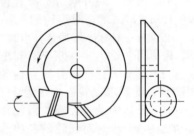

(c) 圆锥面蜗杆传动

图 2-4-2 蜗杆传动的类型

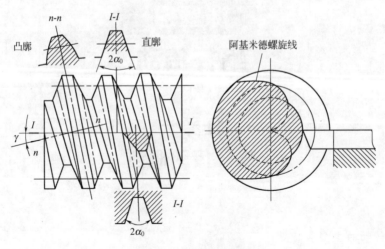

图 2-4-3 阿基米德蜗杆

二、蜗杆传动的特点

蜗杆传动具有传动比大、结构紧凑，传动平稳、噪声小等优点，但由于蜗杆蜗轮轴线垂直交错，在啮合点处的圆周速度互相垂直，所以在啮合齿面间沿齿向方向必然产生较大的相对滑动速度，因此蜗杆传动发热量大、磨损严重、传动效率低。

由上述特点可知：蜗杆传动适用于传动比大、传递功率不大、两轴空间交错的场合。

三、蜗轮回转方向判定

蜗杆传动中蜗杆、蜗轮的旋向相同，蜗轮的回转方向取决于蜗杆的旋向及其旋转方向。

如图 2-4-4 所示，首先用右手定则判定蜗杆或蜗轮的旋向：手心对着自己，四指顺着蜗杆或蜗轮轴线方向摆正，若齿向与右手拇指指向一致，则该蜗杆或蜗轮为右旋，反之则为左旋。

然后用左手或右手法则（图 2-4-5）判断蜗轮相对于蜗杆的转向：蜗杆为右旋时用右手法则，蜗杆为左旋时用左手法则。四指沿蜗杆的旋转方向（直箭头表示蜗杆可见侧的圆周运动方向）弯曲，则拇指的反方向就是蜗轮上啮合点的线速度方向。

右旋蜗杆　　　　　　　左旋蜗杆

图 2-4-4　蜗杆、蜗轮旋向判定　　　　　　图 2-4-5　蜗轮回转方向判定

任务二
蜗杆传动的基本参数和啮合条件

知识点： >>>
> 蜗杆传动的基本参数及几何尺寸计算；
> 蜗杆传动的正确啮合条件。

能力点： >>>
> 了解蜗杆传动的基本参数及几何尺寸计算；
> 掌握蜗杆传动的正确啮合条件。

如图 2-4-6 所示为阿基米德蜗杆传动，把通过蜗杆轴线并垂直于蜗轮轴线的平面称为中间平面。在中间平面内，蜗轮与蜗杆的啮合相当于渐开线齿轮与齿条的啮合。因此，蜗杆传动的参数和几何尺寸计算均建立在中间平面内。

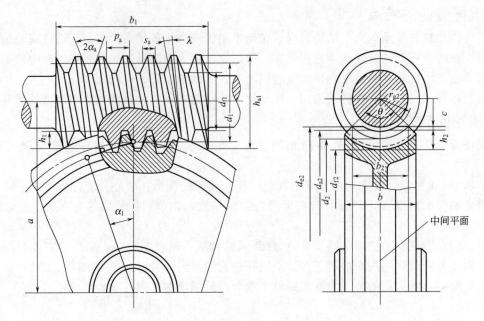

图 2-4-6　蜗杆传动的主要参数和几何尺寸

一、蜗杆传动的基本参数

1. 模数 m 和压力角 α

模数 m 是蜗杆的主要参数，蜗杆的轴向模数 m_{x1} 等于蜗轮的端面模数 m_{t2}，均应取标准值，以 m 表示。蜗杆的轴向压力角模数 α_{x1} 等于蜗轮的端面压力角 α_{t2}，阿基米德蜗杆取轴向压力角为标准值，即 $\alpha = 20°$。

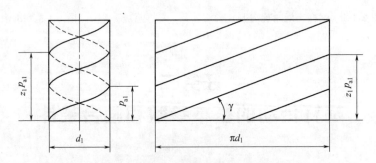

图 2-4-7　蜗杆分度圆柱展开图

2. 蜗杆的直径系数 q 和螺旋导程角 γ

设蜗杆头数为 z_1，模数为 m，分度圆直径为 d_1，将蜗杆分度圆柱展开，如图 2-4-7 所示，其螺旋线与端平面的夹角 γ 称为蜗杆的导程角。

由图 2-4-7 可得

$$\tan\gamma = \frac{l}{\pi d_1} = \frac{z_1 p_{x1}}{\pi d_1} = \frac{z_1 m}{d_1} \tag{2-4-1}$$

$$d_1 = m\frac{z_1}{\tan\gamma} \tag{2-4-2}$$

导程角的大小与效率有关，导程角大时，效率高，但导程角过大，蜗杆车削困难；导程角小时，效率低，但可以自锁。对于传递动力的传动，为提高效率应采用较大的 γ 值，即采用多头蜗杆；对要求具有自锁性能的传动，应采用 $\gamma < 3°30''$ 的蜗杆传动，此时蜗杆的头数为 1。

为了方便计算，令 $\dfrac{z_1}{\tan\gamma} = q$，则

$$d_1 = mq \tag{2-4-3}$$

式中，q 称为蜗杆直径系数，并已标准化（表 2-4-1），当 m 一定时，q 值增大，则蜗杆直径 d_1 增大，蜗杆的刚度提高。小模数蜗杆一般有较大的 q 值，以使蜗杆有足够的刚度。

蜗杆与蜗轮正确啮合，加工蜗轮的滚刀直径和齿形参数必须与相应的蜗杆相同，为限制蜗轮滚刀的数量，d_1 亦标准化。d_1 与 m 有一定的匹配，如表 2-4-1 所示。

表 2-4-1　蜗杆分度圆直径 d_1 与其模数 m 的匹配标准系列（$\Sigma = 90°$）（GB 10085—88）　mm

模数 m /mm	分度圆直径 d_1 /mm	蜗杆头数 z_1	直径系数 q	$m^2 d_1$ /mm³	模数 m /mm	分度圆直径 d_1 /mm	蜗杆头数 z_1	直径系数 q	$m^2 d_1$ /mm³
1	18	1	18.000	18	6.3	(80)	1,2,4	12.698	3175
1.25	20	1	16.000	31.25		112	1	17.778	4445
	22.4	1	17.920	35	8	(63)	1,2,4	7.875	4032
1.6	20	1,2,4	12.500	51.2		80	1,2,4,6	10.000	5376
	28	1	17.500	71.68		(100)	1,2,4	12.500	6400
2	(18)	1,2,4	9.000	72		140	1	17.500	8960
	22.4	1,2,4,6	11.200	89.6	10	(71)	1,2,4	7.100	7100
	(28)	1,2,4	14.000	112		90	1,2,4,6	9.000	9000
	35.5	1	17.750	142		(112)	1,2,4	11.200	11200
2.5	(22.4)	1,2,4	8.960	140		160	1	16.000	16000
	28	1,2,4,6	11.200	175	12.5	(90)	1,2,4	7.200	14062
	(35.5)	1,2,4	14.200	221.9		112	1,2,4	8.960	17500
	45	1	18.000	281		(140)	1,2,4	11.200	21875
3.15	(28)	1,2,4	8.889	278		200	1	16.000	31250
	35.5	1,2,4,6	11.27	352	16	(112)	1,2,4	7.000	28672
	45	1,2,4	14.286	447.5		140	1,2,4	8.750	35840
	56	1	17.778	556		(180)	1,2,4	11.250	46080
4	(31.5)	1,2,4	7.875	504		250	1	15.625	64000
	40	1,2,4,6	10.000	640	20	(140)	1,2,4	7.000	56000
	(50)	1,2,4	12.500	800		160	1,2,4	8.000	64000
	71	1	17.750	1136		(224)	1,2,4	11.200	89600
5	(40)	1,2,4	8.000	1000		315	1	15.750	126000
	50	1,2,4,6	10.000	1250	25	(180)	1,2,4	7.200	112500
	(63)	1,2,4	12.600	1575		200	1,2,4	8.000	125000
	90	1	18.000	2250		(280)	1,2,4	11.200	175000
6.3	(50)	1,2,4	7.936	1985		400	1	16.000	250000
	63	1,2,4,6	10.000	2500					

注：1. 表中模数和分度圆直径仅列出了第一系列的较常用数据。

2. 括号内的数字尽可能不用。

3. 传动比 i 与蜗杆头数 z_1、蜗轮齿数 z_2

蜗杆头数 z_1，即为蜗杆螺旋线的数目，一般取 $z_1=1\sim6$，当传动比大于 40 或要求自锁时取 $z_1=1$；当传动功率较大时，为提高传动效率取较大值，但蜗杆头数过多，加工精度难于保证。

蜗轮的齿数一般取 $z_2=27\sim80$。z_2 过少将产生根切；z_2 过大，蜗轮直径增大，与之相应的蜗杆长度增加，刚度减小。蜗杆传动的传动比为

$$i=\frac{n_1}{n_2}=\frac{z_2}{z_1} \tag{2-4-4}$$

式中，n_1、n_2 分别为蜗杆和蜗轮的转速，r/min；z_1、z_2 为蜗杆头数和蜗轮齿数，对于一般动力传动，z_1、z_2 可按表 2-4-2 选用。

表 2-4-2 蜗杆头数 z_1 和蜗轮齿数 z_2 的推荐值

传动比 i	7~8	9~13	14~24	25~27	28~40	>40
蜗杆头数 z_1	4	3~4	2~3	2~3	1~2	1
蜗轮齿数 z_2	28~32	27~52	28~72	50~81	28~80	>40

二、蜗杆传动的正确啮合条件

为保证轮齿的正确啮合，在中间平面内，蜗杆的轴向模数 m_{x1} 应等于蜗轮的端面模数 m_{t2}；蜗杆的轴向压力角 α_{x1} 应等于蜗轮的端面压力角 α_{t2}；蜗杆分度圆导程角 γ 应等于蜗轮分度圆螺旋角 β，且两者旋向相同。即

$$\begin{cases} m_{x1}=m_{t2}=m \\ \alpha_{x1}=\alpha_{t2}=\alpha \\ \gamma=\beta \end{cases}$$

练一练

1. 与齿轮传动相比较，_____ 不能作为蜗杆传动的优点。

A. 传动平稳，噪声小 　　　　　　B. 传动比大

C. 在一定条件下能自锁 　　　　　D. 传动效率高

2. 圆柱蜗杆传动中的 _____，在螺旋线的轴向截面内具有直线齿廓。

A. 阿基米德蜗杆 　　　　B. 渐开线蜗杆 　　　　C. 延伸渐开线蜗杆

3. 起吊重物用的手动蜗杆传动装置，宜采用 _____ 蜗杆。

A. 单头、小螺旋导程角 　　　　　B. 单头、大螺旋导程角

C. 多头、小螺旋导程角 　　　　　D. 多头、大螺旋导程角

4. 阿基米德蜗杆的 _____ 模数，应符合标准数值。

A. 端面 　　　　B. 法面 　　　　C. 轴面

5. 蜗杆直径系数 q 的定义是 _____。

A. $q=d_1/m$ 　　　　　　　B. $q=d_1 m$

C. $q=A/d_1$ 　　　　　　　D. $q=A/m$

任务三
蜗杆传动的失效形式、材料及结构

知识点： ▷▷▷
　　➢ 蜗杆传动的失效形式、常用材料及结构。

能力点： ▷▷▷
　　➢ 了解蜗杆传动的失效形式、常用材料及结构。

一、蜗杆传动的失效形式

　　蜗杆蜗轮齿面间的相对滑动速度大，摩擦发热大，使润滑油黏度因温度升高而下降，润滑条件变坏，故主要失效形式为轮齿的胶合、点蚀和磨损。由于材料和结构的原因，在一般情况下，失效多发生在强度较低的蜗轮轮齿上。

二、蜗杆传动的材料选择

　　由以上失效形式可知，蜗杆蜗轮的材料除满足强度要求外，更应具备良好的减摩性、耐磨性和抗胶合能力。

1. 蜗杆一般用碳钢或合金钢制造

　　高速重载的蜗杆常用 15Cr、20Cr、20CrMnTi 等，经渗碳淬火，表面硬度 56～62HRC，须经磨削。对中速中载传动，蜗杆材料可用 45、40Cr、35SiMn 等，表面淬火，表面硬度 45～55HRC，须要磨削。低速中轻载的蜗杆，材料可用 40 或 45 钢调质或正火处理，调质硬度 220～270HBS。

2. 蜗轮则采用青铜或铸铁材料

　　较好的蜗轮材料是铸造锡青铜 ZCuSn10P1，它的抗胶合和耐磨性都好，允许的滑动速度可达 25m/s，易于切削加工，但价格较贵。当滑动速度低于 12m/s 时，可采用含锡量较

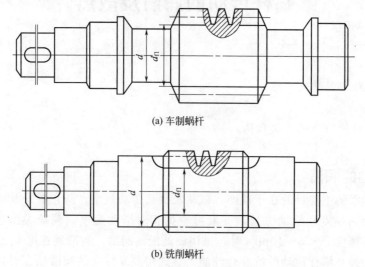

(a) 车制蜗杆

(b) 铣削蜗杆

图 2-4-8　蜗杆结构

低的锡青铜 ZcuSn5PbZn5。铝青铜 ZCuAl10Fe3 的抗胶合能力远比锡青铜差，但强度较高，价格便宜，一般用于滑动速度低于 4m/s 的传动中。在低速轻载滑动速度低于 2m/s 时，蜗轮也可用铸铁制造。

三、蜗杆、蜗轮的结构

蜗杆常和轴做成一体，称为蜗杆轴，如图 2-4-8 所示（只有 $d_f/d \geqslant 1.7$ 时才采用蜗杆齿圈套装在轴上的形式）。车制蜗杆需有退刀槽，$d = d_f - (2\sim4)mm$，故刚性较差，如图 2-4-8(a) 所示。铣削蜗杆时无退刀槽，d 可大于 d_f，刚性较好，如图 2-4-8(b) 所示。

蜗轮结构分为整体式和组合式两种，如图 2-4-9 所示。铸铁蜗轮及直径小于 100mm 的青铜蜗轮做成整体式蜗轮，如图 2-4-9(a) 所示。其他蜗轮为了节省有色金属，做成组合式，齿圈用青铜，轮芯用铸铁或铸钢制造，图 2-4-9(b)、(c)、(d) 均为组合式结构。

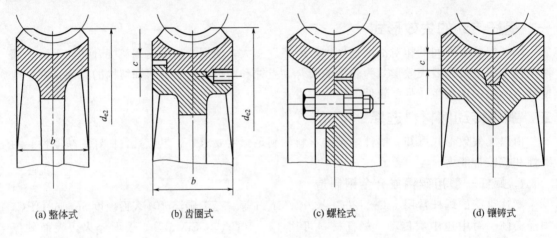

(a) 整体式   (b) 齿圈式   (c) 螺栓式   (d) 镶铸式

图 2-4-9　蜗轮结构

任务四
蜗杆传动的润滑及散热

知识点：>>>
　　➢ 蜗杆传动的润滑及散热。

能力点：>>>
　　➢ 了解蜗杆传动的润滑及散热。

一、蜗杆传动的润滑

蜗杆传动润滑的主要目的在于减摩、散热及提高传动效率，防止胶合及减少磨损。闭式蜗杆传动的润滑油黏度和给油方法，一般可根据相对滑动速度、载荷类型参考表 2-4-3 选择，一般当滑动速度 $v_s < 5\sim10m/s$ 时，采用油池浸油润滑，当滑动速度 $v_s > 10m/s$ 时，采用喷油润滑。为提高蜗杆传动的抗胶合性能，宜选用黏度较高的润滑油。对青铜蜗轮，不允许采用抗胶合性能强的活性润滑油，以免腐蚀青铜齿面。

表 2-4-3　蜗杆传动润滑油牌号和润滑方式

滑动速度 v_s/(m/s)	≤2	2～5	5～10	>10
工作条件	重载	中载		
润滑油牌号	680	460	320	220
润滑方式	浸油润滑		浸油或喷油润滑	喷油润滑

二、蜗杆传动的散热

由于蜗杆传动效率低，损失的功率都变成热量，所以工作时发热量大，另一方面蜗杆传动结构紧凑，箱体散热面积小，散热能力差。如果产生的热量不能及时散出，摩擦面金属直接接触，最后导致摩擦磨损加剧，甚至胶合。因此，对连续工作的闭式蜗杆传动需要将箱体内的温度控制在许可的范围内。如果润滑油的工作温度超过许用值，则可采用下述冷却措施：如在箱体外壁增加散热片，以增大散热面积；在蜗杆轴上装风扇进行人工散热；加冷却装置，在箱体油池内装蛇形冷却管或用循环油冷却，如图 2-4-10 所示。

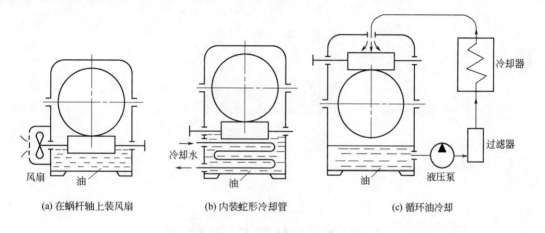

(a) 在蜗杆轴上装风扇　　　　(b) 内装蛇形冷却管　　　　(c) 循环油冷却

图 2-4-10　蜗杆传动的散热方法

习题 2-4

1. 蜗杆传动有哪些特点？应用于什么场合？
2. 试述蜗杆传动的组成及类型。
3. 为什么要引入蜗杆直径系数？如何选用？
4. 蜗杆传动以什么面定义标准模数？蜗杆传动的正确啮合条件是什么？
5. 导程角 γ 的大小对效率有何影响？
6. 什么是蜗杆传动的中间平面？什么是蜗杆的直径系数 q？
7. 为什么在选择蜗杆、蜗轮材料时，蜗杆往往选用碳素钢和合金钢，而蜗轮却要用青铜和铸铁？
8. 蜗杆传动的失效形式有哪些？失效多发生在什么部位？
9. 蜗杆传动润滑的主要目的是什么？如何选取润滑方式？
10. 蜗杆传动采取怎样的冷却措施？

11. 根据图中给出的条件，确定蜗杆或蜗轮的回转方向。

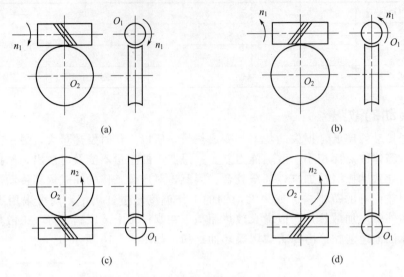

(a)　　　　　　　　　　　　　　　　　(b)

(c)　　　　　　　　　　　　　　　　　(d)

题 11 图

轮　系

任务一
轮系的分类及应用特点

> **知识点：** >>>
> ➤ 轮系的类别及判定蜗杆传动的润滑及散热；
> ➤ 轮系的应用特点。
>
> **能力点：** >>>
> ➤ 了解轮系的分类；
> ➤ 掌握轮系的应用特点。

　　前面我们已经学习了一对齿轮的传动，但在实际中，仅一对齿轮传动是不能满足各种工作需求的，常采用一系列互相啮合的齿轮来组成传动装置，这种由一系列相互啮合的齿轮组成的传动装置称为轮系（图 2-5-1）。

　　根据轮系在运转过程中各轮几何轴线在空间的相对位置关系是否固定，轮系可分为定轴轮系、周转轮系和混合轮系。

一、定轴轮系

　　轮系运转时，各齿轮的几何轴线位置相对于机架都是固定的，这种轮系称为定轴轮系，

(a) CA6140 车床的主轴变速箱　　　　(b) 减速器

图 2-5-1　轮系

又称为普通轮系，如图 2-5-2 所示。根据各轴线是否平行，定轴轮系可分为平面定轴轮系和空间定轴轮系。各齿轮轴线相互平行的定轴轮系为平面定轴轮系，如图 2-5-2(a) 所示；至少有一对齿轮轴线不平行（含锥齿轮传动、蜗杆传动等）的定轴轮系为空间定轴轮系，如图 2-5-2(b) 所示。

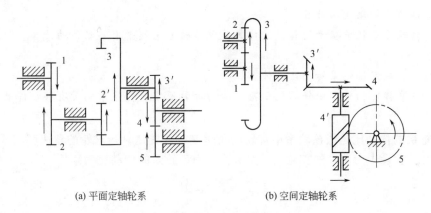

(a) 平面定轴轮系　　　　　　　　(b) 空间定轴轮系

图 2-5-2　定轴轮系

二、周转轮系

若轮系中至少有一个齿轮的几何轴线不固定，而绕其他齿轮的固定几何轴线回转，则称为周转轮系。如图 2-5-3 所示的轮系中，齿轮 2 除绕自身轴线回转外，还随同构件 H 一起绕齿轮 1 的固定几何轴线回转，该轮系即为周转轮系。

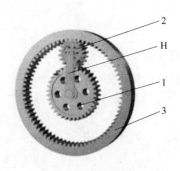

图 2-5-3　周转轮系

1,3—中心轮；2—行星轮；H—行星架

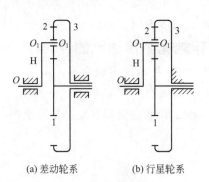

(a) 差动轮系　　　　(b) 行星轮系

图 2-5-4　周转轮系分类

1,3—中心轮；2—行星轮；H—行星架

周转轮系由中心轮、行星架和行星轮三种基本构件所组成。在周转轮系中，具有固定几何轴线的齿轮称为中心轮（或太阳轮）。几何轴线绕中心轮轴线回转的齿轮称为行星轮。支撑行星轮并和行星轮一起绕固定轴线回转的构件称为行星架（或系杆）。在图 2-5-3 所示的周转轮系中，齿轮 2 为行星轮，H 为行星架或系杆，齿轮 1、3 为中心轮。

周转轮系根据中心轮的转速是否为零可分为差动轮系和行星轮系。图 2-5-4（a）所示的周转轮系中心轮 1、3 的转速均不为零，该轮系称为差动轮系。图 2-5-4（b）所示的周转轮系中心轮 3 的转速为零，即固定不动，该轮系称为行星轮系。

任务二
定轴轮系传动比

知识点： »»
- 定轴轮系传动比的计算；
- 定轴轮系中任意从动轮转速的计算及定轴轮系末端带有移动件的计算。

能力点： »»
- 熟练掌握定轴轮系传动比的计算；
- 熟练掌握定轴轮系中任意从动轮转速的计算及定轴轮系末端带有移动件的计算。

定轴轮系的传动比是指该轮系中首轮的角速度（或转速）与末轮的角速度（或转速）之比，用 i 表示。设 1 为轮系的首轮，k 为末轮，则该轮系的传动比为

$$i_{1k} = \frac{\omega_1}{\omega_k} = \frac{n_1}{n_k} \tag{2-5-1}$$

轮系的传动比计算，包括计算其传动比的大小和确定输出轴的转向两个内容。

一、齿轮副的回转方向

一对齿轮外啮合时两轮回转方向相反，用"－"表示，也可用标注反向箭头表示；一对齿轮内啮合时两轮回转方向相同，用"＋"表示，也可用标注同向箭头表示；齿轮齿条啮合，节点处线速度相同；圆锥齿轮啮合，箭头同时指向或背离节点；蜗杆蜗轮啮合，回转方向由左右手定则判定。在用标注箭头方法表示齿轮的回转方向时，规定箭头指向为齿轮可见侧的圆周速度方向。如图 2-5-5 所示。

二、定轴轮系传动比的计算

图 2-5-6 所示的定轴轮系，齿轮 1，2，2′，3，4 的齿数分别用 z_1，z_2，$z_{2'}$，z_3，z_4 表示，此轮转速分别用 n_1，n_2，$n_{2'}$，n_3，n_4 表示，设齿轮 1 为首轮，齿轮 4 为末轮，应该注意到齿轮 2 和 2′ 是固定在同一根轴上的，即有 $n_2 = n_{2'}$。此轮系的传动比 i_{14} 可写为

$$i_{14} = \frac{n_1}{n_4} = \frac{n_1}{n_2} \times \frac{n_{2'}}{n_3} \times \frac{n_3}{n_4} = i_{12} i_{2'3} i_{34}$$

$$= \frac{z_2}{z_1} \times \frac{z_3}{z_{2'}} \times \frac{z_4}{z_3}$$

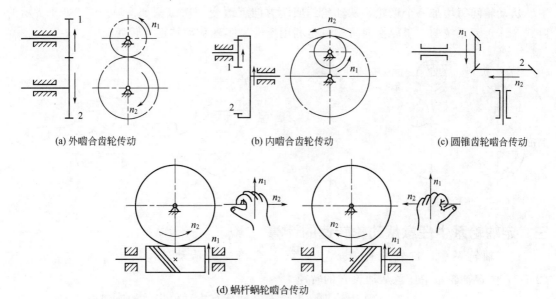

(a) 外啮合齿轮传动　　　　　　(b) 内啮合齿轮传动　　　　　　(c) 圆锥齿轮啮合传动

(d) 蜗杆蜗轮啮合传动

图 2-5-5　齿轮副回转方向判定

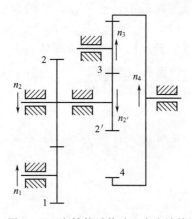

图 2-5-6　定轴轮系传动比大小计算

上式表明：定轴轮系的传动比等于组成该轮系的各对啮合齿轮传动比的连乘积；其大小等于轮系中所有从动齿轮齿数的连乘积与主动轮齿数的连乘积之比，即

$$i_{1k}=\frac{n_1}{n_k}=(-1)^m\frac{\text{从齿轮 1 到齿轮 } k \text{ 之间所有从动轮齿数的连乘积}}{\text{从齿轮 1 到齿轮 } k \text{ 之间所有主动轮齿数的连乘积}} \tag{2-5-2}$$

式中 m 表示外啮合圆柱齿轮副的对数，$(-1)^m$ 在计算中表示首末两轮回转方向的异同，计算结果为正，两轮转向相同；结果为负，两轮转向相反，但此判断方法只适用于平行轴定轴轮系。对于含有锥齿轮传动和蜗杆传动的定轴轮系，不能用 $(-1)^m$ 来确定首末两轮回转方向，只能使用画箭头的方法确定，如图 2-5-6 所示。传动比的计算式可写成

$$i_{1k}=\frac{n_1}{n_k}=\frac{\text{从齿轮 1 到齿轮 } k \text{ 之间所有从动轮齿数的连乘积}}{\text{从齿轮 1 到齿轮 } k \text{ 之间所有主动轮齿数的连乘积}} \tag{2-5-3}$$

在图 2-5-6 中，齿轮 3 同时与齿轮 $2'$ 和齿轮 4 啮合，它既是前一对齿轮的从动轮，又是后一对齿轮的主动轮，计算总传动比大小时，齿轮 3 的齿数可以约去，因此齿轮 3 的齿数对总传动比的大小无影响，只改变从动轮的回转方向，被称为惰轮或介轮。显然在齿轮副的

主、从动轮间每增加一个惰轮，从动轮的回转方向就改变一次（图 2-5-7）。图 2-5-8 所示的卧式车床走刀系统的三星轮换向机构就是利用惰轮来实现从动轴正反转变向的。

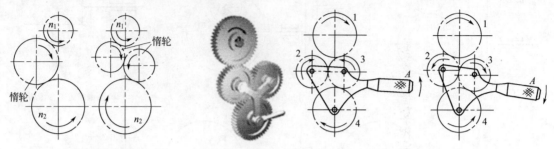

图 2-5-7　惰轮换向机构　　　　　　　　　图 2-5-8　三星轮换向机构

三、定轴轮系中任意从动轮转速的计算

设定轴轮系中，首轮的转速 n_1 为，第 k 个齿轮为从动轮，其转速为 n_k，根据式 (2-5-3) 则定轴轮系中任意从动轮 k 的转速

$$n_k = n_1 \frac{1}{i_{1k}} = n_1 \frac{\text{从齿轮 1 到齿轮 } k \text{ 之间所有主动轮齿数的连乘积}}{\text{从齿轮 1 到齿轮 } k \text{ 之间所有从动轮齿数的连乘积}} \qquad (2\text{-}5\text{-}4)$$

【例 2-5-1】 如图 2-5-9 所示的轮系中，已知各齿轮的齿数 $z_1 = 20$，$z_2 = 20$，$z_3 = 40$，$z_4 = 20$，$z_5 = 80$，$z_6 = 20$，$z_7 = 50$，$z_8 = 30$，$z_9 = 60$。齿轮 1 为主动轮，转向如图所示，转速 $n_1 = 1000\text{r/min}$，试求轮系的传动比 i_{19} 和轮 9 的转速 n_9。

解： $i_{19} = (-1)^m \dfrac{\text{所有从动轮齿数的连乘积}}{\text{所有主动轮齿数的连乘积}} = (-1)^4 \dfrac{z_3 z_5 z_7 z_9}{z_1 z_4 z_6 z_8} = \dfrac{40 \times 80 \times 50 \times 60}{20 \times 20 \times 20 \times 30} = 40$

首末两轮转向一致

$$n_9 = n_1 \frac{1}{i_{19}} = \frac{1000}{40} = 25\text{r/min}$$

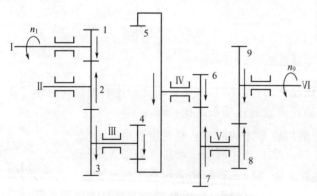

图 2-5-9　定轴轮系传动比计算

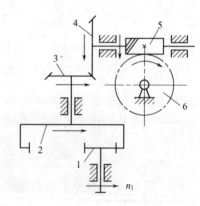

图 2-5-10　提升装置

【例 2-5-2】 如图 2-5-10 所示为提升装置。其中各齿轮齿数为：$z_1 = 20$，$z_2 = 80$，$z_3 = 25$，$z_4 = 30$，$z_5 = 1$，$z_6 = 40$。试求传动比 i_{16}。并判断蜗轮 6 的转向。

解： 因该轮系为定轴轮系，而且存在非平行轴传动，故应按式 (2-5-3) 计算轮系传动比的大小，然后再按画箭头的方法确定蜗轮的转向，如图所示。

$$i_{16} = \frac{z_2}{z_1} \times \frac{z_4}{z_3} \times \frac{z_6}{z_5} = \frac{80 \times 30 \times 40}{20 \times 25 \times 1} = 192$$

四、定轴轮系末端带有移动件的计算

定轴轮系在实际应用中，经常用到末端带有移动件的情况，如末端是螺旋传动、齿轮齿条传动等。这时一般需计算末端移动件的移动距离或移动速度，并判定移动方向。具体计算方法见表 2-5-1。

表 2-5-1　定轴轮系末端带有移动件的计算

移动件类别	图　例	移动速度或移动距离计算
末端是螺旋传动	(a)	$v=n_k S$ $=n_1 \dfrac{z_1 z_3 \cdots z_{k-1}}{z_2 z_4 \cdots z_k} S$ $L=\dfrac{z_1 z_3 \cdots z_{k-1}}{z_2 z_4 \cdots z_k} S$ S—螺杆的导程
末端是齿轮齿条传动	(b)	$v=n_1 \dfrac{z_1 z_3 \cdots z_{k-1}}{z_2 z_4 \cdots z_k} \pi m_p z_p$ $L=\dfrac{z_1 z_3 \cdots z_{k-1}}{z_2 z_4 \cdots z_k} \pi m_p z_p$ m_p—齿轮齿条传动中小齿轮的模数 z_p—小齿轮的齿数

注：表中 v 为末端线速度（mm/min），n_1 为首轮转速（r/min），L 为主动轮每回转 1 周时，末端移动件的移动距离（mm）。

【例 2-5-3】表 2-5-1 中图（a）所示为磨床砂轮架进给机构，末端是螺旋传动。已知 $z_1=28$，$z_2=56$，$z_3=38$，$z_4=57$，丝杠 Tr50×3。当首轮按图示方向以转速 $n_1=50$r/min 回转时，求砂轮架移动距离、移动速度及方向。

解：由公式得

$$L=\frac{z_1 z_3}{z_2 z_4} S=\frac{28\times 38}{56\times 57}\times 3=1(\text{mm})$$

$$v=n_k S=n_1 \frac{z_1 z_3}{z_2 z_4} S=50\times\frac{28\times 38}{56\times 57}\times 3=50(\text{mm/min})$$

砂轮架向右移动（如图所示）

【例 2-5-4】表 2-5-1 中图（b）所示为卧式车床溜板箱传动系统的一部分，末端是齿轮齿条传动。已知蜗杆 $z_1=4$（右旋），蜗轮 $z_2=30$，齿轮 $z_3=24$，$z_4=50$，$z_5=23$，$z_6=69$，$z_7=15$，$z_8=12$，$m_8=3$mm。试求当输入轴按图示方向以转速 $n_1=40$r/min 回转时，齿条的移动速度和移动方向。

解：当进给箱自动进给时，蜗杆副啮合，滑移齿轮 3 与齿轮 4 啮合，齿条移动速度根据

表 2-5-1 公式得

$$v = n_1 \frac{z_1 z_3 z_5}{z_2 z_4 z_6} \pi m_8 z_8 = 40 \times \frac{4 \times 24 \times 23}{30 \times 50 \times 69} \times 3.14 \times 3 \times 12 = 96.46 (\text{mm/min})$$

齿条移动方向如表 2-5-1 图（b）所示向左移动。

五、含有滑移齿轮的定轴轮系的计算

如图 2-5-11 所示为一定轴轮系变速机构，通过分别改变滑移齿轮 z_{13}、两个双联滑移齿轮 $z_{11\text{-}12}$、$z_{14\text{-}15}$ 和一个三联滑移齿轮 $z_{3\text{-}4\text{-}5}$ 的啮合位置，改变轮系的传动比，以满足从动轮（轴）的变速要求。变速机构中，轴 Ⅰ 和轴 Ⅱ 的传动比只有一个 z_2/z_1，轴 Ⅱ 只有一种转速；轴 Ⅱ 和轴 Ⅲ 的传动比有 z_6/z_5，z_8/z_4，z_{10}/z_3 三种，因此轴 Ⅲ 有三种不同转速；轴 Ⅲ 和轴 Ⅳ 的传动比有 z_{11}/z_{10}，z_{12}/z_9，z_{13}/z_7 三种，故轴 Ⅳ 有 $3 \times 3 = 9$ 种不同转速；轴 Ⅳ 和轴 Ⅴ 的传动比有 z_{16}/z_{15}，z_{17}/z_{14} 两种，这样轴 Ⅴ 有 $9 \times 2 = 18$ 种转速。

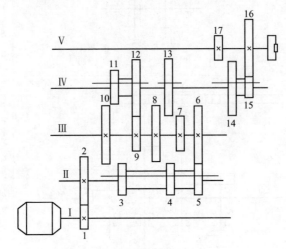

图 2-5-11　滑移齿轮变速机构

【例 2-5-5】 在图 2-5-11 所示的变速机构中，已知 $z_1 = 26$，$z_2 = 54$，$z_3 = 16$，$z_4 = 22$，$z_5 = 19$，$z_6 = 36$，$z_7 = 18$，$z_8 = 33$，$z_9 = 28$，$z_{10} = 39$，$z_{11} = 26$，$z_{12} = 37$，$z_{13} = 47$，$z_{14} = 82$，$z_{15} = 29$，$z_{16} = 91$，$z_{17} = 38$，$n_1 = 1500 \text{r/min}$。试求轴 Ⅴ 输出的最高转速 $n_{\max}$ 和最低转速 $n_{\min}$ 各为多少？

解： 轴 Ⅴ 输出的最高转速 $n_{\max}$ 的传动路线为 $z_1 \to z_2 \to z_4 \to z_8 \to z_{10} \to z_{11} \to z_{14} \to z_{17}$

$$n_{\max} = n_1 \frac{z_1 z_4 z_{10} z_{14}}{z_2 z_8 z_{11} z_{17}} = 1500 \times \frac{26 \times 22 \times 39 \times 82}{54 \times 33 \times 26 \times 38} = 1558.5 (\text{r/min})$$

轴 Ⅴ 输出的最低转速 $n_{\min}$ 的传动路线为 $z_1 \to z_2 \to z_3 \to z_{10} \to z_7 \to z_{13} \to z_{15} \to z_{16}$

$$n_{\min} = n_1 \times \frac{z_1 z_3 z_7 z_{15}}{z_2 z_{10} z_{13} z_{16}} = 1500 \times \frac{26 \times 16 \times 18 \times 29}{54 \times 39 \times 47 \times 91} = 36 (\text{r/min})$$

练一练

1. 轮系中的惰轮只改变从动轮的_____，而不改变主动轮与从动轮的_____大小。

2. 定轴轮系末端是齿轮齿条传动。已知小齿轮模数 $m = 3\text{mm}$，齿数 $z = 15$，末端转速

$n_k = 10 \mathrm{r/min}$，则小齿轮沿齿条的移动速度为_____。

3. 在周转轮系中，轴线固定的齿轮称为_____；兼有自转和公转的齿轮称为_____；而这种齿轮的动轴线所在的构件称为_____。

4. 定轴轮系的传动比等于各对齿轮传动比的连乘积。 （ ）

5. 采用轮系传动可以实现无级变速。 （ ）

任务三
周转轮系传动比的计算 *

知识点：>>>
> 周转轮系传动比的计算及周转轮系的转化。

能力点：>>>
> 了解周转轮系传动比的计算及周转轮系的转化。

在周转轮系中，行星轮既有自转又有公转，所以不能直接用定轴轮系传动比的公式来计算。根据相对运动原理，给整个轮系加上一个与行星架的转速相等、转向相反的附加转速（$-n_H$），各构件之间的相对运动关系并不改变，但此时系杆的转速就变成了（$n_H - n_H = 0$）即行星架可视为静止不动，这时，轮系中所有齿轮的轴线位置都固定不动，但轮系中各构件之间的相对运动关系并没有改变，这样就把周转轮系转化为定轴轮系。这种加上一个公共转速 $-n_H$ 后得到的定轴轮系称为原周转轮系的转化轮系（或称其为周转轮系的转化机构），如图 2-5-12(a)、(b)。这样便可由定轴轮系的计算公式列出该假想定轴轮系传动比的计算式，进而求出周转轮系的传动比。

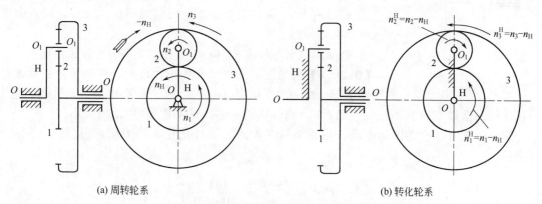

(a) 周转轮系　　　　　　　　　　　　　(b) 转化轮系

图 2-5-12　周转轮系的转化轮系

轮系中各构件转化前后的转速关系见表 2-5-2。

表 2-5-2　转化前、后周转轮系中各构件的转速

构件名称	原周转轮系中各构件的转速	附加（$-n_H$）后各构件的转速
中心轮 1	n_1	$n_1 - n_H = n_1^H$
行星轮 2	n_2	$n_2 - n_H = n_2^H$

构件名称	原周转轮系中各构件的转速	附加$(-n_H)$后各构件的转速
中心轮 3	n_3	$n_3 - n_H = n_3^H$
行星架	n_H	$n_H - n_H = n_H^H = 0$

注：表中 n_1^H、n_2^H、n_3^H 和 n_H^H 分别为各构件在转化轮系中的转速，即各构件相对于行星架的转速。

由于转化轮系可以视为定轴轮系，所以根据定轴轮系的传动比定义，齿轮 1 和齿轮 3 的传动比的计算公式见表 2-5-3。

表 2-5-3　周转轮系传动比计算

轮系		轮系的传动比计算	转速计算
周转轮系	差动轮系	$i_{13}^H = \dfrac{n_1^H}{n_3^H} = \dfrac{n_1 - n_H}{n_3 - n_H} = (-1)^1 \dfrac{z_2 z_3}{z_1 z_2} = -\dfrac{z_3}{z_1}$	$n_1 = n_H\left(1 + \dfrac{z_3}{z_1}\right) - n_3\dfrac{z_3}{z_1}$
	行星轮系	$i_{13}^H = \dfrac{n_1^H}{n_3^H} = \dfrac{n_1 - n_H}{n_3 - n_H} = \dfrac{n_1 - n_H}{0 - n_H} = -\dfrac{z_3}{z_1}(n_3 = 0)$	$n_1 = n_H\left(1 + \dfrac{z_3}{z_1}\right)$

注：式中的"—"号表示在转化机构中齿轮 1 和齿轮 3 的转向相反。

对于一般情形的周转轮系，设 n_1 和 n_k 为周转轮系中首轮和任意从动轮的转速，根据定轴轮系传动比的计算，可推出周转轮系的转化轮系传动比计算公式：

$$i_{1k}^H = \frac{n_1^H}{n_k^H} = (-1)^m \frac{\text{所有从动轮齿数的连乘积}}{\text{所有主动轮齿数的连乘积}} \tag{2-5-5}$$

式中，m 为齿轮 1 和齿轮 k 间外啮合齿轮的对数。

由于在周转轮系的转化过程中，包含了转速的代数叠加，所以在应用式（2-5-5）时必须注意：

① 首末两轮及行星架的轴线必须平行；

② n_1、n_k 和 n_H 需在假定正方向的前提下代入公式，反方向应代入负值；

③ 必须用"±"号将 n_1^H 和 n_k^H 的转向关系表示在齿数比前。

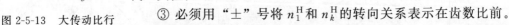

图 2-5-13　大传动比行
星轮系减速器

【例 2-5-6】已知图 2-5-13 所示为一大传动比的行星轮系减速器的传动简图。中心轮 3 固定（$n_3 = 0$），行星架 H 为主动件，齿轮 1 为从动件。已知 $z_1 = 100$，$z_2 = 101$，$z_{2'} = 100$，$z_3 = 99$。试求传动比 i_{H1} 的大小。

解：由于中心轮 3 固定不动，轮系为行星轮系，用转化轮系的方法，由公式（2-5-5）可得：

$$i_{13}^H = \frac{n_1 - n_H}{n_3 - n_H} = (-1)^2 \frac{z_2 z_3}{z_1 z_{2'}} = +\frac{101 \times 99}{100 \times 100} = +\frac{9999}{10000}$$

由于 $n_3 = 0$，得 $i_{13}^H = \dfrac{n_1 - n_H}{n_3 - n_H} = 1 - \dfrac{n_1}{n_H} = 1 - i_{1H}$

$$i_{1H} = 1 - i_{13}^H = 1 - \frac{9999}{10000} = \frac{1}{10000}$$

所以 $i_{1H} = \dfrac{1}{i_{1H}} = 10000$

任务四
轮系的应用特点

一、可获得很大的传动比

用一对相互啮合的齿轮传动，受结构限制，传动比不能过大（一般 $i = 3 \sim 5$，$i_{max} \leqslant 8$），而采用轮系传动可以获得很大的传动比，以满足低速工作的要求。

二、实现变速传动

金属切削机床、汽车、起重设备等机械中，在输入轴转速不变的情况下，输出轴需要有多种转速（即变速传动），以适应工作条件的变化。在轮系中采用滑移齿轮等变速机构，改变传动比，实现多级变速要求。如图 2-5-11 的滑移齿轮变速机构，改变滑移齿轮 z_{13}、两个双联滑移齿轮 z_{11-12}、z_{14-15} 和一个三联滑移齿轮 z_{3-4-5} 的啮合位置，轴 V 获得了 18 种转速。

三、实现多分路传动

在同一主动轴的带动下，利用定轴轮系可实现几个从动轴分路输出传动。图 2-5-14 所示滚齿机工作台中，电动机带动主动轴转动，通过该轴上的齿轮 1 和 3，分两路把运动传给滚刀 A 和轮坯 B，从而使刀具和轮坯之间具有确定的传动比关系。

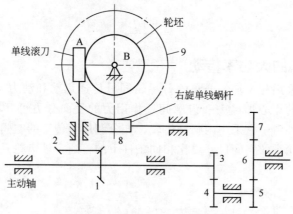

图 2-5-14 滚齿机工作台传动系统

四、实现换向传动

在轮系中采用惰轮（图 2-5-7）可实现从动轴正反转变向，如图 2-5-8 所示的三星轮换向机构。

五、可实现运动的合成与分解

采用周转轮系可以将两个独立的回转运动合成为一个回转运动，也可以将一个回转运动分解为两个独立的回转运动。

如图 2-5-15 所示滚齿机行星轮系中，$z_1=z_3$，分齿运动由轮 1 传入，附加运动由行星架 H 传入，合成运动由齿轮 3 传出，由式（2-5-5）有

$$i_{13}^{H}=\frac{n_1-n_H}{n_3-n_H}=-\frac{z_3}{z_1}=-1$$

解上式得 $n_3=2n_H-n_1$，可见该轮系将两个输入运动合成为一个输出运动。

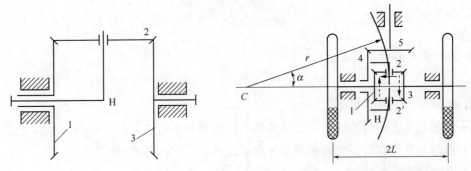

图 2-5-15 滚齿机行星轮系   图 2-5-16 汽车后桥差速器

如图 2-5-16 所示的汽车差速器是运动分解的实例，当汽车直线行驶，左右两后轮转速相同，行星轮不自转，齿轮 1、2、3、$2'$ 如同一个整体，一起随齿轮 4 转动，此时 $n_3=n_4=n_1$，差速器起到联轴器的作用。

汽车转弯时，左右两轮的转弯半径不同，两轮行走的距离也不相同，为保证两轮与地面作纯滚动，要求两轮的转速也不相同。此时，因左右轮的阻力不同使行星轮自转，造成左右半轴齿轮 1 和 3 连同左右车轮一起产生转速差，从而适应了转弯的需求。差速器此时起到运动分解的作用。两车轮的转速分别为

$$n_1=\frac{r-L}{r}n_H$$

$$n_3=\frac{r+L}{r}n_H$$

六、实现结构紧凑的大功率传动

行星齿轮系可以采用几个均匀分布的行星轮同时传递运动和动力（见图 2-5-17）。这些行星轮因公转而产生的离心惯性力和齿廓间反作用力的径向分力可互相平衡，故主轴受力小，传递功率大。另外由于它采用内啮合齿轮，充分利用了传动的空间，且输入输出轴在一条直线上，所以整个轮系的空间尺寸要比相同条件下的普通定轴齿轮系小得多。这种轮系特别适合于飞行器。

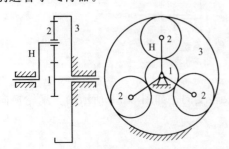

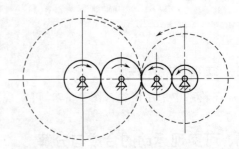

图 2-5-17 三个行星轮均匀布置的行星轮系   图 2-5-18 输入轴与输出轴中心距较大

七、实现较远距离的传动

　　当输入轴和输出轴的距离较远而传动比却不大时，若仅用一对齿轮传动，如图 2-5-18 中虚线所示，则齿轮的尺寸很大，制造、安装等都不方便。若改用定轴轮系来传动，如图 2-5-18 中实线所示，则可减少机构的重量和尺寸。

练一练

1. 轮系传动既可用于较远距离传动，又可获得较大的传动比。　　　　　　（　　）
2. 采用轮系传动可以实现无级变速。　　　　　　　　　　　　　　　　（　　）
3. 轮系可以实现变速要求，但不能实现变向要求。　　　　　　　　　　（　　）
4. 轮系_____。
A. 不能获得很大的传动比　　　　　B. 不适宜作较远距离的传动
C. 可以实现运动的合成与分解　　　D. 不能实现大功率传动
5. 当两轴距离较远，且要求瞬时传动比准确时，应采用_____传动。
A. 带　　　　　　　B. 链　　　　　　　C. 轮系　　　　　　D. 一对齿轮

习题 2-5

1. 什么是定轴轮系？什么是周转轮系？定轴轮系和周转轮系是根据什么划分的？
2. 什么是惰轮？它对轮系传动比的计算有什么影响？
3. 周转轮系分哪两种？它们的主要区别在哪里？
4. 什么是转化轮系？它的传动比如何计算？
5. 轮系的应用特点有哪些？
6. 如图所示为车床溜板箱进给刻度盘轮系，运动由齿轮 1 输入，经齿轮 4 输出。各轮齿数 $z_1=18$，$z_2=87$，$z_{2'}=28$，$z_3=20$，$z_4=84$，试求此齿轮系的传动比 i_{14}。
7. 在图示的轮系中，已知各轮齿数为 $z_1=z_2=z_3=z_5=z_6=20$，已知齿轮 1、4、5、7 为同轴线，试求该轮系的传动比。

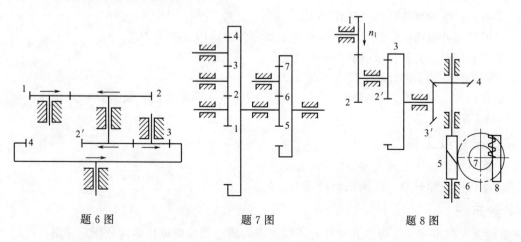

题 6 图　　　　　　　　题 7 图　　　　　　　　题 8 图

8. 在图示的轮系中，已知各齿轮的齿数 $z_1=20$，$z_2=40$，$z_{2'}=15$，$z_3=60$，$z_{3'}=18$，$z_4=18$，$z_7=20$，齿轮 7 的模数 $m=3\text{mm}$，蜗杆头数为 1（左旋），蜗轮齿数 $z_6=40$。齿轮 1 为主动轮，转向如题 8 图所示，转速 $n_1=100\text{r/min}$，试求齿条 8 的速度和移动方向。

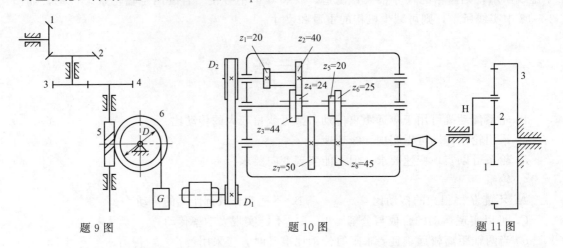

题 9 图　　　　　　　　　　　题 10 图　　　　　　　　　　　题 11 图

9. 如图所示为一卷扬机的传动系统，末端是蜗杆传动。已知 $z_1=18$，$z_2=36$，$z_3=20$，$z_4=40$，$z_5=2$，$z_6=50$。鼓轮直径 $D=200\text{mm}$，$n_1=1000\text{r/min}$。试求蜗轮的转速 n_6 和重物的移动速度，并确定提升重物时的 n_1 回转方向。

10. 如图所示机床主轴变速箱传动简图。已知电机转速 $n_1=1440\text{r/min}$，带轮直径 $D_1=125\text{mm}$，$D_2=250\text{mm}$；各齿轮齿数如图示。求：（1）机床主轴可获得多少种转速？（2）机床主轴的最低及最高输出转速各是多少？

11. 图示轮系中，各齿轮的齿数分别为 $z_1=20$，$z_2=18$，$z_3=56$。求传动比 i_{1H}。

课题六

实训：减速器的拆装

一、实验目的

① 了解减速器的整体结构及工作要求。

② 了解减速器的箱体零件、轴、齿轮等主要零件的结构及加工工艺。

③ 了解减速器主要部件及整机的装配工艺。

④ 了解齿轮、轴承的润滑、冷却及密封。

⑤ 通过自己动手拆装，了解轴承及轴上零件的调整、固定方法，及消除和防止零件间发生干涉的方法。

二、实验设备及工具

① 一级圆柱齿轮传动减速器（图 2-6-1）。

② 活动扳手、螺丝刀、木锤、钢尺等工具。

三、实验方法

在实验室首先由实验指导老师对几种不同类型的减速器现场进行结构分析、介绍，并对

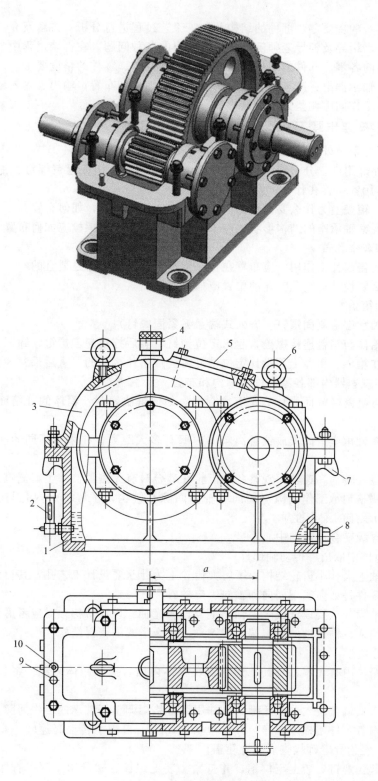

图 2-6-1　减速器结构

1—下箱体；2—油面指示器；3—上箱体；4—透气孔；5—检查孔盖；6—吊环螺钉；

7—吊钩；8—油塞；9—定位销钉；10—起盖螺钉孔（带螺纹）

其中一种减速器的主要零、部件的结构及加工工艺过程进行分析、讲解及介绍。再由学生们分组进行拆装，指导及辅导老师解答学生们提出的各种问题。在拆装过程中学生们进一步观察了解减速器的各零、部件的结构、相互间配合的性质、零件的精度要求、定位尺寸、装配关系及齿轮、轴承润滑、冷却的方式及润滑系统的结构和布置；输出、输入轴与箱体间的密封装置及轴承工作间隙调整方法及结构等。

四、减速器拆装步骤及各步骤中应考虑的问题

（1）观察外形及外部结构

① 观察外部附件，分清哪个是起吊装置，哪个是定位销、起盖螺钉、油标、油塞，它们各起什么作用？布置在什么位置？

② 箱体、箱盖上为什么要设计筋板？筋板的作用是什么，如何布置？

③ 仔细观察轴承座的结构形状，应了解轴承座两侧连接螺栓应如何布置？

（2）拆卸观察孔盖

① 检查孔盖起什么作用？应布置在什么位置及设计多大才是适宜的？

② 为什么要设计通气孔？孔的位置应如何确定？

（3）拆卸箱盖

① 拆卸轴承端盖紧固螺钉（嵌入式端盖无紧固螺钉）；

② 拆卸箱体与箱盖连接螺栓，起出定位销钉，然后拧动起盖螺钉，卸下箱盖；

③ 如果在箱体、箱盖上不设计定位销钉将会产生什么样的严重后果？为什么？

（4）观察减速器内部各零部件的结构和布置

① 箱体与箱盖接触面为什么没有密封垫？如何解决密封？箱体的分箱面上的沟槽有何作用？

② 轴承在轴承座上的安放位置离箱体内壁有多大距离，在采用不同的润滑方式时距离应如何确定？

③ 用手轻轻转动高速轴，观察各级齿轮在啮合时有无侧隙？并了解侧隙的作用。

④ 观察调整轴承工作间隙（周向和轴向间隙）结构，了解轴承内孔与轴的配合性质，轴承外径与轴承座的配合性质。

⑤ 测量各级啮合齿轮的中心距。

（5）从箱体中取出各传动轴部件

① 观察轴上大、小齿轮结构，了解大齿轮上为什么要设计工艺孔？其目的是什么？

② 轴上零件是如何实现周向和轴向固定的？

③ 传动轴为什么要设计成阶梯轴，不设计成光轴？设计阶梯轴时应考虑什么问题？

④ 观察输入、输出轴的伸出端与端盖采用什么形式的密封结构？

（6）装配

① 检查箱体内有无零件及其他杂物留在箱体内后，擦净箱体内部。将各传动轴部件装入箱体内。

② 将嵌入式端盖装入轴承压槽内，并用调整垫圈调整好轴承的工作间隙。

③ 将箱内各零件用棉纱擦净，并涂上机油防锈。再用手转动高速轴，观察有无零件干涉。无误后，经指导老师检查后合上箱盖。

④ 松开起盖螺钉，装上定位销，并打紧。装上螺栓、螺母用手逐一拧紧后，再用扳手分多次均匀拧紧。

⑤ 装好轴承小盖，观察所有附件是否都装好。用棉纱擦净减速器外部，放回原处，摆放整齐。

⑥ 清点好工具，擦净后交还指导老师验收。

模块三

常用机构

课题一

平面连杆机构

通过对牛头刨床（图 3-1-1）、汽车雨刷器（图 3-1-2）、雷达天线（图 3-1-3）等所应用机构的分析，引入平面连杆机构的概念，介绍四杆机构的组成、基本形式和工作特性。

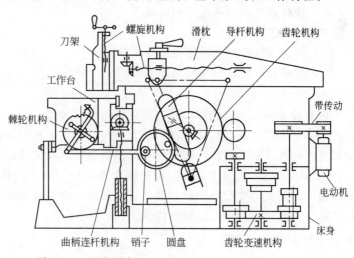

图 3-1-1　牛头刨床

平面连杆机构是由若干刚性构件通过低副（转动副或移动副）连接而成，且所有构件都在同一平面或相互平行平面内运动的机构。

平面连杆机构的特点是：能够进行多种运动形式的转换；构件之间连接处是面接触，单位面积上的压力较小，磨损较慢，可以承受较大载荷；两构件接触表面是圆柱面或平面，制造容易；连接处的间隙造成的积累误差较大，不易准确地实现复杂运动；连杆机构运动时产

图 3-1-2　汽车雨刷器

图 3-1-3　雷达天线调整机构

生惯性力，不适用于高速场合。

平面连杆机构广泛地应用于各种机器和仪器中，例如金属加工机床、起重运输机械、采矿机械、农业机械、交通运输机械和仪表等。

平面连杆机构的构件形状是多种多样的，但大多数是杆状的，最常用的是由四根杆状构件组成的平面四杆机构。本课题重点讨论平面四杆机构的类型、运动转换及其特征。

任务一
铰链四杆机构的基本类型及应用

知识点： >>>
> ➤ 铰链四杆机构的类型和应用。

能力点： >>>
> ➤ 掌握铰链四杆机构的类型和应用；
> ➤ 正确分析铰链四杆机构的运动。

所有运动副均为转动副的平面四杆机构称为铰链四杆机构，如图 3-1-4 所示。在铰链四杆机构中，固定不动的构件 4 称为机架，直接与机架相连的构件 1 和 3 称为连架杆，不与机架相连的构件 2 称为连杆。连架杆相对机架能做整周回转运动的称为曲柄，只能在某一角度范围（小于 360°）内往复摆动的连架杆称为摇杆。对于铰链四杆机构来说，机架和连杆总是存在的，因此可按照连架杆是曲柄还是摇杆，将铰链四杆机构分为三种基本形式：曲柄摇杆机构、双曲柄机构和双摇杆机构。

一、曲柄摇杆机构

两连架杆一个为曲柄、另一个是摇杆的铰链四杆机构称为曲柄摇杆机构，如图 3-1-5 所示。

在曲柄摇杆机构中，当曲柄为主动件时，可将曲柄的连续回转运动转换成摇杆的往复摆动。图 3-1-6 所示为剪切机，原动机驱动曲柄 AB 转动，通过连杆 BC 带动摇杆 CD 往复摆动，进行剪切工作。当摇杆为主动件时，可将摇杆的往复摆动转换成曲柄的连续回转运动。如图 3-1-7 所示缝纫机踏板机构，当踏板为主动件作往复摆动时，连杆带动曲柄及带轮转动，从而带动机头运动，进行缝纫工作。

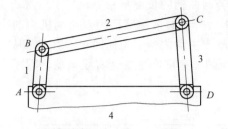

图 3-1-4　铰链四杆机构

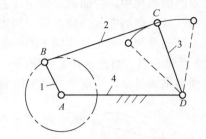

图 3-1-5　曲柄摇杆机构

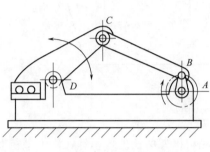

图 3-1-6　剪切机

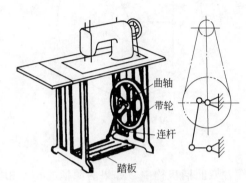

图 3-1-7　缝纫机踏板机构

　　如图 3-1-8(a) 所示为雷达天线调整机构的原理图，构件 AB 可作整圈的转动为曲柄；与天线固连的 CD 作为机构的另一连架杆可作一定范围的摆动，即为摇杆；随着曲柄的缓缓转动，天线仰角得到改变。如图 3-1-8(b) 所示汽车刮雨器，随着电动机带着曲柄 AB 转动，刮雨胶与摇杆 CD 一起摆动，完成刮雨功能。如图 3-1-8(c) 所示搅拌机，随着电动机带动曲柄 AB 转动，搅拌爪与连杆一起作往复的摆动，爪端点 E 作轨迹为椭圆的运动，实现搅拌功能。

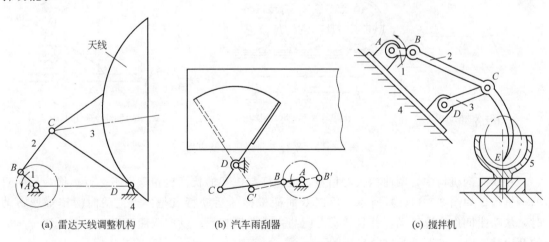

(a) 雷达天线调整机构　　　　(b) 汽车雨刮器　　　　　(c) 搅拌机

图 3-1-8　曲柄摇杆机构应用实例

　　曲柄摇杆机构的功能是：将转动转换为摆动，或将摆动转换为转动。

二、双曲柄机构

　　两连架杆均为曲柄的铰链四杆机构称为双曲柄机构，如图 3-1-9(a) 所示。

在双曲柄机构中，两曲柄可分别为主动件，若两曲柄的长度不相等，当主动曲柄等速回转一周时，从动曲柄变速回转一周。如图 3-1-9(b) 所示的惯性筛即为双曲柄机构的应用实例。由于从动曲柄 3 与主动曲柄 1 的长度不同，故当主动曲柄 1 匀速回转一周时，从动曲柄 3 作变速回转一周，通过连杆 2 使筛子 6 具有适当的加速度产生变速直线运动，筛面上的物料由于惯性来回抖动，从而达到筛分物料的目的。

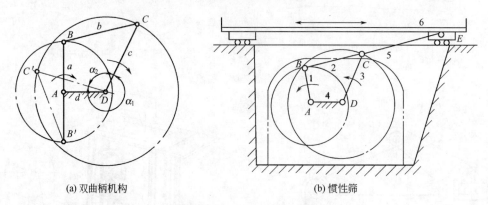

(a) 双曲柄机构　　　　　　　　　　　　　　(b) 惯性筛

图 3-1-9　双曲柄机构及应用

在双曲柄机构中，如果两曲柄的长度相等，且连杆与机架的长度也相等，称为平行双曲柄机构，也称平行四边形机构。平行双曲柄机构的运动特点是：当主动曲柄作等速转动时，从动曲柄会以相同的角速度沿同一方向转动，连杆则作平行移动，如图 3-1-10(a) 所示。火车驱动轮联动机构利用了同向等速的特点，如图 3-1-10(b) 所示。路灯检修车的载人升斗利用了平动的特点，如图 3-1-10(c) 所示。

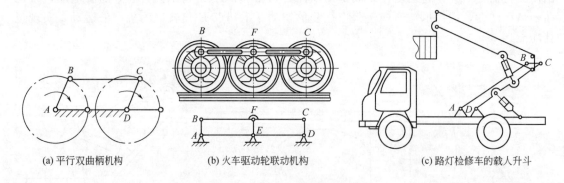

(a) 平行双曲柄机构　　　　　　(b) 火车驱动轮联动机构　　　　　　(c) 路灯检修车的载人升斗

图 3-1-10　平行双曲柄机构及应用

在双曲柄机构中，两曲柄长度相等，且连杆与机架的长度也相等但不平行，称为反向双曲柄机构，如图 3-1-11(a) 所示。反向双曲柄机构的运动特点是：当主动曲柄作等速转动时，从动曲柄作变速转动，并且转动方向与主动曲柄相反。反向双曲柄机构常用于汽车车门的开启装置中，如图 3-1-11(b) 所示。

双曲柄机构的功能是：将等速转动转换为不等速同向、等速同向、不等速反向等多种转动。

三、双摇杆机构

两连架杆均为摇杆的铰链四杆机构称为双摇杆机构。如图 3-1-12(a) 所示。

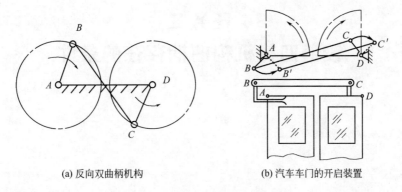

(a) 反向双曲柄机构　　　　　　　(b) 汽车车门的开启装置

图 3-1-11　反向双曲柄机构及应用

在双摇杆机构中，两摇杆可分别为主动件，当主动摇杆摆动时，通过连杆带动从动摇杆摆动。如图 3-1-12(b) 所示为港口用起重机，$ABCD$ 构成双摇杆机构，AD 为机架，在主动摇杆 AB 的驱动下，随着机构的运动连杆 BC 的外伸端点 M 获得近似直线的水平运动，使吊重 Q 能作水平移动而大大节省了移动吊重所需要的功率。图 3-1-12(c) 所示为利用双摇杆机构的自卸翻斗装置，杆 AD 为机架，当油缸活塞杆向右伸出时，则带动双摇杆向右摆动，使翻斗卸货；当油缸活塞杆向左伸回时，则带动双摇杆向左摆动，使翻斗回到原来的位置。

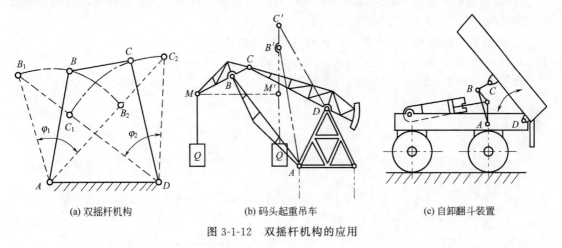

(a) 双摇杆机构　　　　　　(b) 码头起重吊车　　　　　　(c) 自卸翻斗装置

图 3-1-12　双摇杆机构的应用

练一练

1. 在铰链四杆机构中，能作连续整周运动的连架杆称为_____，只能在一定角度范围内往复摆动的连架杆称为_____，直接与两连架杆相连，起传递运动和动力的构件称为_____。

2. 铰链四杆机构的三种基本形式是_____机构，_____机构，_____机构。

3. 四杆机构中若对杆两两平行且相等，则构成_____机构。

4. 以_____相连接的四杆机构称为铰链四杆机构。

A. 转动副　　　B. 移动副　　　C. 螺旋副

知识点：>>>
  ➤ 铰链四杆机构曲柄存在的条件。
能力点：>>>
  ➤ 正确区分铰链四杆机构的类型。

铰链四杆机构的三种基本类型的区别在于机构中是否存在曲柄，存在几个曲柄。机构中是否存在曲柄与四根杆的长度关系和机架的选择有关。由图 3-1-13 所示的曲柄摇杆机构可以证明，铰链四杆机构中曲柄存在的条件为：

① 连架杆与机架中必有一个是最短杆。

② 最短杆与最长杆长度之和必小于或等于其余两杆长度之和。

上述两个条件必须同时满足，否则机构不一定有曲柄存在。根据曲柄存在条件，可得如下推论：

① 若铰链四杆机构中的最短杆与最长杆长度之和小于或等于其余两杆长度之和，有以下三种情况：

a. 以最短杆的相邻杆为机架时，为曲柄摇杆机构，如图 3-1-14(a)、(b) 所示；

b. 以最短杆为机架时，为双曲柄机构，如图 3-1-14(c) 所示；

c. 以最短杆的相对杆为机架时，为双摇杆机构，如图 3-1-14(d) 所示。

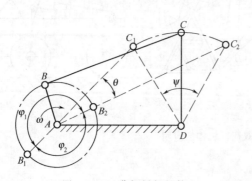

图 3-1-13　曲柄摇杆机构

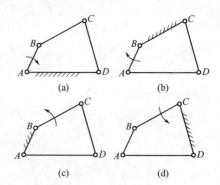

图 3-1-14　取不同构件为机架

② 若铰链四杆机构中的最短杆与最长杆长度之和大于其余两杆长度之和，则无论以哪一杆为机架，均为双摇杆机构。

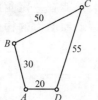

图 3-1-15　铰链四杆机构

【例 3-1-1】在铰链四杆机构 $ABCD$ 中，各杆的长度如图 3-1-15 所示。请根据曲柄存在的条件，说明机构分别以 AB、BC、CD、AD 杆为机架时，分别得到何种机构。

解：由图可知，最短杆为 $AD = 20$，最长杆为 $CD = 55$，其余两杆 $AB = 30$、$BC = 50$。

因为 $AD + CD = 20 + 55 = 75$

$$AB + BC = 30 + 50 = 80 > L_{min} + L_{max}$$

故满足曲柄存在的第一个条件。

① 以 AB 或 CD 为机架时，即最短杆 AD 为连架杆，机构为曲柄摇杆机构；

② 以 BC 为机架时，即最短杆为连杆，机构为双摇杆机构；

③ 以 AD 为机架时，即以最短杆为机架，机构为双曲柄机构。

任务三
铰链四杆机构的演化

知识点：

➤ 曲柄滑块机构；

➤ 导杆机构。

能力点：

➤ 明确铰链四杆机构的演化形式及应用。

在实际机械中，除应用曲柄摇杆机构、双曲柄机构和双摇杆机构外，为了满足各种工作的需要还广泛应用其他形式的四杆机构。这些机构可看成是通过改变铰链四杆机构的构件形状、相对长度或改变运动副形式、选择不同构件为机架演化而来的。

一、曲柄滑块机构

在图 3-1-16(a) 所示的曲柄摇杆机构中，当曲柄 1 绕铰链 A 转动时，铰链 C 将沿圆弧 $\beta\beta$ 往复摆动，如果要求 C 点运动轨迹的曲率半径较大甚至是 C 点作直线运动，则摇杆 CD 的长度就特别长，甚至是无穷大，这显然给布置和制造带来困难或不可能，为此，在实际应用中只是根据需要制作一个导路，C 点做成一个与连杆铰接的滑块，如图 3-1-16(b) 所示，并使之沿圆弧导轨 $\beta'\beta'$ 往复移动，显然其运动性质并未发生改变。但此时铰链四杆机构已演

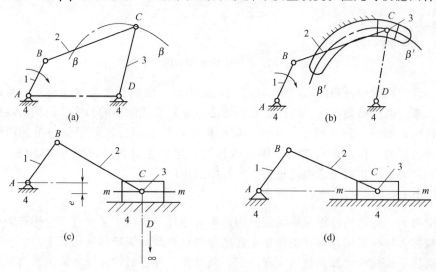

图 3-1-16 曲柄摇杆机构的演化

化为曲线导轨的曲柄滑块机构。如曲线导轨的半径无限延长时，曲线 $\beta'\beta'$ 将变为图 3-1-16 (c) 所示的直线 mm，于是曲柄摇杆机构将变为常见的曲柄滑块机构。

曲柄转动中心与滑块移动中心线间的距离 e 称为偏距，$e\neq0$ 时为偏置曲柄滑块机构，如图 3-1-16(c) 所示；$e=0$ 时为对心曲柄滑块机构，如图 3-1-16(d) 所示。由于对心曲柄滑块机构结构简单，受力情况好，故在实际生产中得到广泛应用。因此，今后如果没有特别说明，所说的曲柄滑块机构即为对心曲柄滑块机构。

曲柄滑块机构可以曲柄为主动件，也可以滑块为主动件，如图 3-1-17 所示。曲柄为主动件时，该机构可以将曲柄的连续整周转动转换为滑块的直线往复移动。滑块为主动件时，该机构可以将滑块的直线往复移动转换为曲柄的连续整周转动。曲柄滑块机构滑块移动的距离为曲柄长度的两倍，即 $H=2r$。

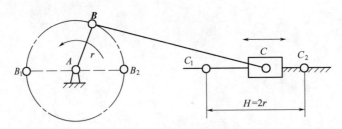

图 3-1-17　曲柄滑块机构

曲柄滑块机构在各种机械中得到广泛的应用，如图 3-1-18 所示为曲柄滑块机构在压力机、内燃机和自动送料机构中的应用。

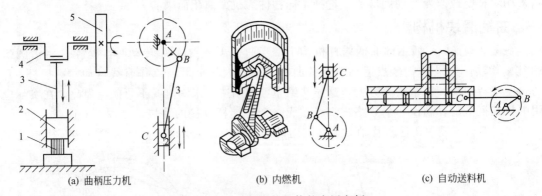

(a) 曲柄压力机　　　　　(b) 内燃机　　　　　(c) 自动送料机

图 3-1-18　曲柄滑块机构的应用实例

在曲柄滑块机构中，当要求滑块的行程 H 很小时，曲柄长度必须很小。此时，出于结构的需要，常将曲柄做偏心轮，用偏心轮的偏心距 e 来替代曲柄的长度，曲柄滑块机构演化成偏心轮机构，如图 3-1-19 所示。在偏心轮机构中，滑块的行程等于偏心距的两倍，$H=2e$。偏心轮机构的工作原理与曲柄滑块机构相同，但只能以偏心轮作为主动件。图 3-1-20 所示的活塞泵、剪板机就是偏心轮机构在实际中的应用。

二、导杆机构

机构中与另一运动构件组成移动副的构件称为导杆。机构中至少有一个构件为导杆的平面四杆机构称为导杆机构。导杆机构是由曲柄滑块机构改变固定件演化而来的。

在曲柄滑块机构中，如果使 AB 杆固定，就变成了导杆机构，导杆机构具有很好的传力性。当 $AB<BC$ 时，导杆 4 能绕 A 点作整周转动，称为转动导杆机构，如图 3-1-21(a) 所

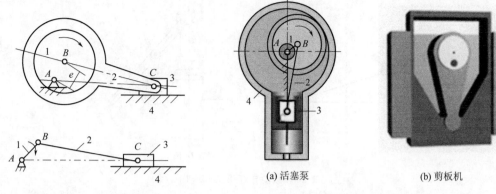

图 3-1-19　偏心轮机构

图 3-1-20　偏心轮机构的应用

(a) 活塞泵　　　　(b) 剪板机

示；当 $AB>BC$ 时导杆 4 只能绕 A 点作往复摆动，称为摆动导杆机构，图 3-1-21(b) 所示。如图 3-1-22(a)、(b) 所示分别为转动导杆机构在插床主体机构中的具体应用与摆动导杆机构在牛头刨床主体机构中的具体应用。

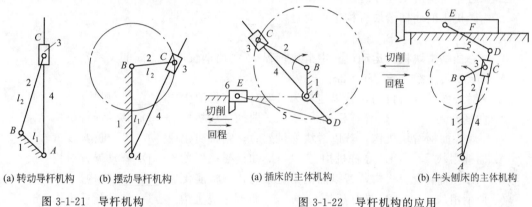

(a) 转动导杆机构　　(b) 摆动导杆机构

图 3-1-21　导杆机构

(a) 插床的主体机构　　(b) 牛头刨床的主体机构

图 3-1-22　导杆机构的应用

　　在曲柄滑块机构中，使 BC 杆固定，就得到曲柄摇块机构，如图 3-1-23(a) 所示。摇块机构在液压与气压传动系统中得到广泛应用，如图 3-1-23(b) 所示为摇块机构在自卸货车上的应用，以车架 AC 为机架，液压缸筒 3 与车架铰接于 C 点成摇块，主动件活塞及活塞杆 2 可沿缸筒中心线往复移动成导路，带动车厢 1 绕 A 点摆动实现卸料或复位。

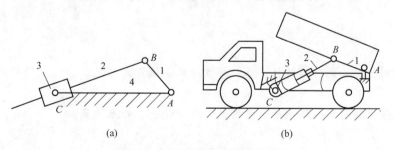

(a)　　　　　　　(b)

图 3-1-23　曲柄摇块机构及应用

　　在曲柄滑块机构中，当固定滑块 3 时，得到移动导杆机构，如图 3-1-24（a）所示，图 3-1-24(b)所示是移动导杆机构在手动唧筒上的应用，用手上下扳动主动件 1，使作为导路的活塞及活塞杆 4 沿唧筒中心线往复移动，实现唧水或唧油。

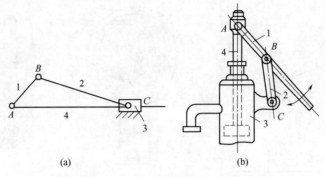

图 3-1-24　移动导杆机构及应用

练一练

1. 偏心轮机构的工作原理与曲柄滑块机构相同。　　　　　　　　（　　）
2. 内燃机中的曲柄滑块机构工作时是以_____为主动件。
A. 曲柄　　　　　　B. 连杆　　　　　　C. 滑块
3. 对心曲柄滑块机构运动过程中滑块行程 H 与曲柄长度 r 之间的关系是_____。
A. $H=r$　　　　　B. $H=2r$　　　　　C. $H=3r$
4. 一对心曲柄滑块机构，若以连杆为机架时，则将演化成_____机构。
A. 曲柄滑块　　　B. 导杆机构　　　C. 曲柄摇块机构　　　D. 移动导杆机构
5. 一对心曲柄滑块机构，若以滑块为机架时，则将演化成_____机构。
A. 曲柄滑块　　　B. 导杆机构　　　C. 曲柄摇块机构　　　D. 移动导杆机构
6. 一对心曲柄滑块机构，若以曲柄为机架时，则将演化成_____机构。
A. 曲柄滑块　　　B. 导杆机构　　　C. 曲柄摇块机构　　　D. 移动导杆机构

任务四
铰链四杆机构的工作特性

知识点：》》》
　　➤ 铰链四杆机构的传力特性、急回特性及死点位置。
能力点：》》》
　　➤ 能够分析铰链四杆机构的传力特性、急回特性及死点位置。

一、急回特性

　　在图 3-1-25 所示的曲柄摇杆机构中，设曲柄 AB 为主动件。曲柄在旋转过程中每周有两次与连杆重叠，如图 3-1-25 中的 B_1AC_1 和 AB_2C_2 两位置。这时的摇杆位置 C_1D 和 C_2D 称为极限位置。C_1D 与 C_2D 的夹角 φ 称为摇杆的摆角。摇杆处于极限位置时，曲柄对应两

位置 AB_1 和 AB_2 所夹的锐角 θ 称为极位夹角。

设曲柄以等角速度 ω_1 顺时针转动，从 AB_1 转到 AB_2 和从 AB_2 到 AB_1 所经过的角度为（$\pi+\theta$）和（$\pi-\theta$），所需的时间为 t_1 和 t_2，相应的摇杆上 C 点经过的路线为 C_1 C_2 弧和 C_2C_1 弧，C 点的线速度为 v_1 和 v_2，显然有 $t_1>t_2$，$v_1<v_2$。因此，在曲柄摇杆机构中，曲柄 AB 虽作等角速度转动，但摇杆 CD 往复摆动的平均速度却不相等。一般将摇杆由 C_1D 摆到 C_2D 的过程作为机构中从动件的工作行程，摇杆由 C_2D 摆到 C_1D

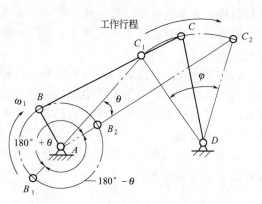

图 3-1-25　曲柄摇杆机构的急回特性

的过程作为机构中从动件的空回行程，这种空回程速度大于工作行程速度的特性称为急回特性。

空回行程的平均速度与工作行程的平均速度的比值称为行程速比系数，用 K 表示。即

$$K=\frac{v_2}{v_1}=\frac{C_1C_2/t_2}{C_2C_1/t_1}=\frac{t_1}{t_2}=\frac{180°+\theta}{180°-\theta} \tag{3-1-1}$$

$$\theta=180°\frac{K-1}{K+1} \tag{3-1-2}$$

行程速比系数 K 反映了从动件在空回行程中速度快慢的相对程度，它的大小表达了机构的急回程度。当 $\theta=0$ 时，$K=1$，$v_2=v_1$，说明机构不具有急回特性。当 $\theta>0$ 时，$K>1$，$v_2>v_1$，说明机构具有急回特性。θ 愈大，K 也愈大，则急回特性就愈明显，因此，极位夹角 θ 是判断连杆机构急回特性的依据。在实际生产中常利用急回特性来缩短非生产时间，提高生产率。如摆动导杆机构 $\theta>0$，机构具有急回特性，牛头刨床就是利用摆动导杆机构的急回特性来缩短刨削的回程时间，提高生产率。

二、死点位置

在曲柄摇杆机构中，如图 3-1-26(a) 所示，若以摇杆 CD 为主动件，当摇杆处于两个极限位置 C_1D 和 C_2D 时，连杆 BC 与曲柄 AB 共线，连杆传给曲柄的力 F 通过曲柄的回转中心，其力矩为零，因此不能推动曲柄转动。如图 3-1-26(b) 所示的曲柄滑块机构，如果以滑块作主动，则当从动曲柄 AB 与连杆 BC 共线时，外力 F 无法推动从动曲柄转动。机构的这种位置称为死点位置。

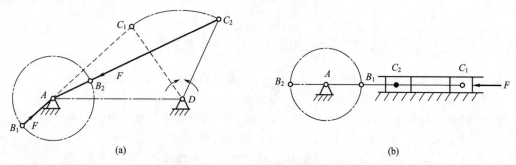

图 3-1-26　平面四杆机构的死点位置

四杆机构是否存在死点，取决于从动件是否与连杆共线。例如图 3-1-26(a) 所示的曲柄

摇杆机构，如果改摇杆主动为曲柄主动，则摇杆为从动件，因连杆 BC 与摇杆 CD 不存在共线的位置，故不存在死点。又如 3-1-26(b) 所示的曲柄滑块机构，如果改曲柄为主动，也不存在死点。

机构在"死点"位置时，将出现从动件转向不确定或卡死不动现象。对传动而言，机构的死点位置是不利的，为了消除这种运动不确定现象，除可利用从动件本身或其上的飞轮惯性外，还可利用错列机构或辅助曲柄等措施来解决。如图 3-1-27 所示机车车轮的错列装置，就是利用错列机构来消除平行四边形机构在这个位置运动时的不确定状态。图 3-1-28 所示机车驱动轮联动机构，就是利用第三个平行曲柄（辅助曲柄）来消除平行四边形机构在这个位置运动时的不确定状态。

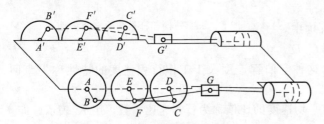 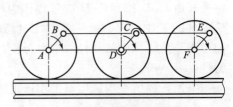

图 3-1-27　机车车轮的错列装置　　　　图 3-1-28　机车驱动轮联动机构

工程上有时也利用死点位置进行工作，如图 3-1-29(a) 所示的夹具，当工件被夹紧后，四杆机构的铰链中心 B、C、D 处于同一条直线上，工件经杆 AB 传给杆 BC 杆 CD 的力通过回转中心 D，转动力矩为零，杆 CD 不会转动，因此当力去掉后仍能夹紧工件。再如图 3-1-29(b)所示的飞机起落架机构，飞机起飞和降落时，飞机起落架处于放下机轮的位置，此时连杆 BC 与从动件 CD 处于一条直线上，机构处于死点位置，故机轮着地时产生的巨大冲击力不会使从动件反转，从而保持着支承状态。

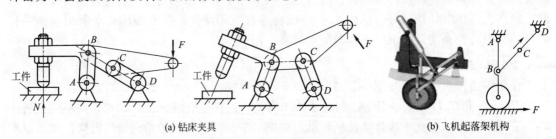

(a) 钻床夹具　　　　　　　　　　　　(b) 飞机起落架机构

图 3-1-29　死点位置的应用

练一练

1. 平面连杆机构当急回特性系数 K _____时，机构就具有急回特性。

A. >1　　　　　　B. $=1$　　　　　　C. <1

2. 铰链四杆机构中，若最长杆与最短杆之和大于其他两杆之和，则机构有_____。

A. 一个曲柄　　　B. 两个曲柄　　　C. 两个摇杆

3. 机械工程中常利用_____的惯性来越过平面连杆机构的"死点"位置。

A. 主动构件　　　B. 从动构件　　　C. 连接构件

4. 曲柄摇杆机构的摇杆两极限位置间的夹角称为极位夹角。（　　　）

5. 平面连杆机构的"死点"位置使从动件运动方向不能确定。（　　）

习题 3-1

1. 铰链四杆机构有哪几种基本形式？各有什么特点？

2. 铰链四杆机构可以通过哪几种方式演变成其他形式的四杆机构？试说明曲柄摇块机构是如何演化而来的？

3. 什么是偏心轮机构？它主要用于什么场合？

4. 曲柄存在的条件是什么？

5. 铰链四杆机构存在死点位置的条件是什么？试举出一些克服死点位置的措施和利用死点位置的实例。

6. 图示为一铰链四杆机构，已知各杆长度：$L_{AB}=10\text{cm}$，$L_{BC}=25\text{cm}$，$L_{CD}=20\text{cm}$，$L_{AD}=30\text{cm}$。当分别选取构件 AB、BC、CD、AD 为机架时，它们各属于哪一类机构？

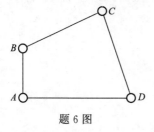

题 6 图

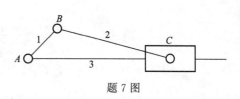

题 7 图

7. 图示为含有一个移动副的四杆机构，已知 $l_{AB}=15\text{cm}$，$l_{BC}=34\text{cm}$，$l_{AD}=38\text{cm}$。试问当分别以构件 1、2、3 为机架时，各获得何种机构？

8. 在下列表中的对应空格中，用记号"√"标记各机构具有的运动特性。

特性＼机构	可取曲柄为主动件	可取摇杆为主动件	可取滑块为主动件	必有急回运动	必无急回运动	必有死点位置
曲柄摇杆机构						
（不等长）双曲柄机构						
双摇杆机构						
平行四边形机构						
（对心）曲柄滑块机构						
摆动导杆机构						

课题二

凸 轮 机 构

通过内燃机的配气机构（见图 3-2-1）、绕线机的绕线机构（见图 3-2-2）导入凸轮机构的概念，从中观察会发现：从动件的运动规律是由凸轮轮廓曲线决定的，只要凸轮轮廓设计得当，就可以使从动件实现任意给定的运动规律。

图 3-2-1　内燃机的配气机构

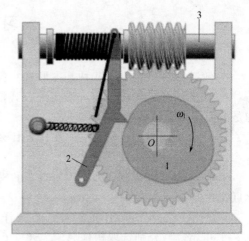

图 3-2-2　绕线机的绕线机构

任务一
凸轮机构概述

知识点：》》》
　　➢ 凸轮机构的组成、特点和应用；
　　➢ 凸轮机构的类型及特点。
能力点：》》》
　　➢ 明确凸轮机构的组成、特点和应用；
　　➢ 了解凸轮机构的类型及特点。

含有凸轮的机构称为凸轮机构。凸轮机构是机械工程中广泛应用的一种高副机构，广泛地应用于各种机械，特别是低速、轻载的自动机械、自动控制装置和装配生产线中。

一、凸轮机构的组成

图 3-2-3 所示为汽车内燃机的配气机构，当凸轮转动时，依靠凸轮的轮廓，可以迫使从动件气阀向下移动打开气门，借助弹簧的作用力使从动件气阀向上移动关闭气门，这样就可以按预定时间，打开或关闭气门，完成内燃机的配气动作。

图 3-2-4 所示为自动车床走刀机构。当凸轮转动时，驱使从动件往复摆动，通过从动件另一端的扇形齿轮与刀架下的齿条相啮合，使刀架实现进刀和退刀运动。

图 3-2-5 为应用于冲床上的凸轮机构示意图。凸轮固定在冲头上，当冲头上下往复运动时，凸轮驱使从动件以一定的规律水平往复运动，从而带动机械手装卸工件。

图 3-2-6 为自动送料机构。当带有凹槽的凸轮 1 转动时，通过槽中的滚子，驱使从运件 2 作往复移动。凸轮每回转一周，从动件即从储料器中推出一个毛坯，送到加工位置。

从以上应用实例可以看出，凸轮机构是由凸轮、从动件和机架三个主要构件组成的高副机构。其中，凸轮是一个具有曲线轮廓或凹槽的构件，一般为主动件，作等速回转运动或往复直线运动，借助其曲线轮廓（或凹槽）使从动件作移动或摆动。所以，凸轮机构是将凸轮的连续转动或移动转换为从动件连续或间歇的往复移动或摆动，并依靠凸轮轮廓曲线准确地实现所要求的运动规律。

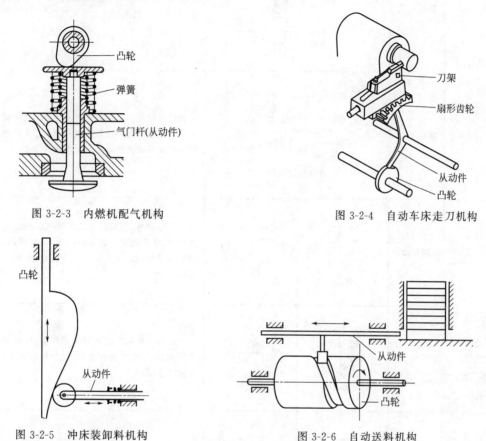

图 3-2-3　内燃机配气机构

图 3-2-4　自动车床走刀机构

图 3-2-5　冲床装卸料机构

图 3-2-6　自动送料机构

二、凸轮机构的特点

凸轮机构结构简单、紧凑、工作可靠，设计简单，只要正确地设计凸轮轮廓曲线，就可以使从动件实现任意给定的运动规律；但凸轮与从动件间为点或线接触，不易润滑，易磨损，不宜传递较大的力，制造复杂，且从动件的行程不宜过大等。

三、凸轮机构的基本类型

凸轮机构的类型繁多，常见的分类方法见表 3-2-1。

表 3-2-1　凸轮机构的类别及特点

分类方法	类型	图例	特点
按凸轮形状分	盘形凸轮		盘形凸轮是一个绕固定轴线回转并具有变化向径的盘形构件。盘形凸轮是凸轮的基本形式，结构简单，应用最广泛。但从动件的行程不能太大，否则将使凸轮的尺寸变化过大，对凸轮机构的工作不利。当凸轮结构尺寸较小时，常采用凸轮轴的形式。从动件在垂直于凸轮旋转轴线的平面内运动

分类方法	类型	图例	特点
按凸轮形状分	移动凸轮	靠模车削机构	移动凸轮可看做是盘形凸轮的回转中心趋于无穷远,相对于机架作直线往复移动
	圆柱凸轮	自动送料机构	圆柱凸轮是一个在圆柱面上开有曲线轮廓或在圆柱端面上作出曲线轮廓的构件,它可看做是将移动凸轮卷成圆柱体演化而成的
按从动件端部形状和运动形式分	尖顶从动件	移动　摆动	结构最简单,尖顶能与任何形状的凸轮轮廓逐点接触,能实现复杂的运动规律,但易磨损,只适用于作用力不大和速度较低的场合(如用于仪表等机构中)
	滚子从动件	移动　摆动	滚子与凸轮轮廓之间为滚动摩擦,减小了摩擦和磨损,可传递较大的动力,但结构较复杂,不宜高速。应用较广
	平底从动件	移动　摆动	结构简单,平底与凸轮接触面间易形成润滑油膜,润滑较好,常用于高速传动中,但不能用于凸轮轮廓呈凹形的场合,运动规律受到限制
按锁合形式分	力锁合		利用从动件的重力、弹簧力或其他外力使从动件与凸轮保持接触
	形锁合		靠凸轮与从动件的特殊几何结构保持从动件与凸轮接触

1. 凸轮机构主要是由_____、_____和机架三个基本构件所组成。
2. 从动杆与凸轮轮廓的接触形式有_____、_____和平底三种。
3. 凸轮机构广泛用于自动控制机械中。 （ ）
4. 圆柱凸轮机构中，凸轮与从动杆在同一平面或相互平行的平面内运动。 （ ）
5. 平底从动件不能用于具有内凹槽曲线的凸轮。 （ ）

任务二
从动件常用运动规律

知识点：》》》
  ➤ 凸轮机构的工作过程；
  ➤ 等速运动规律和等加速等减速运动规律。
能力点：》》》
  ➤ 能够绘制等速运动规律和等加速等减速运动规律的位移曲线。

一、凸轮机构的工作过程

图 3-2-7（a）所示为对心式尖顶移动从动件盘形凸轮机构。图中从动件与凸轮在 A 点接触，从动件处于最低位置。以凸轮的回转轴心 O 为圆心，以凸轮的最小半径所做的圆，称为凸轮的基圆，基圆半径用 r_b 表示。

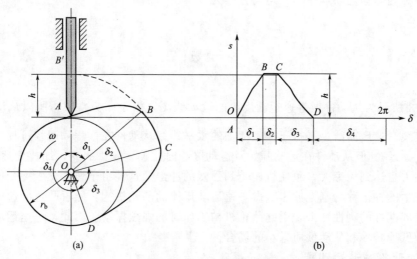

(a) (b)

图 3-2-7 凸轮机构的工作过程

（1）推程与推程角 当凸轮以等角速度 ω 逆时针方向回转一个角度 δ_1 时，凸轮轮廓 AB 段推动从动件以一定的运动规律由最低位置 A 上升到最高位置 B'，从动件自最低位置上升到最高位置的过程称为推程或升程，所对应的凸轮转角 δ_1 称为推程角或升程角。

（2）远停程与远停程角　凸轮继续回转角度 δ_2 时，凸轮轮廓 BC 段与从动件接触，由于 BC 段为以凸轮轴心 O 为圆心的圆弧，所以从动件在最高位置静止不动，此过程称为远停程或远休止，所对应的凸轮转角 δ_2 称为远停程角或远休止角。

（3）回程与回程角　凸轮继续回转角度 δ_3 时，凸轮轮廓 CD 段与从动件接触，从动件以一定的运动规律由最高位置下降到最低位置，此过程称为回程，所对应的凸轮转角 δ_3 称为回程角。

（4）近停程与近停程角　凸轮继续回转角度 δ_4 时，凸轮轮廓 DA 段与从动件接触，从动件在最低位置静止不动，此过程称为近停程或近休止，所对应的凸轮转角 δ_4 称为近停程角或近休止角。

当凸轮连续回转时，从动件重复上述运动。从动件在推程和回程过程中移动的最大距离 h 称为行程。

以凸轮转角 δ 为横坐标，以从动件的位移 s 为纵坐标所做的曲线，称为从动件的位移曲线，如图 3-2-7(b) 所示。

由以上分析可知，从动件的位移线图取决于凸轮轮廓曲线的形状。也就是说，从动件的不同运动规律要求凸轮具有不同的轮廓曲线。

二、从动件常用运动规律

凸轮机构中，从动件的位移随凸轮转角变化而变化。同理，从动件的运动速度、加速度也随凸轮转角变化而变化，把从动件运动时的位移、速度和加速度随凸轮转角变化的关系，称为从动件的运动规律。在确定从动件的运动规律时，应根据工作要求、运动和动力性质及制造工艺等条件，综合考虑作出决定。从动件常用的运动规律很多，以下主要介绍两种常用的运动规律。

1. 等速运动规律

凸轮机构中，当凸轮以等角速度 ω 回转时，若从动件上升或下降的速度为一常数，这种运动规律称为等速运动规律。其运动方程为

$$\left.\begin{array}{l} s=\dfrac{v}{\omega}\delta \\[2mm] v=常数 \\[2mm] a=0 \end{array}\right\} \tag{3-2-1}$$

图 3-2-8 所示为从动件做等速运动规律的运动线图。由于 $\dfrac{v}{\omega}$ 为常数，所以从动件的位移曲线为斜直线。速度曲线为平行于横坐标轴的水平线。从动件在推程和回程过程中做等速运动，加速度 $a=0$。但从动件在运动开始及运动终止时，速度发生突变，加速度达到无穷大，产生的惯性力也达到无穷大，致使机构受到强烈的冲击。这种由于速度发生突变使加速度达到无穷大产生的冲击称为刚性冲击。做等速运动规律的凸轮机构，随着凸轮的连续转动，从动件将产生周期性的刚性冲击，引起凸轮机构工作时的强烈振动。因此，等速运动规律只适用于凸轮做低速转动和从动件质量小的场合。

2. 等加速等减速运动规律

等加速等减速运动规律是将从动件运动的整个行程 h 分为两段，前 $h/2$ 段做等加速运动，后 $h/2$ 段做等减速运动，通常等加速段和等减速段时间相等，加速度的绝对值也相等。其运动方程为

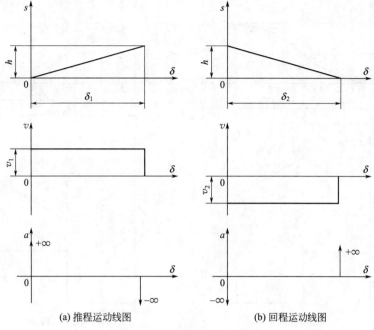

(a) 推程运动线图　　　　　　　　(b) 回程运动线图

图 3-2-8　等速运动规律线图

$$
\left.\begin{array}{l}
s = \dfrac{q}{2\omega}\delta^2 \\[2mm]
v = \dfrac{a}{\omega}\delta \\[2mm]
a = 常数
\end{array}\right\}
\tag{3-2-2}
$$

图 3-2-9 所示为从动件做等加速等减速运动规律的运动线图。由于 $\dfrac{a}{2\omega^2}$ 为常数，位移 s 是转角 δ 的二次函数，所以其位移曲线为抛物线，等加速段和等减速段为两段开口方向不同的抛物线。速度曲线为斜直线，从动件运动到行程一半 $\dfrac{h}{2}$ 时，速度达到最大。由于加速度为常数，所以加速度曲线为平行于横坐标轴的水平线。

从动件按等加速等减速规律运动时，速度由零逐渐增至最大，而后又逐渐减小趋近于零，速度曲线是连续的，即速度没有发生突变，但在推程和回程的两端及中点，加速度发生了有限突变，使惯性力也发生有限突变，这种速度不发生突变，加速度发生有限突变产生的冲击称为柔性冲击。因此，等加速等减速运动规律避免了刚性冲击，改善了凸轮机构的工作平稳性，但仍存在柔性冲击，适用于凸轮做中速回转、从动件质量不大和轻载的场合。

等加速等减速运动规律位移曲线作图方法如下：

① 画出坐标轴，以横坐标代表凸轮转角 δ，以纵坐标代表从动件的位移 s。

② 根据选定的比例尺，在横坐标轴上截取推程角 δ_1 及其半角 $\dfrac{\delta_1}{2}$，在纵坐标轴上截取行程 h 及其一半 $\dfrac{h}{2}$。

③ 将 $\dfrac{\delta_1}{2}$ 分成 n 等份，现取 4 等分，得分点 1、2、3、4。将 $\dfrac{h}{2}$ 取相同的等份，得分点 1′、2′、3′、4′。连接 O 与 $h/2$ 各分点 1′、2′、3′、4′，得斜线 $O1'$、$O2'$、$O3'$、$O4'$，过

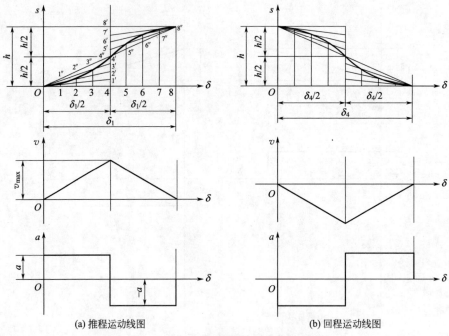

(a) 推程运动线图　　　　　　　(b) 回程运动线图

图 3-2-9　等加速等减速运动规律线图

$\delta_1/2$ 各分点 1、2、3、4 做垂线分别与斜线 $O1'$、$O2'$、$O3'$、$O4'$ 相交于 $1''$、$2''$、$3''$、$4''$。

④ 用平滑的曲线连接点 O、$1''$、$2''$、$3''$、$4''$，即得等加速段的位移曲线。

⑤ 用同样的方法可画出等减速段的位移曲线以及回程段的位移曲线。见图 3-2-9。

练一练

1. 以凸轮的理论轮廓曲线的最小半径所做的圆称为凸轮的_____。

2. 等速运动凸轮机构在速度换接处因加速度为_____，从而使从动杆将产生_____冲击，引起机构强烈的振动。

3. 凸轮机构从动杆等速运动的位移曲线为一条_____线，从动杆等加速等减速运动的位移曲线为_____线。

4. 凸轮机构的等加速等减速运动，是从动杆先作等加速上升，然后再作等减速下降。

（　　）

5. 凸轮机构从动件的运动规律是可按要求任意拟订的。　　　　　　　　　　（　　）

习题 3-2

1. 什么是凸轮机构？凸轮机构由哪几个构件组成？

2. 凸轮机构有什么特点？

3. 凸轮机构是如何分类的？

4. 凸轮机构中常用从动件的形式有几种？各有什么应用特点？

5. 凸轮轮廓曲线是根据什么确定的？

6. 从动件常用运动规律有哪几种？运动位移曲线图什么形状？各有何特点？适用于什么场合？

7. 什么叫基圆？

8. 一凸轮机构的从动件运动规律如下：

凸轮转角	0～180°	180°～300°	300°～360°
从动件运动规律	等加速等减速上升 30mm	等速下降回位	近停程

试画出从动件的位移曲线。

课题三

间歇运动机构

观察牛头刨床工作台的横向进给机构（见图 3-3-1），导入间歇运动机构的概念、工作原

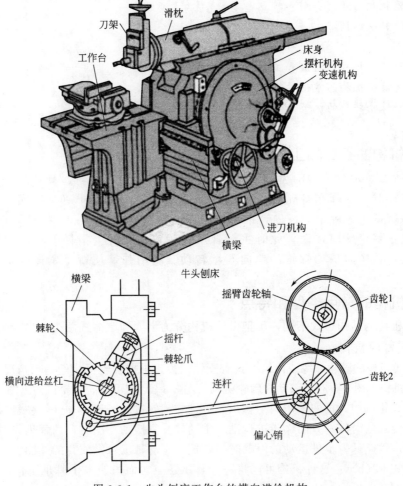

图 3-3-1　牛头刨床工作台的横向进给机构

理、运动特点及其应用。

间歇运动机构是将主动件的连续回转运动转换为从动件时动时停的周期性运动的机构。在间歇运动机构中，若从动件为周期性停歇单向运动，又称为步进运动机构。间歇运动机构广泛地应用于机床设备及自动化机械中，如牛头刨床工作台的横向进给运动、分度机构，自动机床的送料机构、刀架自动转位机构，电影机的卷片机构，包装机的送料机构，印刷机的进纸机构等。随着机械化、自动化程度的提高，步进运动机构的应用将越来越广泛。间歇运动机构的类型很多，本课题介绍常用的棘轮机构、槽轮机构、不完全齿轮机构和凸轮间歇运动机构的基础知识。

任务一
棘 轮 机 构

知识点：»»»
> 棘轮机构的组成和工作原理；
> 棘轮机构的常用类型和特点；
> 棘轮转角的调节。

能力点：»»»
> 了解棘轮机构的组成和工作原理；
> 了解棘轮机构的常用类型和特点；
> 明确棘轮转角的调节。

一、棘轮机构的组成和工作原理

如图 3-3-2 所示为典型的齿式棘轮机构。该机构主要由棘轮、棘爪和机架组成。当曲柄连续转动时，空套在棘轮轴上的摇杆作往复摆动。当摇杆逆时针摆动时，摇杆上铰接的主动棘爪插入棘轮的齿内，推动棘轮同向转动一定角度；当摇杆顺时针摆动时，止回棘爪阻止棘轮反向转动，此时主动棘爪在棘轮的齿背上滑回原位。此机构将主动件的往复摆动转换为从动棘轮的单向间歇转动。利用弹簧使棘爪紧压齿面，保证止回棘爪工作可靠。

二、棘轮机构的常用类型和特点

按棘轮机构的结构形式不同，可把棘轮机构分为齿式和摩擦式两类。

1. 齿式棘轮机构

齿式棘轮机构的棘轮外缘或内缘上具有刚性轮齿，根据棘轮机构的运动情况不同可分为：单动式棘轮机构（图 3-3-2）、双动式棘轮机构（图 3-3-3）和可变向棘轮机构（图 3-3-4）。

双动式棘轮机构，机构采用两个棘爪，分别与棘轮接触。当主动件作往复摆动时，两个棘爪能先后使棘轮沿同一方向作步进运动。主动件往复摆动一次时，两棘爪先后推动或拉动棘轮共两次，因此棘轮步进运动的停歇时间较短。驱动棘爪可做成直的［图 3-3-3(a)］或带钩头的［图 3-3-3(b)］。这种机构可以将一个棘爪悬空，而只使一个棘爪工作。双动式棘轮机构与单动式棘轮机构相比，结构紧凑，承载较大。

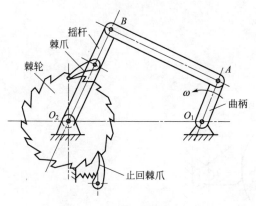

图 3-3-2 齿式棘轮机构

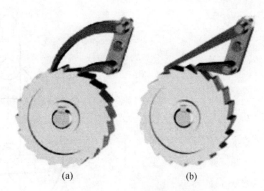

图 3-3-3 双动式棘轮机构

可变向棘轮机构,棘轮的齿形做成对称齿形,如矩形、等腰梯形等,与之配合的是对称型的棘爪,图 3-3-4(a) 所示为翻转变向棘轮机构,棘爪可绕自身轴线翻转,当棘爪在实线位置时,推动棘轮沿逆时针方向作间歇运动;当棘爪翻到虚线位置时,推动棘轮沿顺时针方向作间歇运动。图 3-3-4(b) 所示为回转变向棘轮机构,当棘爪提起并绕自身轴线转 180°后再放下,则可依靠棘爪端部结构两面不同的特点,实现棘轮沿相反方向单向间歇运动。

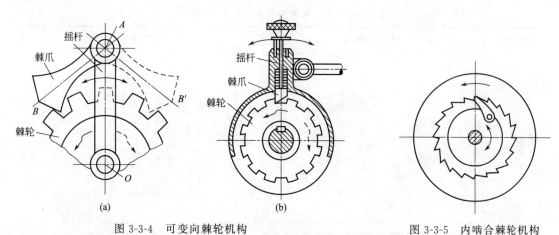

图 3-3-4 可变向棘轮机构　　　　　　　图 3-3-5 内啮合棘轮机构

除外啮合棘轮机构外,还有内啮合棘轮机构(如图 3-3-5)等。

齿式棘轮机构具有结构简单、制造容易、运动可靠和棘轮转角调节方便等优点,但在其工作过程中,棘爪与棘轮接触和分离的瞬间存在刚性冲击,运动平稳性差。此外,棘爪在棘轮齿上背上滑行时会产生噪声并使齿尖磨损。因此,齿式棘轮机构不适用于高速传动,常用于主动件速度不大、从动件行程需要改变的场合,如机床的自动进给、送料、自动计数、制动、超越等。也广泛用于卷扬机、提升机及牵引设备中,用它作为防止机械逆转的止动器。

2. 摩擦式棘轮机构

摩擦式棘轮机构如图 3-3-6 所示,其传动过程与齿式棘轮机构相似,只是推动棘轮实现步进运动的"棘爪"是一偏心楔块,棘轮则是一个无齿的摩擦轮。这种机构是通过棘爪和棘轮之间的摩擦力来传递运动的,其中止回棘爪起止动作用。

摩擦式棘轮机构传递运动平稳、无噪声、棘轮的转角可作无级调节,但易产生打滑而使

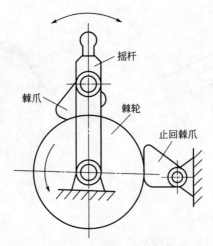

图 3-3-6　摩擦式棘轮机构

传动精度不高，常用作超越离合器。

三、棘轮转角的调节

在棘轮机构中，根据机构工作的需要，棘轮的转角可以进行调节，其方法见表 3-3-1。

表 3-3-1　棘轮转角的调节与转向的调整

调节方法	曲柄长度调节	遮板调节
图例		
说明	通过调节曲柄摇杆机构中曲柄的长度来改变摇杆的摆角，从而调节棘轮的转角	摇杆的摆角不变，通过调节遮板的位置来改变遮齿的多少，以调节棘轮的转角

四、棘轮机构的应用

如图 3-3-7（a）所示为牛头刨床切削的示意图。图 3-3-7（b）所示是由齿轮机构、曲柄摇杆机构、摆动导杆机构和可变向棘轮机构组成的工作台横向间歇进给机构。刨床主运动经过曲柄、连杆使摇杆往复摆动，装在摇杆上的棘爪推动棘轮作步进运动，刨床滑枕每往复运动一次（刨削一次），棘轮连同丝杠转动一次，实现工作台的横向进给。工作台和每次进给量的大小（即棘轮转角的大小）通过改变遮板位置调节。由于采用了可变向棘轮机构，因此，每完成一次刨削工步后，只要将棘爪提起并回转 180°（这时工作台横向进给方向相反），就可以继续下一工步的刨削，而不必将工件空返回原位，节省了非机动时间。

如图 3-3-8 所示为起重设备中常应用的防止逆转的棘轮机构。卷筒和棘轮用键连接于轴

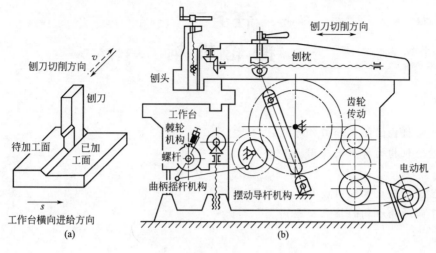

图 3-3-7　牛头刨床示意图

上，当轴按图示方向回转时，转动的鼓轮提升重物，棘爪在同步转动的棘轮齿背表面滑过，到达需要高度时，轴、鼓轮和棘轮停止转动，此时棘爪在弹簧作用下嵌入棘轮的齿槽内，可防止鼓轮逆转，从而保证了起重工作的安全可靠。

如图 3-3-9 所示为自行车后轴上的棘轮机构，实际上是一个内啮合棘轮机构。飞轮的外圆周是链轮，内圆周制成棘轮轮齿，棘爪安装在后轴上。当链条驱动飞轮转动时，飞轮内侧的棘齿通过棘爪带动后轴转动；当链条停止运动或反向带动飞轮时，棘爪沿飞轮内侧棘轮的齿背滑过，后轴在自行车惯性作用下与飞轮脱开而继续转动，产生"从动"超过"主动"的超越作用。

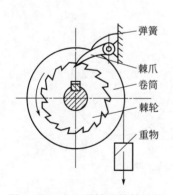

图 3-3-8　防止逆转的棘轮机构

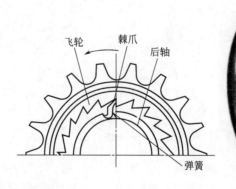

图 3-3-9　自行车后轴飞轮

练一练

1. 棘轮机构主要由 _____ 、 _____ 和 _____ 组成。
2. 按棘轮机构的结构形式不同，棘轮机构可分为 _____ 和 _____ 两类。
3. 调节棘轮机构转角的方法有 _____ 和 _____ 。

任务二
槽 轮 机 构

知识点： >>>
  ➢ 槽轮机构的组成和工作原理；
  ➢ 槽轮机构的特点及应用。

能力点： >>>
  ➢ 了解槽轮机构的组成和工作原理；
  ➢ 了解槽轮机构的特点及应用。

一、槽轮机构的组成和工作原理

槽轮机构一般由带圆销的曲柄（或拨盘）、具有径向槽的槽轮和机架组成。槽轮机构分为外啮合和内啮合两种。如图 3-3-10 所示为外啮合槽轮机构，槽轮由 4 条均匀分布的径向槽和 4 段锁止凹弧 efg 构成，曲柄上带有锁止凸弧 abc。工作时，曲柄为主动件，以角速度 ω 作连续等速回转，从动件槽轮则作间歇转动。

当曲柄上的圆销未进入槽轮的径向槽时，槽轮的锁止凹弧 efg 被回转曲柄的锁止凸弧 abc 卡住，槽轮静止不动；当圆销进入径向槽时，两弧脱开，槽轮在圆销的驱动下转动；如图 3-3-10(a) 所示，锁止凹弧被松开，圆销驱使槽轮转动，使槽轮转过一个角度；当圆销再次脱离径向槽时，槽轮另一圆弧又被锁住，如图 3-3-10(b) 所示。依此类推，实现槽轮的单向间歇运动。

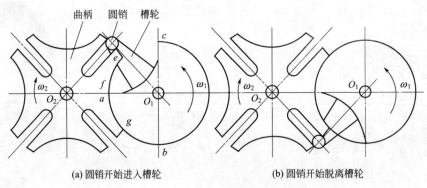

(a) 圆销开始进入槽轮   (b) 圆销开始脱离槽轮

图 3-3-10 单圆销外啮合槽轮机构

图 3-3-11 为内啮合槽轮机构，其工作原理与外啮合槽轮机构相同，只是槽轮的回转方向与曲柄的回转方向相同。

二、槽轮机构的特点

① 槽轮机构结构简单，工作可靠，在圆销进入和退出啮合时没有刚性冲击，所以运动比棘轮机构平稳。

② 槽轮的转角与槽轮的槽数 z 有关，即 $\varphi = 2\pi/z$。如要改变其转角的大小，必须更换具有相应槽数的槽轮。因此，槽轮的转角不可调节，故只能用于定转角的间歇运动机构中，如自动机床、电影机械、包装机械等。

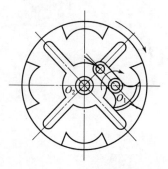

图 3-3-11 内啮合槽轮机构

图 3-3-12 双圆销槽轮机构

③ 槽轮机构工作时，槽轮转动的始末位置角速度变化很大，存在冲击，不宜用于转速过高的场合。

④ 由图 3-3-10 单圆销外啮合槽轮机构可以看出，曲柄每回转一周，槽轮步进运动一次，转过的角度 $\varphi = 2\pi/z$，槽轮静止不动的时间很长。如需要使静止时间短些，可采用增加圆销数量的方法。图 3-3-12 所示为双圆销槽轮机构，此时，曲柄每回转一周，槽轮步进运动两次。但应注意圆销数量不能太多。

⑤ 内啮合槽轮机构相对外啮合槽轮机构，槽轮静止不动的时间短（同为单圆销时），且运动平稳性较好，但内啮合槽轮机构只能有一个圆销。

三、槽轮机构的应用实例

如图 3-3-13 所示为电影放映机构中的槽轮机构。为了适应人眼的视觉暂留现象，采用了槽轮机构，使影片作间歇运动。

如图 3-3-14 所示为自动机床的刀架转位机构，该槽轮机构可根据零件加工的要求，自动调换需要的刀具。

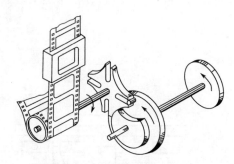

图 3-3-13 放映机的卷片机构

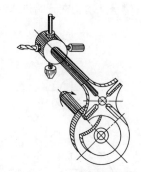

图 3-3-14 刀架转位机构

练一练

1. 槽轮的转角与棘轮转角一样可以调节。（　　　）

2. 同为单圆销时，内啮合槽轮机构比外啮合槽轮机构静止不动的时间短，且运动平稳性较好。（　　　）

任务三
其他间歇运动机构

知识点： >>>
> 不完全齿轮机构的组成、工作原理和特点；
> 凸轮间歇运动机构工作原理和特点。

能力点： >>>
> 了解不完全齿轮机构的组成、工作原理和特点；
> 了解凸轮间歇运动机构工作原理和特点。

一、不完全齿轮机构

不完全齿轮机构是由普通渐开线齿轮机构演变而来的一种间歇运动机构。它与普通渐开线齿轮机构不同之处是轮齿不布满整个圆周，在主动轮 1 上只做出一个或几个齿，根据运动时间和停歇时间的要求在从动轮 2 上作出与主动轮相啮合的轮齿，其余部分为锁止圆弧，如图 3-3-15 所示。当两轮齿进入啮合时，与齿轮传动一样，无齿部分由锁止圆弧定位使从动轮静止。图 3-3-15 所示的不完全齿轮机构中，主动轮 1 作等速连续转动，从动轮 2 作间歇转动。主动轮只在一段圆周上有 4 个齿，与这 4 个齿相啮合的从动轮要做出 4 个对应的齿间来实现一次间歇运动。从动轮转动一周，该机构完成 4 次间歇运动，轮 2 共有 16 个齿间。轮 2 停歇期间，两轮的锁止弧起定位作用。

不完全齿轮机构结构简单、制造容易、工作可靠，从动轮运动时间和静止时间可在较大范围内变化。但是从动轮在开始进入啮合与脱离啮合时有较大冲击，故一般只用于低速，轻载场合。

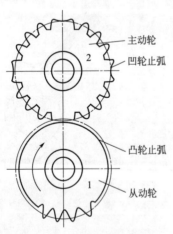

图 3-3-15　不完全齿轮机构

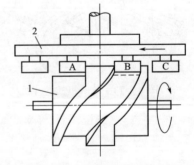

图 3-3-16　凸轮间歇运动机构

二、凸轮间歇运动机构

1. 工作原理

图 3-3-16 所示的凸轮间歇运动机构的主动件 1 是半径为 r 的圆柱凸轮，从动件 2 是在端面圆周上均布一圈柱销的圆盘。当凸轮按箭头所示方向转动时，凸轮的曲线槽推动柱销 B，

使圆盘向左转动；当柱销 B 运动到前一柱销 A 位置时，柱销 C 进入凸轮槽内。这时，凸轮槽位于凸轮圆柱体的圆周上，凸轮的转动不能推动柱销运动，故圆盘不动，从而完成一次间歇运动。因此，凸轮间歇运动机构是利用凸轮与转位拨销的相互作用，将凸轮的连续转动转换为转盘的间歇转动，常用于传递交错轴间的分度运动和需要间歇转位机械装置中。

2. 特点

动载荷小，无刚性和柔性冲击，适合高速运转，无需定位装置，定位精度高，结构紧凑；但加工成本较高，对装配、调整要求严格。

习题 3-3

1. 什么是间歇运动机构？常见的间歇运动机构有哪些？

2. 简述棘轮机构的工作原理。

3. 棘轮机构有哪些常用类型？各有什么运动特点？并列举三种棘轮机构的应用。

4. 某牛头刨床工作台横向进给丝杠的导程为 5mm，与丝杠联动的棘轮齿数为 20，求此牛头刨床工作台的最小横向进给量是多少？若要求此牛头刨床工作台的横向进给量为 0.5mm，则棘轮每次转过的角度应为多少？

5. 简述槽轮机构的常用类型及运动特点。

6. 简述槽轮机构的组成、工作原理及特点。

7. 简述不完全齿轮机构的工作特点。

8. 简述凸轮间歇运动机构的工作原理及特点。

课题四

实训：柴油机的拆装

一、实训目的

通过对柴油机的拆装，了解柴油机的组成结构和工作原理，加深理解平面四杆机构的演化过程及验证曲柄存在条件，巩固所学的理论知识，培养学生理论联系实际的能力，并为学习后面的液压传动有一个初步的认识。

二、实验设备及工具

柴油机、液压或螺旋拉钩，扳手，手锤，铜棒等。

三、实验方法

在实验室首先由实验指导老师对柴油机现场进行结构分析、介绍，再由学生们分组进行拆装，指导及辅导老师解答学生们提出的各种问题。在拆装过程中学生们进一步观察了解柴油机的各零、部件的结构、相互间的连接关系。

四、柴油机的拆装过程步骤

（1）柴油机曲柄连杆机构及配气机构的拆装

① 观察并拆卸柴油机的外部装置，了解配气功能和其他机构的连接关系。

② 按顺序拆卸气缸盖、活塞组、气门组、凸轮轴、曲轴等曲柄连杆机构和配气机构，认识其名称、作用、工作原理和连接关系，然后按技术要求装复，并注意齿轮记号、连杆、活塞的标记等，以保证正确安装，并调整好间隙。

③ 在拆卸过程中了解润滑油路和冷却水的循环水路。

（2）柴油机燃料供给系的拆装

① 观察发动机燃料系的组成，了解总成名称、作用和连接关系。

② 拆装燃油滤清器总成，了解其结构和工作过程。

（3）柴油机冷却系、润滑系总成

① 拆装水泵，了解其结构、零件名称和工作原理。

② 拆装机油泵，了解其结构、零件名称和工作原理。

③ 拆装机油滤清器，了解其结构、零件名称、工作原理和滤清油路。

④ 观察节温器、分水管、机油调压阀、旁通阀和曲轴箱通风、单向阀等结构，弄清其工作原理。

（4）装复柴油机　按要求装复发动机，装复过程中要求注意安装顺序、每个螺栓的紧固力矩及装配间隙的调整等。

模块四

液压与气压传动

一、液压与气压传动的研究对象

液压与气压传动是研究以压流体（压力油或压缩空气）为能源介质，来实现各种机械的传动和自动控制。液压与气压传动实现传动和控制的方法基本相同，它们都是利用各种元件组成所需要的各种控制回路，再由若干回路有机组合成能完成一定控制功能的传动系统来进行能量的传递、转换与控制的。

液压传动所用的工作介质为液压油或其他合成液体，气压传动所用的工作介质为空气，由于这两种流体的性质不同，所以液压传动和气压传动又各有其特点。液压传动传递动力大，运动平稳，但由于液体黏性大，在流动过程中阻力损失大，因而不宜作远距离传动和控制；而气压传动由于空气的可压缩性大，且工作压力低（通常在 1.0MPa 以下），所以传递动力不大，运动也不如液压传动平稳，但空气黏性小，传递过程中阻力小、速度快、反应灵敏，因而气压传动能用于远距离的传动和控制。

二、液压与气压传动的应用及发展

在工业生产的各个部门应用液压与气压传动技术的出发点是不完全相同的。例如在机械制造、工程机械、农业机械、汽车制造、航空工业等行业中采用液压传动的主要原因是取其结构简单、体积小、重量轻、输出力大；机床上采用液压传动是取其能在工作过程中方便地实现无级调速，容易实现频繁的换向和实现自动化；在电子工业、包装机械、印刷机械、食品机械等方面应用气压传动主要是取其操作方便、无油、无污染的特点。

当前，液压技术在实现高压、高速、大功率、高效率、低噪声、经久耐用、高度集成化等各项要求方面都取得了重大的进展，在完善比例控制、伺服控制、数字控制等技术上也有许多新成就。此外，在液压元件和液压系统的计算机辅助设计、计算机仿真和优化以及微机控制等开发性工作方面，日益显示出显著的成绩。气压传动的应用也相当普遍，许多机器设备中都装有气压传动系统，在工业各领域，如机械、电子、钢铁、运行车辆及制造、橡胶、纺织、化工、食品、包装、印刷和烟草机械等，气压传动技术不但在各工业领域应用广泛，而且，在尖端技术领域如核工业和宇航中，气压传动技术也占据着重要的地位。

液压传动基础知识

通过对汽车、机床等应用实例的分析引入液压传动的工作原理，介绍液压传动系统的组成及特点。

任务一
液压传动系统的原理及组成

知识点： >>>
  ➤ 液压传动的工作原理；
  ➤ 液压传动系统的组成；
  ➤ 液压传动系统的特点。

能力点： >>>
  ➤ 掌握液压传动的工作原理；
  ➤ 明确液压传动系统的组成；
  ➤ 了解液压传动系统的特点。

一、液压传动的工作原理

图 4-1-1 所示为液压千斤顶的工作原理图。由图 4-1-1（a）可知，杠杆手柄 1、泵体 2、小活塞 3、单向阀 5 和 7 组成手动液压泵；大活塞 11 和缸体 12 组成举升液压缸。活塞与缸体之间保持良好的配合，既能保证活塞移动顺利，又能形成可靠的密封。

工作时，关闭放油阀 8，向上提起杠杆手柄 1，活塞 3 随之上升，如图 4-1-1（b）所示，油腔 4 密封容积增大，产生局部真空，油箱 6 中的油液在大气压作用下，推开单向阀 5 中的钢球并通过吸油管道进入油腔 4，实现吸油；当杠杆手柄 1 下压时，活塞 3 随之下移，如图 4-1-1（c）所示，油腔 4 密封容积减小，油液受到外力挤压产生压力，单向阀 5 关闭，单向阀 7 的钢球被顶开，油液压入油腔 10，实现压油，从而推动活塞 11 和重物上移。反复提压杠杆手柄 1，能不断地实现吸油和压油，压力油将不断被压入油腔 10，使活塞和重物不断上移，达到起重的目的。

若将放油阀 8 旋转 90°，油腔中的油液在重物 G 的作用下，流回油箱，活塞 11 就下降并恢复到原位。

通过对液压千斤顶工作过程的分析可知，液压传动的工作原理是以油液作为工作介质，依靠密封容积的变化来传递运动，依靠油液内部的压力来传递动力。液压传动装置实质上是一种能量转换装置，即实现机械能→液压能→机械能的能量转换。

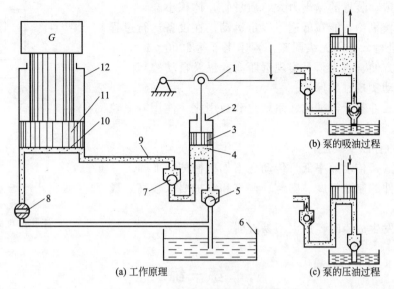

图 4-1-1　液压千斤顶的工作原理

1—杠杆手柄；2—泵体；3,11—活塞；4,10—油腔；5,7—单向阀；
6—油箱；8—放油阀；9—油管；12—缸体

二、液压传动系统的组成

由图 4-1-1 所示的液压千斤顶实例可以看出，液压系统除工作介质油液外，其组成部分见表 4-1-1。

表 4-1-1　液压传动系统的组成

组成部分	功用	液压元件
动力部分	把原动机的机械能转化成油液的液压能	液压泵
执行部分	把液压泵输出的液压能转化成工作机构的机械能	液压缸、液压马达
控制部分	控制和调节油液的流动方向、压力和流量	各种方向控制阀、压力控制阀和流量控制阀
辅助部分	将以上三部分连接在一起，组成一个系统，起储油、过滤、测量和密封等作用，保证系统正常工作	油箱、油管、管接头、过滤器、密封件、蓄能器、压力表等

三、液压元件的图形符号

图 4-1-1 所示的液压系统工作原理图中，各液压元件是用半结构式图形画出的，称为结构原理图，这种图直观性强，较易理解，但图形复杂，难以绘制。为了简化液压系统图的绘制，世界各国都制定了一整套液压元件的图形符号，我国也制定了液压系统图形符号（GB/T 786.1—2001）。图 4-1-2 为用图形符号绘制的工作原理图，显然图形符号绘制方便，图面清晰简洁。常用液压元件及液压系统其他有关装置或器件的符号可查阅国家标准规定。

四、液压传动的特点

液压传动与其他传动相比具有如下优点：

① 液压传动装置的输出力大，质量轻，体积小。

② 运动较平稳，能在低速下稳定运动；在设备运行过程中，能随时进行大范围无级调速，调速比可达 2000∶1。

③ 操作方便、省力，易实现远距离操纵及自动控制。

④ 可自动实现过载保护。

⑤ 液压元件易于标准化、系列化和通用化，使用寿命较长，有利于生产与设计。

液压传动有以下缺点：

① 易泄漏，传动效率低，传动比不如机械传动准确。

② 对元件的制造精度、安装、调整和维护要求较高，成本较高。

③ 系统发生故障时，原因不易查明。

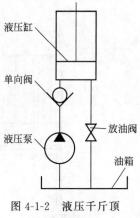

图 4-1-2　液压千斤顶
工作原理简图

练一练

1. 液压传动装置本质上是一种能量转换装置。　　　　　　　　　　　　（　　）

2. 液压传动具有承载能力大，可实现大范围内无级变速和获得恒定的传动比。（　　）

3. 液压系统的执行元件是_____。

A. 电动机　　　　B. 液压泵　　　　　C. 液压缸或液压马达　　D. 液压阀

4. 液压系统中液压泵属于_____。

A. 动力部分　　　B. 执行部分　　　　C. 控制部分　　　　　D. 辅助部分

5. 液压传动的特点有_____。

A. 可与其他传动方式联用，但不易实现远距离操纵和自动控制

B. 可以在较大的速度范围内实现无级变速

C. 能迅速转向、变速、传动准确

D. 体积小、质量小，零部件能自润滑，且维护、保养和排放方便

任务二
液压传动的压力和流量

知识点：》》》
> 液压传动的压力和流量；
> 液压传动的压力损失和流量损失。

能力点：》》》
> 了解各参数的概念；
> 能进行相关的简单计算；
> 明确压力损失和流量损失的产生原因及两者间的关系。

一、压力

1. 压力的概念

图 4-1-3 所示为一密闭容器，容器内静止的油液受到外力和油液自重的作用。由于在液压系统中，通常是外力产生的压力比液体自重产生的压力大得多，为此可将液体自重产生的压力忽略不计。静止液体在单位面积上所受的法向力称为静压力，简称为压力。

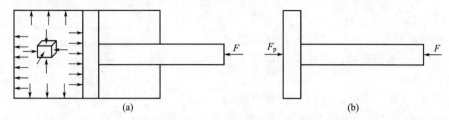

图 4-1-3　油液压力的形成

如图 4-1-3(a) 所示，密闭的液压缸左腔充满油液，当活塞受到向左的外力 F 作用时，液压缸左腔内的油液（忽略油液的压缩）受活塞的作用而处于被挤压状态，同时，油液对活塞有一个反作用力 F_p 而使活塞处于平衡状态，不考虑活塞的自重，则 $F = F_p$，活塞的受力如图 4-1-3(b) 所示。如果活塞的有效作用面积为 A，油液作用在活塞单位面积上的压力为 F_p/A，活塞作用在油液单位面积上的力为 F/A。油液单位面积上承受的作用力称为压强，在工程上称为压力，用符号 p 表示。即

$$p = \frac{F}{A} \tag{4-1-1}$$

式中　p——压力（法定计量单位为 Pa，压力值较大时用 MPa）；

　　　F——油液受到的外力，N；

　　　A——液体表面承压面积，m^2。

2. 液压系统及元件的公称压力

液压系统及元件在正常工作条件下，按试验标准连续运转的最高工作压力称为额定压力。超过此值，液压系统便过载。液压系统必须在额定压力以下工作。额定压力也是各种液压元件的基本参数之一。额定压力应符合公称压力系列，见表 4-1-2。

表 4-1-2　液压系统及元件公称压力系列（GB 2346—2003）　　　　　　MPa

...	1.0	1.6	2.5	4.0	6.3	(8.0)	10.0	(12.5)
16.0	20.0	25.0	31.5	40.0	50.0	63.0	80.0	100.0

注：括号内公称压力值为非优先选用者。

3. 静压传递原理

静止油液压力具有下列特性：

① 静止油液内任意一点受到的各方向的静压力都相等，这个压力称为静压力。

② 油液静压力的作用方向总是垂直指向承压表面。

③ 密封容器内静止油液中任意一点的压力如有变化，其压力的变化值将以等值传递到油液中各点，这就是静压传递原理，又称帕斯卡原理。

图 4-1-4 为应用帕斯卡原理的液压千斤顶工作原理图。在两个相互连通的液压缸密封腔中充满油液，小活塞和大活塞的面积分别为 A_1 和 A_2，在大活塞上放一重物 G，小活塞上施

加一平衡重力 G 的力 F_1 时，则小液压缸中油液的压力 $p_1=F_1/A_1$，大液压缸中油液的压力 $p_2=G/A_2$。因两缸互通而构成一个密封容器，根据帕斯卡原理则有 $p_1=p_2$，相应有 $F_1/A_1=G/A_2$

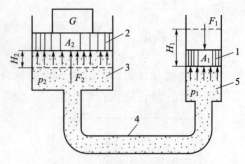

图 4-1-4　静压传递原理在液压千斤顶中的应用

则
$$F_1=\frac{A_2}{A_1}G \qquad (4\text{-}1\text{-}2)$$

上式表明，只要 A_2/A_1 足够大，就可用较小的力 F_1 举起很重的重物。液压千斤顶就是利用此原理工作的。

由公式（4-1-2）可知，如果大活塞上没有负载，即当略去活塞重力及其他阻力时，F_1 也为零，因此无论怎样也对小活塞施加不上作用力，也就不可能在液体中形成压力，即 $p=0$。由此说明液压传动系统的压力决定于负载，并随负载的变化而变化。

【例 4-1-1】 如图 4-1-4 所示，柱塞泵活塞 1 的面积 $A_1=1.13\times10^{-4}\,\text{m}^2$，液压缸活塞 2 的面积 $A_2=9.62\times10^{-4}\,\text{m}^2$，压油时，作用在活塞 1 上的力 $F_1=5.78\times10^3\,\text{N}$。试问柱塞泵油腔 3 内油液压强 p_1 为多大？液压缸能顶起多重的重物？

解： 油腔 3 内油液的压力
$$p_1=\frac{F_1}{A_1}=\frac{5.78\times10^3}{1.13\times10^{-4}}=5.115\times10^7=51.15\text{MPa}$$

能顶起重物的重量
$$G=p_1A_2=5.115\times10^7\times9.62\times10^{-4}=4.92\times10^3\,\text{N}$$

二、流量和平均流速

1. 流量

流量是指单位时间内流过管道或液压缸某一截面的油液体积，通常用 q_v 表示。若在时间 t 内，流过管道或液压缸的油液体积为 V，则流量为

$$q_v=\frac{V}{t} \qquad (4\text{-}1\text{-}3)$$

流量的单位为 m^3/s，常用单位为 L/min，换算关系为
$$1\text{m}^3/\text{s}=6\times10^4\text{L/min}$$

2. 额定流量

额定流量指的是按试验标准规定，系统连续工作所必须保证的流量，是液压元件的基本参数，应符合公称流量系列。

3. 平均流速

油液通过管路或液压缸的平均流速 v 可用下式计算

$$v=\frac{q_v}{A} \qquad (4\text{-}1\text{-}4)$$

式中　v——液体的平均流速，m/s；

　　　q_v——油液的流量，m^3/s；

　　　A——管路的通流面积或液压缸活塞的有效面积，m^2。

由于油液之间和油液与管壁之间的摩擦力大小不同，故在油液流动时，在同一截面上各

点的真实流速并不相同，故用平均流速作近似计算。

4. 活塞（或液压缸）的运动速度

活塞（或液压缸）的运动是由于进入的油液迫使容积增大而产生的，因此活塞（或缸）运动速度与进入油液流量有直接关系。以图 4-1-1 液压千斤顶为例，设在时间 t 内活塞 11 移动的距离为 H，活塞的有效作用面积为 A，则密封容积变化即所需流入的油液的体积为 AH，则流量

$$q_v = \frac{AH}{t}$$

活塞的移动速度

$$v = \frac{H}{t} = \frac{q_v}{A}$$

由上式得出结论：

① 活塞（或液压缸）的运动速度等于液压缸内油液的平均流速。

② 活塞（或液压缸）的运动速度仅与活塞（或液压缸）的有效作用面积和流入液压缸中的油液流量有关，与油液的压力无关。

③ 活塞（或液压缸）的有效作用面积一定时，活塞（或液压缸）的运动速度，取决于流入液压缸中的油液的流量，改变流量就能改变运动速度。

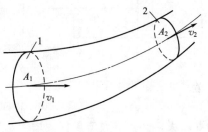

图 4-1-5　液流连续性原理

5. 液流连续性原理

由于液体是几乎不可压缩的，通常可视为理想液体。理想液体在无分支管路中作稳定流动时通过任一截面的流量相等，这就是液流连续性原理，如图 4-1-5 所示。即

$$A_1 v_1 = A_2 v_2$$

式中　A_1，A_2——截面 1、截面 2 的面积，m^2；

　　　　v_1，v_2——液体通过截面 1、截面 2 的流速，m/s。

上式表明，液体在无分支管路中稳定流动时，流经管路不同截面的平均流速与其截面积大小成反比，管路截面积小的地方平均流速大，截面积大的地方平均流速小。

【例 4-1-2】如图 4-1-4 所示，柱塞泵活塞 1 的面积 $A_1 = 1.13 \times 10^{-4} m^2$，液压缸活塞 2 的面积 $A_2 = 9.62 \times 10^{-4} m^2$，管路 4 的截面积 $A_4 = 1.3 \times 10^{-5} m^2$。活塞 1 下压速度 v_1 为 $0.2m/s$，试求活塞 2 的上升速度 v_2 和管路内油液的平均流速 v_4。

解：柱塞泵排出的流量

$$q_{v1} = A_1 v_1 = 1.13 \times 10^{-4} \times 0.2 = 2.26 \times 10^{-5} m^3/s$$

根据液流连续性原理有 $q_{v1} = q_{v2}$，由此得活塞 2 的上升速度

$$v_2 = \frac{q_{v2}}{A_2} = \frac{2.26 \times 10^{-5}}{9.62 \times 10^{-4}} = 0.0235 m/s$$

同理有 $q_{v1} = q_{v2} = q_{v4}$，由此得管路内油液的平均流速 v_4

$$v_4 = \frac{q_{v4}}{A_4} = \frac{2.26 \times 10^{-5}}{1.3 \times 10^{-5}} = 0.0235 m/s$$

三、压力损失、流量损失

1. 液阻和压力损失

油液由液压泵输出进入液压缸，其间要经过直管、弯管、各种阀孔等，由于油液具有黏性，油液各质点之间，油液与管壁之间会产生摩擦、碰撞等，对液体的流动产生阻力，这种阻力称为液阻。

液阻要损耗一部分能量。这种能量损失主要表现为液流的压力损失。压力损失可分为沿程损失和局部损失。沿程损失是液流经直管中的压力损失，而局部损失是液流经管道截面突变或管道弯曲等局部位置的压力损失。压力损失会造成功率浪费，油液发热、泄漏增加，使液压元件受热膨胀而"卡死"，所以必须尽量减少液阻，以减少压力损失。

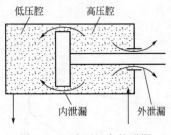

图 4-1-6 液压缸中的泄漏

2. 泄漏和流量损失

液压元件不可能绝对密封，总会有一定的间隙，当间隙两端有压力损失（或压力差）时，就会有油液从这些间隙流出。从液压元件的密封间隙漏出少量油液的现象叫泄漏。泄漏分为内泄漏和外泄漏两种，内泄漏是液压元件内部高、低压腔内的泄漏，外泄漏是系统内部油液漏到系统外部。如图 4-1-6。

在管路中流动的油液，其压力损失、流量损失与液阻止间的关系是：液阻增大，将引起压力损失增大，从而使泄漏增大，必然导致流量损失增大，使液压泵输出的流量不能全部流入液压缸等执行元件，从而影响液压元件的性能和液压系统的正常工作。

练一练

1. 液压传动中，作用在活塞上的推力越大，活塞运动的速度越快。　　　（　　）

2. 油液在无分支管路中稳定流动时，管路截面积大的地方流量大，截面积小的地方流量小。　　　（　　）

3. 液压传动系统的泄漏必然引起压力损失。　　　（　　）

4. 油液的黏度随温度而变化。低温时油液黏度增大，液阻增大，压力损失增大；高温时黏度减小，油液变稀，泄漏增加，流量损失增加。　　　（　　）

5. 活塞（或液压缸）的有效作用面积一定时，活塞（或液压缸）的运动速度取决于_____。

　　A. 液压缸中油液的压力　　　　　　　B. 负载阻力的大小

　　C. 进入液压缸的油液流量　　　　　　D. 液压泵的输出流量

6. 在静止油液中_____。

　　A. 任意一点所受到的各个方向的压力不相等

　　B. 油液的压力方向不一定垂直指向承压表面

　　C. 油液的内部压力不能传递动力

　　D. 当一处受到压力作用时，将通过油液将此压力传递到各点，且其值不变

7. 油液在截面积相同的直管路中流动时，油液分子之间、油液与管壁之间摩擦所引起的损失是_____。

　　A. 沿程损失　　　　B. 局部损失　　　　C. 容积损失　　　　D. 流量损失

液压油的特性及选用

液压油是液压系统的工作介质，也是液压元件的润滑剂和冷却剂，液压油的性质对液压传动性能有明显的影响。因此有必要了解有关液压油的性质、要求和选用方法。

一、液压油的性质

1. 密度

单位体积油液的质量称为密度，单位为 kg/m^3，用 ρ 表示

常用液压油的密度为 $850 \sim 960 kg/m^3$。密度随压力的增加而提高，随温度的升高而减小，但变化很小，一般可以忽略不计。

2. 可压缩性和膨胀性

随压力的增高液压油体积缩小的性质称为可压缩性。随温度的升高液压油体积增大的性质称为膨胀性。在一般液压传动中，液压油的可压缩性和膨胀性值很小，可以忽略不计。

3. 黏性

黏性是指液体在外力作用下流动时，由于液体分子间的内聚力而阻止液体内部相对运动而产生的一种内摩擦力，这种现象叫做液体的黏性。黏性的大小用黏度来表示。黏度大，液层间内摩擦力就大，油液就稠，流动时阻力就大，功率损失也大；反之油液就稀，易泄漏。黏度随温度升高而下降。

二、液压油的选用

在选择液压油时，应根据工作要求和液压油有关性质选择，主要有以下几个方面。

① 黏度适当，且黏度随温度的变化值要小。

② 化学稳定性好。在高温、高压等情况下使用的液压油，能经常保持原有化学成分。

③ 杂质少。杂质会堵塞元件中的缝隙、小孔，影响系统正常工作或降低元件的寿命。

④ 闪点高，凝固点低。闪点高时能满足防火要求，凝凝固点低时能在较低温度下工作。

习题 4-1

1. 液压传动的工作原理是什么？
2. 液压传动系统主要由哪几部分组成？
3. 液压传动有何特点？
4. 什么是压力？静压传递原理是什么？
5. 液体的静压力有哪些重要性质？
6. 什么是流量、额定流量与平均流速？
7. 活塞（或缸）运动速度与流量有怎样的关系？
8. 什么是液流连续性原理？
9. 液压传动系统为什么会有压力损失？管路中的压力损失有哪几种？分别受哪些因素影响？
10. 什么是泄漏？实际生产中采用什么方法来消除压力损失和流量损失？
11. 为什么液压油油温过高会造成泄漏？

12. 为什么液压油黏度过低会使液压系统压力不足？

13. 液压油的选用应从哪几个方面给予考虑？

14. 如图所示，在简化液压千斤顶中，手掀力 $T = 294N$，大小活塞的面积分别为 $A_2 = 5 \times 10^{-3} m^2$，$A_1 = 1 \times 10^{-3} m^2$，忽略损失，试解答下列各题，并在计算末尾填入所用的原理或定义。

（1）通过杠杆机构作用在小活塞上的力 F_1 及此时系统压力 p；

（2）大活塞能顶起重物的重量 G；

（3）大小活塞运动速度哪个快？快多少倍？

（4）设需顶起的重物 $G = 19600N$ 时，系统压力 p 又为多少？作用在小活塞上的力 F_1 应为多少？

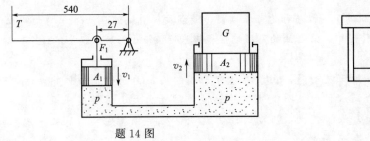
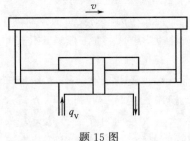

题 14 图　　　　　　　　　　题 15 图

15. 如图所示，液压缸活塞直径 $D = 0.1m$，活塞杆直径 $d = 0.07m$，输入液压缸流量 $q_v = 8.33 \times 10^{-4} m^3/s$。试求活塞带动工作台运动的速度 v。

课题二

液 压 元 件

通过分析图 4-2-1 所示机床工作台的组成及工作原理，说明各种液压元件在液压传动系

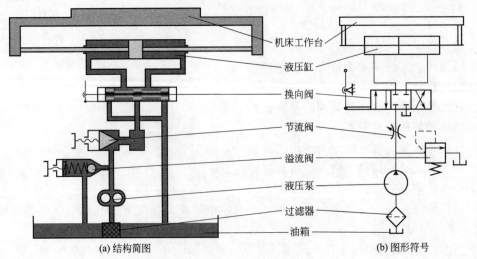

(a) 结构简图　　　　　　　　　　(b) 图形符号

图 4-2-1　机床工作台的液压传动

统中的作用，从而分析各种液压元件的工作原理、应用及图形符号。

任务一
液 压 泵

知识点： >>>

> 液压泵的工作原理；
> 液压泵的图形符号；
> 各类液压泵的工作原理及特点；
> 液压泵的选择。

能力点： >>>

> 掌握各类液压泵的工作原理及特点；
> 熟记液压泵的图形符号；
> 了解液压泵的选择。

液压泵作为液压系统的动力元件，是液压系统的重要组成部分。它能将原动机（如电动机）输入的机械能转换为液压能的能量转换元件。液压泵性能的好坏直接影响到液压系统的工作性能和可靠性。

一、液压泵的工作原理

图 4-2-2 所示为单柱塞泵，它由偏心轮 1、柱塞 2、泵体 3、弹簧 4 和单向阀 5、6 组成，柱塞 2 安装在泵体 3 内，柱塞在弹簧 4 的作用下与偏心轮 1 接触。当偏心轮 1 转动时，柱塞 2 便在泵体内左右往复运动。柱塞 2 与泵体 3 构成一个密封容积。当柱塞向右运动时，密封油腔 V 的容积逐渐增大，形成局部真空，油箱 7 中的油液在大气压作用下，顶开单向阀 6 进入油腔，液压泵吸油。当柱塞向左运动时，密封油腔 V 的容积逐渐缩小，使油液受到挤压而产生一定的压力，这时单向阀 6 关闭，密封容积中的油液顶开单向阀 5，沿油路到执行元件，完成压油。若偏心轮不停地转动，柱塞就不停地上、下往复运动，泵就不断地从油箱吸油向系统供油。

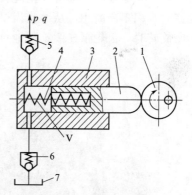

图 4-2-2　液压泵工作原理
1—偏心轮；2—柱塞；3—泵体；4—弹簧；
5,6—单向阀；7—油箱

由上可知：液压泵是靠密封容积的变化来实现吸油和压油的，故可称为容积泵。其工作过程就是吸油和压油过程。

要保证液压泵正常工作，必须满足以下条件：

① 应具备密封工作容积；

② 密封容积的大小能交替变化；

③ 要有配流装置（图 4-2-2 中的单向阀 5、6），将吸油腔和压油腔隔开，保证液压泵有规律地连续吸排液体；

④ 在吸油过程中，油箱必须与大气相通。

二、液压泵类型和图形符号

液压泵的种类很多，按其结构不同可分为齿轮泵、叶片泵、柱塞泵等；按其输油方向能否改变可分为单向泵和双向泵；按其输出的流量能否调节可分为定量泵和变量泵；按其额定压力的高低可分为低压泵、中压泵、高压泵等。液压泵的图形符号见表 4-2-1。

表 4-2-1　液压泵图形符号

名称	液压泵	单向定量液压泵	双向定量液压泵	单向变量液压泵	双向变量液压泵
符号					
说明	一般符号	单向旋转、单向流动、定排量	双向旋转、双向流动、定排量	单向旋转、单向流动、变排量	双向旋转、双向流动、变排量

1. 齿轮泵

按其啮合形式可分为外啮合式和内啮合式两种。外啮合齿轮泵的工作原理图如图 4-2-3 所示。齿轮泵由泵体、一对啮合齿轮、前后两端盖等组成。泵体、端盖和齿轮的各齿间形成两个互不相通的密封容积即吸油腔和压油腔。当齿轮按图示方向旋转时，吸油腔的轮齿逐渐脱开啮合，使密封容积逐渐增大，形成局部真空，油箱中油液在大气压作用下经油管被吸入吸油腔，充满齿间。随着齿轮旋转，油液被带到压油腔。由于压油腔的轮齿逐渐进入啮合，故密封容积不断减小，从而使齿槽间的油液被逐渐挤出，通过压油腔被送入系统中。当齿轮不断旋转时，齿轮泵连续不断地重复吸油和压油的过程，不断向系统供油。

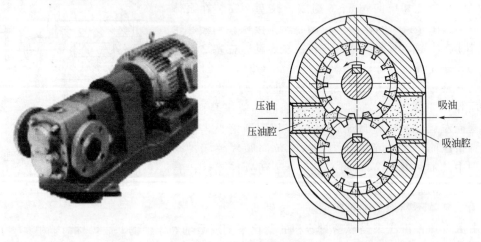

图 4-2-3　外啮合齿轮泵

齿轮泵的结构简单，易于制造，价格便宜，工作可靠，自吸性能较好，对油液污染不敏感，维护方便等。但齿轮泵是靠一对齿的交替啮合来吸油和压油，每一对齿轮啮合过程中的容积变化是不均匀的，这就形成较大的流量脉动，并产生振动和噪声；齿轮泵泄漏较大，由此造成的能量损失较大，容积效率（指泵的实际流量与理论流量的比值）较低；由于压油腔的压力大于吸油腔的压力，使齿轮、轴及轴承所受的径向力不平衡。此外，由于齿轮泵的密封容积变化范围不能改变，故流量不可调，只能用作定量泵。由于存在上述缺点，齿轮泵主要用于小于 2.5MPa 的低压轻载液压传动系统中。

2. 叶片泵

按其工作方式不同分为单作用式和双作用式两种。

（1）单作用式叶片泵　图 4-2-4 所示为单作用式叶片泵的工作原理。单作用叶片泵是由转子、定子、叶片和配油盘等零件组成。转子与定子之间有一偏心距 e，配油盘只开一个吸油窗口和一个压油窗口。单作用式叶片泵的转子回转时，由于离心力的作用，使叶片紧靠在定子内壁，这样在定子、转子、叶片和两侧配油盘间就形成若干个密封的工作区间，当转子按图示的方向回转时，在吸油区一侧，叶片逐渐伸出，叶片间的密封容积逐渐增大，形成局部真空，从吸油口吸油，这就是吸油腔。在压油区一侧，叶片被定子内壁逐渐压进槽内，密封容积逐渐减小，将油液从压油口压出，这就是压油腔。在吸油区和压油区之间，有一段封油区将它们分开。

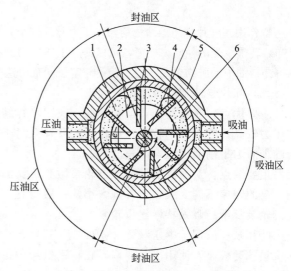

图 4-2-4　单作用式叶片泵的工作原理
1—转子；2—定子；3—泵体；4—叶片；5—泵体；6—配油盘

单作用式叶片泵，由于转子每转一周，每个工作空间完成一次吸油和压油，称单作用式叶片泵；另一方面转子单向承受压油腔油压的作用，径向力不平衡，转子轴及轴承受到较大的径向力，故又称为非卸荷式叶片泵，工作压力不宜过高；因定子和转子偏心安置，只要改变偏心距 e 和偏心方向，就可以调节泵的输出流量和输油方向。所以单作用式叶片泵为双向变量泵。

（2）双作用式叶片泵　双作用式叶片泵的工作原理如图 4-2-5 所示，双作用式叶片泵由转子 1、定子 2、叶片 3、配油盘 4 和泵体 5 等组成，转子和定子中心重合，定子内表面近似为椭圆形，该椭圆形由两段长半径 R 圆弧、两段短半径 r 圆弧和四段过渡曲线组成。当转子转动时，叶片在离心力和根部压力油（建压后）的作用下，在转子槽内向外移动而压向定子内表面，由叶片、定子的内表面、转子的外表面和两侧配油盘间就形成若干个密封空间，当转子旋转时，处在小圆弧上的密封空间经过渡曲线而运动到大圆弧的过程中，叶片外伸，密封空间的容积增大，形成局部真空，吸入油液；再从大圆弧经过渡曲线运动到小圆弧的过程中，叶片被定子内壁逐渐压入槽内，密封空间容积变小，将油从压油口压出。因而，转子每转动一周，每个工作空间要完成两次吸油和压油，称之为双作

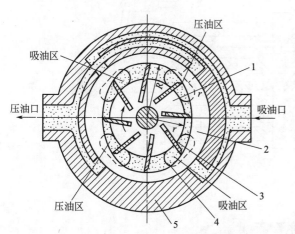

图 4-2-5　双作用式叶片泵的工作原理
1—转子；2—定子；3—叶片；4—配油盘；5—泵体

用叶片泵。

双作用式叶片泵的输油量均匀，压力脉动较小，容积效率较高。由于吸油腔和压油腔，对称分布，转子承受的径向力平衡，可以提高工作压力。其缺点是结构比较复杂，零件加工困难，叶片容易被油中的脏物卡死；由于转子与定子同轴，这种泵的流量不可调，只能作定量泵。

（3）叶片泵的特点及应用

主要优点：流量均匀，运转平稳，噪声小；结构紧凑，体积小，重量轻，流量较大；工作压力较高，容积效率较高；单作用式叶片泵易于实现流量调节，双作用式叶片泵因转子承受的径向力平衡而使用寿命长。

主要缺点：对油液的污染较齿轮泵敏感；又因叶片甩出力、吸油速度和磨损等因素的影响，泵的转速不能太大，也不宜太小，一般可在 $600 \sim 2500 r/min$ 范围内使用；泵的结构也比齿轮泵复杂；吸入特性比齿轮泵差。

叶片泵一般用于中压（6.3MPa）液压系统中，主要用于机床控制，双作用式叶片泵因其流量脉动较小，使用更为普遍，在精密机床中得到广泛应用。

3. 柱塞泵

柱塞泵是依靠柱塞在缸体内作往复运动，使缸体内的密封容积变化来实现吸油和压油的，按柱塞排列方向不同，分为径向柱塞泵和轴向柱塞泵两大类。由于径向柱塞泵的结构特点限制了它的使用，已逐渐被轴向柱塞泵替代，在此仅介绍轴向柱塞泵。

轴向柱塞泵的工作原理如图 4-2-6 所示。轴向柱塞泵由配油盘 1、缸体 2、柱塞 3 和斜盘 4 等组成，柱塞装在缸体沿圆周均布的轴向孔内，柱塞在弹簧或液压力的作用下头部紧贴在

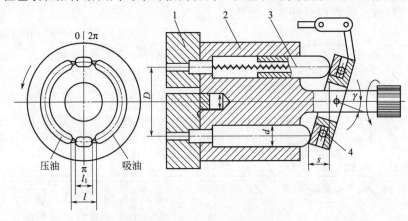

图 4-2-6　轴向柱塞泵的工作原理

1—配油盘；2—缸体；3—柱塞；4—斜盘

斜盘上，柱塞孔的另一端与配油盘贴紧。当缸体按如图方向旋转时，在转角 π～2π 范围内，柱塞向外伸出，柱塞孔密封容积逐渐增大，产生局部真空，从而经配油盘 1 上的吸油窗口吸入油液；在转角 0～π 范围内，斜盘迫使柱塞向缸体内压入，柱塞孔密封容积逐渐减小，油液经配油盘 1 上的压油窗口向外压出。缸体每回转一周，每个柱塞往复运动一次，完成一次吸油和压油。改变斜盘的倾角 γ 的大小，可改变柱塞的行程，即可改变泵的输油量，因此轴向柱塞泵为变量泵。若改变倾斜方向，能使吸、压油方向改变，使其成为双向变量泵。

轴向柱塞泵流量易调节，结构紧凑，径向尺寸小，能在高压和高转速下工作，并具有较高的容积效率，但是这种泵的结构复杂，价格较贵，对油液的污染敏感。

柱塞泵一般用于高压、大流量及流量需要调节的液压系统中，如负载大、功率大的机床及矿山、冶金机械设备中。

三、液压泵的选择

选择液压泵主要是确定液压泵的输油量、工作压力和泵的结构类型。

1. 液压泵的输油量

液压泵的输油量可根据各回路实际所需要的最大流量以及系统中的泄漏情况来决定。通常可按

$$q_{v泵} \geqslant K_漏 q_{v缸}$$

式中　$q_{v泵}$——液压泵最大输出流量，m^3/s；

　　　$K_漏$——系统中的泄漏系数，取 1.1～1.3，系统复杂或管路长取大值，反之取小值；

　　　$q_{v缸}$——液压缸的最大流量，m^3/s。

2. 液压泵的工作压力

液压泵的工作压力按液压系统中液压缸或其他执行元件的最高工作压力来确定。通常可按

$$p_泵 \geqslant K_压 p_缸$$

式中　$p_泵$——液压泵最高工作压力，Pa；

　　　$K_压$——系统中的压力损失系数，取 1.3～1.5，系统复杂或管路长取大值，反之取小值；

　　　$p_缸$——液压缸最高工作压力，Pa。

3. 液压泵的规格类型

液压泵的规格可以根据实际工况和液压泵的最大工作压力选取，然后根据液压泵的最大流量确定其型号。值得注意的是，泵的额定压力应该比上述最大工作压力高 25%～60%，以留有压力储备。额定流量则只需满足上述最大流量即可。具体选择时，应根据使用环境、温度、清洁状况、安放位置、维护保养、经济性能和货源供应等方面进行分析比较后确定。通常情形下，负载小、功率小的机械设备多选用齿轮泵或双作用式叶片泵；精度较高的机床（如镜面磨床）可选用双作用式叶片泵；负载较大又有速度换接的机械设备（如组合机床）可用限压式变量叶片泵；负载大、功率大的机床（如龙门刨床、拉床）可选用柱塞泵；负载大、工作环境差的机械设备可用高压齿轮泵；机床辅助装置（如送料、夹紧等液压装置）可选用齿轮泵。

练一练

1. 液压泵是将电动机输出的＿＿＿＿转换为＿＿＿＿的＿＿＿＿装置。

2. 容积式液压泵是通过_____的变化来实现_____。

3. 输出流量不能调节的液压泵称为_____泵，可调节的液压泵称为_____泵，外啮合齿轮泵、单作用叶片泵、双作用叶片泵、柱塞泵分别是_____泵、_____泵、_____泵和_____泵。

4. 按工作方式不同，叶片泵分为_____和_____两种。叶片泵由_____、_____、_____和_____等组成。

5. 柱塞泵是依靠柱塞在_____内往复运动时_____的变化来实现_____。

6. 容积式液压泵输油量的大小取决于密封容积的大小。 （　　）

7. 外啮合齿轮泵中，轮齿不断进入啮合的一侧的油腔是吸油腔。 （　　）

8. 单作用叶片泵只要改变转子与定子中心的偏心距和偏心方向，就能改变输出流量的大小和输油方向，成为双向变量泵。 （　　）

9. 双作用叶片泵的转子每回转一周，每个密封容积完成两次吸油和压油。 （　　）

10. 轴向柱塞泵中柱塞行程大小的变化是通过改变斜盘的倾角大小实现的。 （　　）

11. 外啮合齿轮泵的特点有_____。

A. 结构紧凑，流量调节方便　　　B. 价格低廉，工作可靠，自吸性能好

C. 噪声小，输油量均匀　　　　D. 对油液污染不敏感，泄漏小，主要用于高压系统

12. 不能成为双向变量泵的是_____。

A. 双作用叶片泵　　B. 单作用叶片泵　　C. 轴向柱塞泵　　D. 径向柱塞泵

13. 单作用叶片泵的流量改变是通过_____。

A. 改变定子内圆半径 R　　B. 改变定子与转子的偏心距 e　　C. 改变转子的轴向宽度 B

任务二
液压执行元件

知识点： >>>
  ➤ 液压缸的作用、类别及图形符号；
  ➤ 典型液压缸的结构与特点；
  ➤ 液压缸的密封、缓冲和排气。

能力点： >>>
  ➤ 熟记各类液压缸的图形符号；
  ➤ 了解各典型液压缸的结构与特点；
  ➤ 明确液压缸的密封、缓冲和排气。

液压执行元件是将液压泵提供的液压能转变为机械能的能量转换装置，它包括液压缸和液压马达。液压马达习惯上是指输出旋转运动的液压执行元件，而把输出直线运动（其中包括输出摆动运动）的液压执行元件称为液压缸。这里只介绍液压缸。

一、液压缸的分类

液压缸按结构形式可分为活塞式液压缸、柱塞式液压缸和摆动式液压缸三类。活塞缸和

柱塞缸实现往复直线运动，输出推力或拉力和直线运动速度；摆动缸则能实现小于360°的往复摆动，输出角速度（转速）和转矩。液压缸按油压作用形式可分为单作用式和双作用式液压缸。单作用式液压缸只有一个外接油口输入压力油，液压作用力仅作单向驱动，而反行程只能在其他外力（自重、负载或弹簧力）的作用下完成，可节省动力。而双作用式液压缸是分别由液压缸两端外接油口输入压力油。常用液压缸的图形符号见表4-2-2。

表4-2-2　常用液压缸的图形符号

名称	单作用缸			双作用缸		
	单活塞杆缸	单活塞杆缸（带弹簧复位）	伸缩缸	单活塞杆缸	双活塞杆缸	伸缩缸
详细符号						
简化符号						

二、液压缸典型结构及特点

1. 双出杆活塞式液压缸

如图4-2-7所示为常见实心双出杆活塞式液压缸的结构，它主要由压盖1、密封圈2、活塞5、缸体6、活塞杆7、端盖8等组成。缸体固定不动，活塞杆与工作台相连，两进出油口设置在两端盖上。当压力油从进出油口交替输入液压缸的左右油腔时，压力油推动活塞运动，并通过活塞杆带动工作台作往复直线运动。

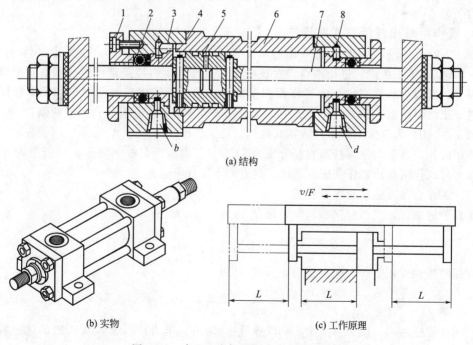

(a) 结构

(b) 实物

(c) 工作原理

图4-2-7　实心双出杆活塞式液压缸的结构

1—压盖；2—密封圈；3—导向套；4—密封垫；5—活塞；6—缸体；7—活塞杆；8—端盖

双出杆活塞式液压缸也可做成活塞杆固定不动，缸体移动的结构，如图 4-2-8 所示为其工作原理。工作台的运动由缸体带动，进出油口设置在活塞杆上，因而活塞杆通常做成空心的，以便于进油和回油。在外圆磨床中，带动工作台往复运动的液压缸通常就是这种形式。

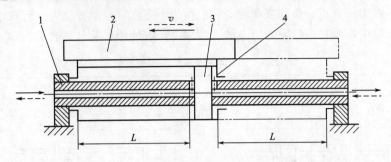

图 4-2-8　空心双出杆活塞式液压缸工作原理
1—活塞杆；2—工作台；3—活塞；4—缸体

双出杆活塞式液压缸的工作特点是：

① 液压缸两腔中都有活塞杆伸出，且两活塞杆直径 d 相等，即活塞两侧有效面积相等，因此当供油量和供油压力 p 相等时，活塞往复运动速度相等、液压推力相等。即

$$v_1 = v_2 = \frac{q_v}{A} = \frac{4q_v}{\pi(D^2 - d^2)} \quad (\text{m/s})$$

$$F_1 = F_2 = pA = p\frac{\pi}{4}(D^2 - d^2) \quad (\text{N})$$

② 固定缸体（实心双出杆活塞式液压缸）时，工作台的往复移动范围约为有效行程的 3 倍 [图 4-2-7(c)]，占地面积大，一般用于小型设备；固定活塞杆（空心双出杆活塞式液压缸）时，工作台的往复移动范围约为有效行程的 2 倍（图 4-2-8），占地面积小，一般用于大中型设备。

2. 双作用单出杆活塞式液压缸

图 4-2-9(a) 所示为一种简易双作用单出杆活塞式液压缸的结构，主要由缸体 4、带杆活塞 5 和缸盖 2、7 组成。进出油口设置在两端盖上，其结构特点是活塞一端有活塞杆，另一端没有，所以活塞两端的有效工作面积不相等。它的安装也有缸筒固定和活塞杆固定两种，进、出油口根据安装方式而定。但工作台移动范围都为活塞有效行程的两倍。

图 4-2-9(b) 为双作用单出杆活塞式液压缸的工作原理，A_1、A_2 分别为活塞左右两侧的有效作用面积，活塞与活塞杆的直径分别为 D 和 d。由液压泵输入液压缸的流量为 q_v，压力为 p。与双作用双活塞杆液压缸相比，具有如下工作特点：

（1）工作台往复运动速度不相等

无杆腔进油时，工作台向右运动，速度 v_1 为

$$v_1 = \frac{q_v}{A_1} = \frac{4q_v}{\pi D^2} \quad (\text{m/s})$$

有杆腔进油时，工作台向左运动，速度 v_2 为

$$v_2 = \frac{q_v}{A_2} = \frac{4q_v}{\pi(D^2 - d^2)} \quad (\text{m/s})$$

当无杆腔进油时，因 $A_1 > A_2$，所以速度 $v_2 > v_1$。单出杆活塞式液压缸的这一特点常被用于实现机床的工作进给及快速退回。

（2）活塞两个方向的作用力不相等

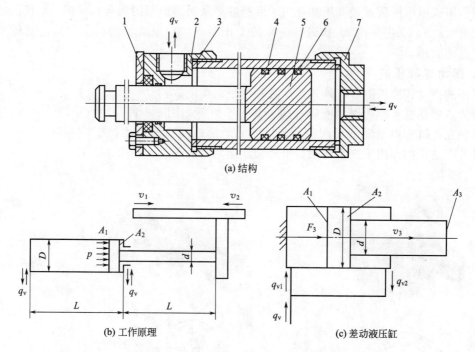

(a) 结构

(b) 工作原理　　　　　(c) 差动液压缸

图 4-2-9　双作用单出杆活塞式液压缸

1,6—密封圈；2,7—缸盖；3—垫圈；4—缸体；5—带杆活塞

无杆腔进油时，油液对活塞的作用力 F_1 为

$$F_1 = pA_1 = p\,\frac{\pi D^2}{4}(\text{N})$$

无杆腔进油时，油液对活塞的作用力 F_2 为：

$$F_2 = pA_2 = p\,\frac{\pi}{4}(D^2 - d^2)(\text{N})$$

可见在单出杆活塞式液压缸工作中，工作台慢速进给时，活塞获得的推力大；工作台快速进给时，活塞获得的推力小。

（3）可作差动连接　当单出杆活塞式液压缸的两腔同时接通压力油而进行工作时 [图 4-2-9(c)]，由于活塞两端有效工作面积不相等，使作用于活塞两端的液压力与也不相等，产生推力差，在此推力差的作用下，使活塞向右移动。此时从缸右腔排出的油液也进入到左腔，使活塞实现快速运动，这种连接方式称为差动连接。这种两腔同时通压力油，利用活塞两侧有效作用面积差进行工作的单出杆液压缸称差动液压缸。

由图 4-2-9(c) 可知，进入差动液压缸无活塞杆一侧油腔的流量 q_{v_1}，除液压泵输出的流量 q_v 外，还有来自活塞杆一侧油腔的流量 q_{v_2}，即：$q_{v_1} = q_v + q_{v_2}$。设差动液压缸活塞的运动速度为 v_3，作用在活塞上的推力为 F_3，则

$$q_v = q_{v_1} - q_{v_2} = A_1 v_3 - A_2 v_3 = A_3 v_3 = v_3\,\frac{\pi d^2}{4}(\text{m}^3/\text{s})$$

得

$$v_3 = \frac{4q_v}{\pi d^2}(\text{m/s})$$

$$F_3 = F_1 - F_2 = p(A_1 - A_2) = pA_3 = p\,\frac{\pi d^2}{4}(\text{N})$$

综上分析，差动连接液压缸的特点是：速度快、推力小，适用于快速进给系统。

双作用式单出杆活塞式液压缸常用于慢速进给及快速退回的场合。采用差动连接可满足实现快进（v_3）、工进（v_1）、快退（v_2）的工作循环。在金属切削机床和其他液压系统中得到广泛的应用。

3. 摆动式液压缸

常用的摆动式液压缸有叶片式摆动缸和齿条式摆动缸。

叶片式摆动缸常称为摆动液压马达，其工作原理如图 4-2-10（a）所示，轴上装有叶片，叶片和轴瓦将缸体内空间分成两腔。当缸的一个油口接通压力油，而另一个油口接通回油时，叶片在油压的作用下产生转动，带动轴摆动一定的角度（小于 360°）。

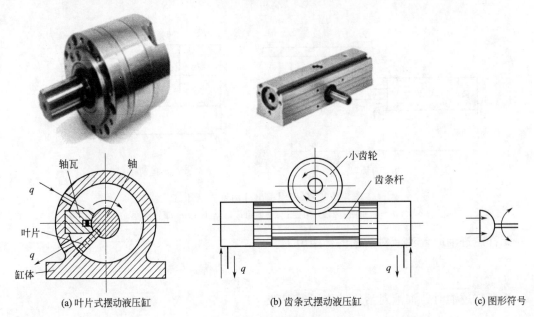

(a) 叶片式摆动液压缸   (b) 齿条式摆动液压缸   (c) 图形符号

图 4-2-10　摆动液压缸

齿条式摆动缸的原理如图 4-2-10（b）所示。装于缸体内的两个活塞由齿条连成一个整体，齿条杆又与装在缸体中部一侧的小齿轮相啮合，当缸体一端进入压力油而另一端回油时，活塞杆齿条就带动小齿轮向一个方向摆动；反之，油路换向后，小齿轮则反向摆动。这种液压缸输出的往复摆动角度在较大范围变化，可小于 360°，也可大于 360°。图 4-2-10（c）为其图形符号。

三、液压缸的密封、缓冲和排气

1. 液压缸的密封

主要指活塞与缸体、活塞杆与端盖之间的动密封以及缸体与端盖之间的静密封。密封性能的好坏将直接影响其工作性能和效率。因此，要求液压缸在一定的工作压力下具有良好的密封性能，且密封性能应随工作压力的升高而自动增强。此外还要求密封元件结构简单、寿命长、摩擦力小等。常用的密封方法有间隙密封和密封圈的密封。

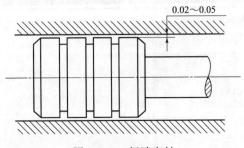

图 4-2-11　间隙密封

（1）间隙密封　它依靠运动件之间很小的配合间隙来保证密封，如图 4-2-11 所示。这种密封方法摩擦力小，但密封性能差，要求加工精度高，只适用于低压场合。其间隙可取 0.02~0.05mm。

(2) 密封圈密封　是液压系统中应用最广的一种密封方法。利用密封元件弹性变形挤紧零件配合面来消除间隙的密封形式，磨损可自动补偿。密封圈通常是用耐油橡胶、尼龙等制成，其截面通常做成 O 型、Y 型、V 型等，如图 4-2-12 所示。

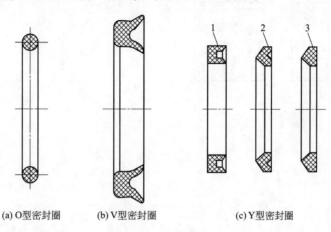

(a) O 型密封圈　　　　(b) V 型密封圈　　　　(c) Y 型密封圈

图 4-2-12　密封圈密封
1—支承环；2—密封环；3—压环

O 型密封圈密封原理是依靠 O 型密封圈的预压缩，消除间隙而实现密封，密封性能良好，摩擦阻力较小，结构简单，制造容易，体积小，装拆方便，适用的压力范围较广，因此应用普遍，既可用于静密封，也可用于动密封。Y 型和 V 型密封圈是依靠密封圈的唇口受液压力作用变形，使唇口贴紧密封面而进行密封，液压力越高，唇边贴得越紧，并具有磨损后自动补偿的能力，但使用时应注意安装方向，使其在压力油的作用下能张开。

Y 型密封圈因其横截面的形状类似英文字母 Y 而得名，Y 型密封圈是单向作用密封元件，因密封效果更好，在各种机械设备中采用，广泛应用于油缸活塞或活塞杆中的密封，双向密封时应成对使用。

V 型密封圈的截面呈 V 型，这种密封装置是由 V 型密封圈、压环和支撑环组成，由于它是成组使用，可以通过调整压环的位置来调整密封圈的预压缩量，能有更好的密封效果，但这种密封装置轴向尺寸较大，摩擦阻力大。主要用于液压缸活塞和活塞杆处的往复运动密封。

2. 液压缸的缓冲

液压缸的缓冲结构是为了防止活塞到达行程终点时，由于惯性力作用与缸盖相撞。液压缸的缓冲都是利用油液的节流（即增大终点回油阻力）作用实现的。常用的缓冲结构如图 4-2-13 所示，它是利用活塞上的凸台和缸盖上的凹槽在接近时油液经凸台和凹槽间的缝隙流出，增大回油阻力，产生制动作用，从而实现缓冲。

3. 液压缸的排气

液压缸中如果有残留空气，将引起活塞运动时的爬行和振动，产生噪声和发热，甚至使整个系统不能正常工作，因此应在液压缸上增加排气装置。如图 4-2-14 所示为排气塞结构。排气装置应安装在液压缸的最高处。工作之前先打开排气塞，让活塞空行程往返移动，直至将空气排干净为止，然后拧紧排气塞进行工作。为便于排除积留在液压缸内的空气，油液最好从液压缸最高点引入和引出。对运动平稳性要求较高的液压缸，可在两端装排气塞。

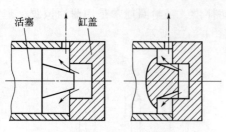

图 4-2-13　液压缸的缓冲

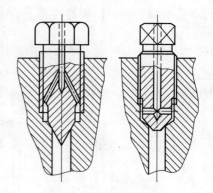

图 4-2-14　液压缸的排气

练一练

1. 液压缸是将_____转换为_____的能量转换装置，一般用来实现_____。

2. 两腔同时输入压力油，利用_____进行工作的_____称为差动液压缸。它可以实现_____的工作循环。

3. 液压缸主要由_____、_____、_____、_____和_____五部分组成。

4. 往复两个方向的运动均通过压力油作用实现的液压缸称为双作用缸。　　　　（　　）

5. 在尺寸较小、压力较低、运动速度较高的场合，液压缸的密封可采用间隙密封方法。

　　　　　　　　　　　　　　　　　　　　　　　　　　　　　　　　　　（　　）

6. Y 型密封圈在安装时，其唇边应对着油压低的一侧。　　　　　　　　　　（　　）

7. 双作用式单活塞杆液压缸的活塞，两个方向所获得的推力不相等：工作台慢速运动时，活塞获得的推力小；工作台快速运动时，活塞获得的推力大。　　　　　　　（　　）

8. 作差动连接的单活塞杆液压缸，要使活塞往复运动速度相同，必须满足_____。

A. 活塞直径为活塞杆直径的 2 倍　　　　　B. 活塞直径为活塞杆直径的 $\sqrt{2}$ 倍

C. 活塞直径为活塞杆直径的 $\sqrt{2}$ 倍　　　　D. 活塞有效作用面积比活塞杆面积大 2 倍

9. 排气装置一般设置在液压缸的_____。

A. 任何部位　　　　B. 缸盖一侧　　　　C. 缸盖最高部位

任务三
液压控制元件

知识点： >>>

> 各种控制阀的作用、分类及图形符号；
> 各类控制阀的工作原理、特点及应用；
> 各种液压控制阀的区别。

在液压系统中，为使机构完成各种动作，就必须设置各种相应的控制元件——液压控制阀，以用来控制或调节液压系统中液流的方向、压力和流量，以满足执行机构运动和力的要求。液压控制阀根据其在系统中的用途不同，可分为方向控制阀、压力控制阀和流量控制阀三大类。

一、方向控制阀

在液压系统中，用以控制液流的方向的阀，称为方向控制阀简称方向阀。按其功能不同，可分为单向阀和换向阀两大类。

1. 单向阀

单向阀的主要作用是控制油液向一个方向流动而不能倒流。它主要由阀体、阀芯和回位弹簧等组成（图 4-2-15），工作时压力油从进油口 P_1 流入，作用在阀芯上的液压力克服弹簧力和摩擦力将阀芯顶开，于是油液从出油口 P_2 流出。当油液反向流入时，液压力和弹簧力将阀芯紧压在阀座上，阀口关闭，油路不通。单向阀常安装在泵的出口，防止系统的压力冲击影响泵的正常工作，或泵不工作时防止油液倒流回油箱。为了减小油液正向通过时的阻力损失，弹簧刚度很小。一般单向阀的开启压力为 $0.03\sim0.05\mathrm{MPa}$；当利用单向阀作背压阀时，应换上较硬的弹簧，使阀的开启压力达到 $0.2\sim0.6\mathrm{MPa}$。

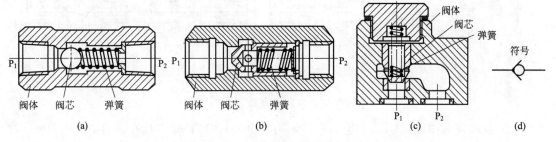

图 4-2-15　单向阀的结构和符号

单向阀按阀芯的结构不同，可分为球阀式 ［图 4-2-15（a）］和锥阀式两种 ［图 4-2-15（b）、（c）］。钢球式阀芯结构简单，价格低，但密封性较差，一般仅用在低压、小流量的液压系统中。锥球式阀芯阻力小，密封性好，使用寿命长，所以应用较广，多用于高压、大流量的液压系统中。

单向阀的连接方式分为管式连接 ［图 4-2-15（a）、（b）］和板式连接 ［图 4-2-15（c）］两种。管式单向阀是将它的进出油口制成连接螺纹，直接与管接头连接；板式单向阀是将它的进出油口开在同一平面内。

根据系统需要，有时要使被单向阀所闭锁的油路重新接通，把单向阀做成闭锁油路可以控制的结构，这就是液控单向阀（图 4-2-16），它由锥形阀阀芯和活塞组成。当控制油口 K 不通压力油时，作用同普通单向阀，即只允许油液由 P_1 流向 P_2 口；当控制油口 K 通压力油时，推动活塞右移并通过顶杆使单向阀阀芯顶起，P_1 与 P_2 相通，油液可以在两个方向自由流通。当控制油口的控制油路切断后，恢复单向流动。

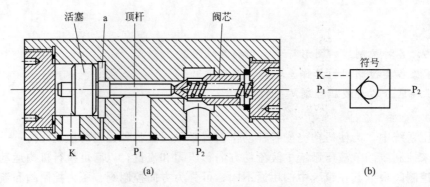

图 4-2-16　液控单向阀的结构和符号

2. 换向阀

换向阀是借助于阀芯与阀体之间的相对运动，改变阀芯与阀体的相对位置，来改变油液流动的方向及接通或关闭油路，从而控制执行元件的换向、启动和停止。常用的换向阀阀芯在阀体内作往复滑动，称为滑阀。图 4-2-17 所示为换向阀的结构和工作原理。当阀芯处于中间位置［图 4-2-17(c)］时，液压缸两腔不通压力油，处于停机状态；当阀芯向右移动一定的距离，处于右位［图 4-2-17(b)］时，由液压泵输出的压力油从阀的 P 口经 A 口输向液压缸左腔，液压缸右腔的油经 B 口流回油箱，液压缸活塞向右运动；反之，若阀芯向左移动某一距离，处于左位［图 4-2-17(d)］时，液流反向，活塞向左运动。

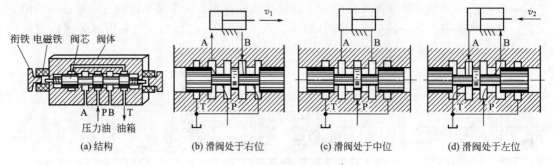

图 4-2-17　换向阀的工作原理示意

（1）换向阀的图形符号、种类　一个换向阀的完整图形符号应具有表明工作位置数、油口数和在各工作位置上油口的连通关系、控制方法以及复位、定位方法的符号。方框表示阀的工作位置，有几个方框就表示有几"位"。在一个方格内，箭头或"⊥"与方框的交点数为油口通路数，即"通数"，通常方框内的箭头表示油路处于接通状态，但箭头方向不一定表示液流的实际方向，方框内符号"⊥"或"⊤"表示该通路不通。一般，阀与系统供油路连接的进油口用字母 P 表示；阀与系统回油路连通的回油口用 T（有时用 O）表示；而阀与执行元件连接的油口用 A、B 等表示。有时在图形符号上用 L 表示泄漏油口，用 K 表示控制油口。

常用的换向阀种类有：二位二通、二位三通、二位四通、二位五通、三位三通、三位四通、三位五通和三位六通等。控制滑阀移动的方法常用的有人力、机械、电气、直接压力和先导控制等。常用换向阀的图形符号见表 4-2-3，常用控制方法的图形符号示例见表 4-2-4 。

（2）三位四通换向阀的滑阀机能　三位换向阀的阀芯在阀体中有左、中、右三个位置，左、右两位是使执行元件产生不同的运动方向，而在中间位置时的油口连接关系称为滑阀机能（即中位机能），表 4-2-5 所列为常见的三位四通换向阀的滑阀机能。

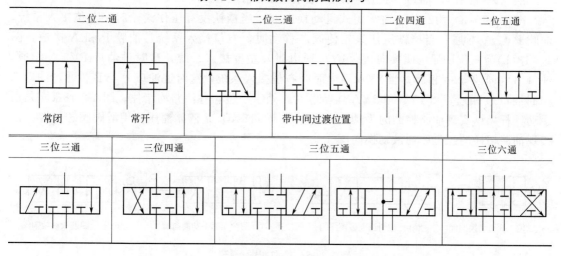

表 4-2-3　常用换向阀的图形符号

二位二通		二位三通		二位四通	二位五通
常闭	常开		带中间过渡位置		

三位三通	三位四通	三位五通		三位六通

表 4-2-4　常用控制方法的图形符号示例

人力控制	机械控制	电气控制	直接压力控制	先导控制
一般符号	弹簧控制	单作用电磁铁	加压或卸压控制	液压先导控制

表 4-2-5　常见的三位四通换向阀的滑阀机能

滑阀机能	符号	中位油口状况、特点
O 型		P、A、B、T 四油口全封闭,液压泵不卸荷,液压缸闭锁。工作机构回油腔中充满油液,可以缓冲,从停止至启动比较平稳,制动时液压冲击较大。可用于多个换向阀的并联工作
H 型		P、A、B、T 四油口全串通,活塞处于浮动状态,在外力作用下可移动(如手摇机构),泵卸荷。从停止到启动有冲击。不能保证单杆双作用油缸的活塞停止
Y 型		P 油口封闭,A、B、T 三油口相通,活塞浮动在外力作用下可移动,泵不卸荷。从停止至启动有冲击,制动性能在 O 与 H 型之间
K 型		P、A、T 三油口相通,B 油口封闭,活塞处于闭锁状态,泵卸荷。两个方向换向时性能不同
M 型		P、T 相通,A 与 B 均封闭,活塞闭锁不动,泵卸荷。不可用手摇装置,停止至启动较平衡,制动时液压冲击较大,可多个并联工作
P 型		P、A、B 三油口相通,T 油口封闭;泵与缸两腔相通,可组成差动回路。从停止至启动比较平稳

绘制系统图时,油路一般应连接在换向阀的常态位上。

图 4-2-18(a) 为二位二通常闭式机动换向阀。当挡铁没有压住滚轮时,左位接入系统,油腔 P 与 A 不通。当挡铁压住滚轮使阀芯移动时,右位接入系统,油腔 P 和 A 接通。图 4-2-18(b)为三位四通电磁换向阀。1YA 通电时,左位接入系统,这时进油口 P 和 A 相通,油口 B 和回油口 O 相通;当 2YA 通电时,右位接入系统,这时进油口 P 与 B 相通,油口 A 和回油口 O 相通;当 1YA 与 2YA 均断电时,处于中位,各油路均堵住。图 4-2-18(c) 是用手动杠杆操纵实现油路控制的手动换向阀;图 4-2-18(d) 是依靠油压作用滑阀阀芯位置,以实现油路切换的三位四通液动换向阀。

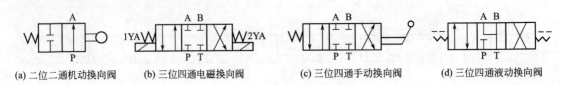

| (a) 二位二通机动换向阀 | (b) 三位四通电磁换向阀 | (c) 三位四通手动换向阀 | (d) 三位四通液动换向阀 |

图 4-2-18　换向阀图形符号

二、压力控制阀

压力控制阀是用来控制液压系统的压力或利用压力作为信号来控制其他元件的动作。按照用途不同,压力阀分为溢流阀、减压阀、顺序阀和压力继电器等。它们的共同特点是:利用油液压力和弹簧力相平衡的原理来进行工作。

1. 溢流阀

溢流阀一般安装在泵的出口处,并联在系统中使用,一是起溢流和稳压作用,保持系统的压力恒定;二是起限压保护作用(又称安全阀),防止系统过载。如果将溢流阀安装在液压缸的回油路上,起背压阀作用,可以产生背压力,提高运动的平稳性。

溢流阀按结构类型及工作原理可分为直动式和先导式两种。

(1) 直动式溢流阀　图 4-2-19 为锥阀型直动式溢流阀。直动式溢流阀主要由阀体 1、阀芯 2、调压弹簧 3 和调压螺钉 4 等组成。由图可知,当进油口 P 从系统接入的油液压力不高时,锥阀芯 2 在弹簧力的作用下关闭阀口,没有油液流回油箱。当进油口压力大于弹簧力时,弹簧被压缩,阀芯上移,阀口开启,进油口 P 与回油口 T 相通产生溢流(部分油液经回油口 T 流回油箱),限制压力继续升高,使进油口压力保持 $p = F_{弹}/A$ 的恒定值。拧动调

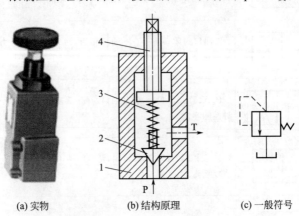

| (a) 实物 | (b) 结构原理 | (c) 一般符号 |

图 4-2-19　直动式溢流阀
1—阀体;2—阀芯;3—调压弹簧;4—调压螺钉

压螺钉，调节弹簧的预紧力，便可调节溢流阀的溢流压力。

直动式溢流阀的特点是结构简单，反应灵敏。缺点是工作时易产生振动和噪声，而且压力波动较大。直动式溢流阀主要用于低压或小流量场合。

（2）先导式溢流阀　图4-2-20为一种板式连接的先导式溢流阀。它由先导阀和主阀两部分组成。先导阀实际上是一个小流量的直动式溢流阀，阀芯是锥阀，用来控制压力；主阀阀芯是一个中间开有阻尼小孔a的滑阀，用来控制溢流流量。

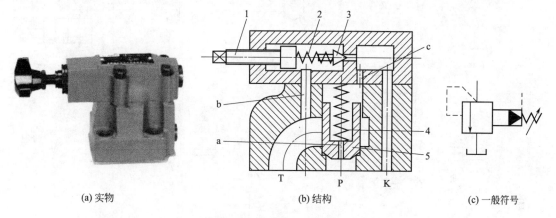

(a) 实物　　　　　　　　　　　　　(b) 结构　　　　　　　　　　　(c) 一般符号

图 4-2-20　先导式溢流阀

1—调节螺钉；2—调压弹簧；3—锥阀；4—主阀弹簧；5—主阀芯；a，b，c—通道

当进油压力较小时，油液压力小于先导阀的弹簧力，先导阀关闭，阀腔中没有油液流动，作用在主阀芯上下两个方向的压力相等，故在主阀弹簧弹力的作用下处于最下端位置，阀口关闭。当进油口压力升高到大于先导阀弹簧的预调压力时，先导阀打开，油液经通道b和回油口T流回油箱。这时，油液流过阻尼小孔a，产生压力损失，使主阀芯所受到的上下两个方向的液压力不相等，主阀芯在压力差的作用下上移，打开阀口，使进油口P与回油口T连通，实现溢流，并维持压力基本稳定。调节先导阀的调压弹簧，便可调整溢流压力。

先导式溢流阀有一个远程控制口K，可以实现远程调压（与远程调压阀接通）或卸荷（与油箱接通），不用时关闭。

先导式溢流阀压力稳定、波动小，主要用于中压液压系统中。

知识链接

溢流阀的应用

（1）起溢流稳压作用　如图4-2-21（a）所示，在定量泵节流调节系统中，系统进油口处并联一溢流阀，起溢流稳压作用。定量泵输出的流量为一定值，供油压力由溢流阀调定，进入液压缸的流量由节流阀调节。当系统压力增大时，会使流量需求减小，此时溢流阀开启，使多余流量溢回油箱，保证溢流阀进口压力，即泵出口压力恒定。

（2）限压保护作用　如图4-2-21（b）所示，在变量泵的供油系统中，并联一溢流阀，在系统中起限压保护作用（又称安全阀）。系统正常工作时，阀门关闭，只有负载超过规定的极限（系统压力超过调定压力）时开启溢流，进行过载保护，使系统压力不再增加。

（3）起卸荷作用　如图4-2-21（c）所示，在溢流阀的遥控口串接一个二位二通电磁

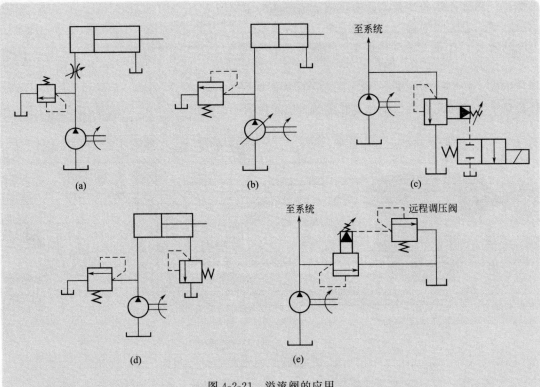

图 4-2-21　溢流阀的应用

换向阀,当电磁铁通电时,溢流阀的遥控口通油箱,此时液压泵卸荷。溢流阀此时作为卸荷阀使用。

（4）作背压阀使用　如图 4-2-21(d) 所示,在液压缸的回油路上安装溢流阀,可以产生背压力,提高运动的平稳性。

（5）可实现多级调压和远程调压　如图 4-2-21(e) 所示,在先导式溢流阀的远程控制口处,连接一远程调压阀,可以实现远程调压阀对先导式溢流阀的远程调压。但远程调压阀的最高调节压力不得超过先导式溢流阀自身先导阀的调定压力。

2. 减压阀

减压阀可以用来减压、稳压,将较高的进口油压降为较低而稳定的出口油压,以满足执行机构的需要。减压阀有直动式（图 4-2-22）和先导式（图 4-2-23）两种,一般采用先导式。

图 4-2-23 所示的先导式减压阀由先导阀和主阀两部分组成,先导阀调压,主阀减压。工作时,压力为 p_1 的压力油从进油口 A 进入,经主阀缝隙 h 后,压力降为 p_2,再从出油口 B 流出,送往执行机构。主阀芯下端有轴向沟槽 a,阀芯的中心有阻尼小孔 b,减压油可经过槽口 a、阻尼孔 b 通到先导阀的右端并给锥阀一个向左的液压力。当负载较小,出油口压力小于调定压力时不开,主阀芯的上下两端的油压相等,主阀芯在平衡弹簧作用下压至最低位置,主阀芯与阀体形成的狭缝 h 最大,油液流过时压力损失最小,这时减压阀处于非工作状态。当负载较大时,出油口压力达到调定压力时,锥阀打开控制油开始流动,主阀芯上的阻尼孔 b 有油液流过,产生压力降,使得主阀芯上端油压小于下端油压,主阀芯在压力差

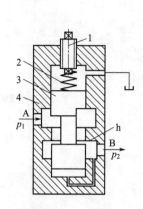

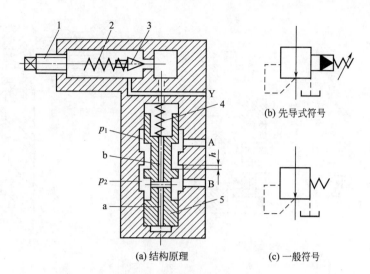

图 4-2-22　直动式减压阀
1—调节螺钉；2—调压弹簧；
3—阀芯；4—阀体

图 4-2-23　先导式减压阀
1—调节螺钉；2—调压弹簧；3—锥阀；
4—主阀弹簧；5—主阀芯

的作用下克服平衡弹簧的作用而上移，使主阀口的狭缝 h 减小，产生压力降。此压力降能自动调节，使出油口油压稳定在调定值上，此时减压阀处于工作状态。当负载更大时，节流口 h 将更小，压力降更大，使出油口压力稳定在调定值上。减压阀的出口压力，可以通过先导阀的调压螺钉来调节。

减压阀和溢流阀的主要区别：

① 减压阀保持出口压力基本不变，而溢流阀保持进口处压力基本不变。

② 在不工作时，减压阀进、出油口互通（阀口常开），而溢流阀进出油口不通（阀口常闭）。

③ 减压阀进、出油口均有压力，它的先导阀弹簧腔需通过泄油口单独外接油箱；而溢流阀的出油口是通油箱的，所以它的先导阀的弹簧腔和泄漏油可通过阀体上的通道和出油口相通，不必单独外接油箱。

3. 顺序阀

顺序阀是用来控制液压系统中两个或两个以上工作机构的先后顺序。顺序串联于回路上，它是利用系统中的压力变化来控制油路通断的。顺序阀分为直动式和先导式，根据控制压力来源不同，有内控式的和外控式的，图 4-2-24（a）是一种直动式顺序阀的结构，当 A 口与进口 P_1 相通时为内控；当 A 口下盖转 90°与外来压力口 K 相通时为外控。如果出口与二次油路接通，泄油口 L 必须单独回油箱，成为外泄式。如果出口油液不工作（回油箱）时，泄油口 L 可以与 P_2 相通，称为内泄式。应用较广的是直动式。

直动式顺序阀的结构和工作原理与直动式溢流阀基本相似，不同的是顺序阀的出口不是通油箱，而是通往另一工作油路，故需要单独的泄油口 L，P_1 为进油口，P_2 为出油口。当进口油压低于弹簧调定值时，阀芯处于最低位置，阀口封闭，油液不能通过顺序阀；当进口油压高于弹簧调定值时，阀芯被向上顶起，使阀口开启，形成通路，使油液通过顺序阀流向执行元件。

先导式顺序阀的结构如图 4-2-24（b）所示，它与先导式溢流阀的主要差异在于阀芯下部有一个控油口 K。当由控油口 K 进入阀芯下端油腔的控制压力油产生的液压作用力大于阀

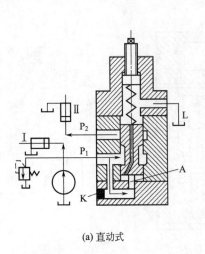
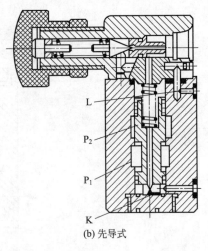

(a) 直动式　　　　　　　(b) 先导式　　　　　(c) 图形符号

图 4-2-24　顺序阀

芯上端调定的弹簧力时，阀芯上移，使进油口 P_1 与出油口 P_2 相通，压力油自 P_2 口流出，控制另一执行元件动作。

如将出油口 P_2 与油箱接通，先导式顺序阀可用作卸荷阀。

顺序阀和溢流阀的主要区别：

① 溢流阀的出油口通往油箱，顺序阀的出油口一般通往另一工作油路；顺序阀的进出油口都是有一定压力的。

② 溢流阀打开时，进油口压力基本上保持在调定值，出口压力近似为零；而顺序阀打开后，进油压力可以继续升高，但一般不控制系统压力。

③ 溢流阀的内部泄漏可以通过出油口回油箱，为内泄漏；而顺序阀因出油口不是通往油箱的，所以要有单独的泄油口，为外泄漏。

4. 压力继电器

压力继电器是利用液压系统中的压力变化来控制电路的通断，从而将液压信号转变为电器信号，以实现顺序控制和安全保护作用。压力继电器正确位置是在液压缸和节流阀之间。

图 4-2-25（a）所示为单柱塞式压力继电器的结构原理。压力油自油口 K 通入，作用在柱塞 1 的底部，当其压力已达到调定值时，便克服上方弹簧阻力和柱塞摩擦力作用推动柱塞上升，通过顶杆 3 触动微动开关 5 发出电信号。限位挡块 2 可在压力超载时保护微动开关。图 4-2-25（b）是其图形符号。

三、流量控制阀

流量控制阀是通过改变液流的通流截面来控制系统工作流量，以改变执行元件运动速度的阀，简称流量阀。常用的流量阀有节流阀和调速阀等。

1. 节流阀

如图 4-2-26（a）的所示节流阀，压力油从进油口 A 流入，经过阀芯 2 下部的轴向三角形节流槽，由于油液受到液阻的作用，再从出油口 B 流出时，流量就减小。拧动阀上方的调节螺钉 1，可使阀芯 2 沿轴向移动，从而改变阀口的通流面积，使液阻发生变化，使通过阀口的流量得到调节。图形符号如图 4-2-26（b）所示。

这种节流阀结构简单，制造容易，但负载和温度的变化（进出油口压力差变化）对流量的稳定影响较大，因此只适用于负载和温度变化不大或速度稳定性要求较低的液压系统。

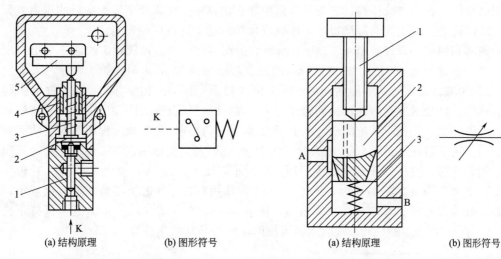

(a) 结构原理   (b) 图形符号   (a) 结构原理   (b) 图形符号

图 4-2-25　压力继电器   图 4-2-26　节流阀

1—柱塞；2—限位挡块；3—顶杆；4—调节螺杆；5—微动开关   1—调节螺钉；2—阀芯；3—调节弹簧

　　节流口的形式很多，最常用的如图 4-2-27 所示，图 4-2-27（a）为针阀式节流口，针阀作轴向移动，调节环形通道大小以调节流量，图 4-2-27（b）是偏心式，在阀芯上开了一个截面为三角形的偏心槽，转动阀芯时，就可以调节通道的大小以调节流量。图 4-2-27（c）是轴向三角槽式，在阀芯端部开有一个或两个斜的三角沟槽，轴向移动阀芯时，可改变三角沟槽通道截面的大小，从而调节流量。图 4-2-27（d）为周向缝隙式，油可以通过狭缝流入阀芯内孔，再经左边的孔流出，旋转阀芯就可以改变缝隙的通流面积的大小。图 4-2-27（e）为轴向缝隙式，在套筒上开有轴向缝隙，轴向移动阀芯就可以改变缝隙通流面积的大小，以调节流量。

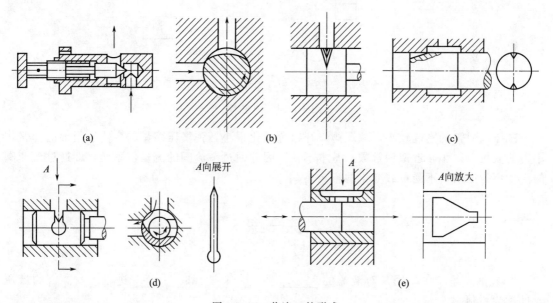

图 4-2-27　节流口的形式

2. 调速阀

调速阀是进行了压力补偿的节流阀，调速阀是由减压阀和节流阀串联而组成的阀，这里采用的减压阀称定差减压阀，它与节流阀串联在油路中，可以使节流阀前后的压力差保持恒定，以保持通过节流阀的流量稳定，使执行机构的运动速度保持稳定。

调速阀的工作原理如图 4-2-28(a) 所示。由图可知，由溢流阀调定的液压泵出口压力为 p_1，压力油进入调速阀后，先经过减压阀口 x，压力降为 p_2，经孔道 f 和 e 进入油腔 c 和 d，作用于减压阀阀芯的下端面；油液经节流阀口后，压力又由 p_2 降为 p_3，进入执行元件（液压缸），推动活塞向右移动。同时压力为 p_3 的油液经孔道 a 引入腔 b，作用于减压阀阀芯的上端面。也就是说，节流阀前、后的压力 p_2 和 p_3 分别作用于减压阀阀芯的下端面和上端面。当作用于液压缸的负载 F 增大时，压力 p_3 也增大，使作用在减压阀芯上端的液压力增大，阀芯下移，减压口开度 x 加大，压力降减小，使 p_2 也增大，直至 (p_3-p_2) 近于保持不变；反之，当负载 F 减小时，压力 p_3 减小，作用在减压阀芯上端的液压力也减小，阀芯上移，减压口开度 x 减小，压力降增加，使 p_2 减小，以保证 (p_3-p_2) 近于保持不变。图 4-2-28(b) 和图 4-2-28(c) 分别表示调速阀的详细符号和简化符号。

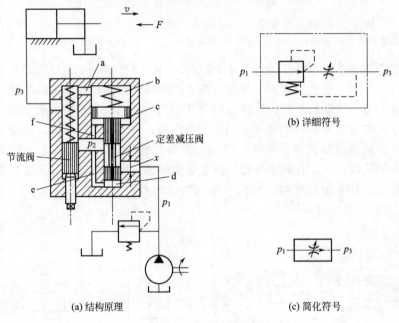

(a) 结构原理　　(b) 详细符号　　(c) 简化符号

图 4-2-28　调速阀

减压阀弹簧的刚性较小，减压阀口开口量变化很小，弹簧压缩量的变化所附加的弹簧作用力的变化也很小，近似为常数，基本不变，因此通过节流阀的流量也不变，即通过调速阀的流量恒为定值，不受负载变化的影响。

练一练

1. 在液压系统中，用来对液流的_____、_____和_____进行_____的液压元件称为控制阀。

2. 换向阀是通过改变_____，来控制_____，接通或关闭_____，从而改变液压系统的工作状态的_____控制阀。

3. 在液压系统中，控制_____的阀称为压力控制阀。它是利用阀芯上的

_____与_____保持平衡进行工作的。常用的压力控制阀有_____、_____、_____和_____等。

4. 溢流阀在液压系统中起_____作用，用以保持系统的_____恒定，还可以起_____作用，以防止系统_____。

5. 流量控制阀是通过改变_____来调节_____，从而改变执行元件的_____。

6. 常用的节流口的形式有_____、_____、_____、_____和_____等。

7. 调速阀是由_____和_____串联而成的_____。_____使_____前后的压力差保持定值，从而使通过_____的流量为定值。

8. 在液压系统中可用于安全保护的控制阀有_____。

A. 单向阀　　　　　B. 顺序阀　　　　　C. 节流阀　　　　　D. 溢流阀

9. 溢流阀（　　）。

A. 常态下阀口是常开的　　　　　　　　B. 阀芯随系统压力的变化而移动

C. 进出油口均有压力　　　　　　　　　D. 一般连接在液压缸的回油路上

10. 为保证通过节流阀的流量不受负载变化的影响可应用_____。

A. 溢流阀　　　　　B. 减压阀　　　　　C. 调速阀　　　　　D. 旁通型调速阀

11. 能适用于高压、大流量的换向阀是_____。

A. 机动换向阀　　　B. 电磁换向阀　　　C. 液动换向阀　　　D. 电液动换向阀

12. 实现液压缸的差动连接回路，可采用中位机能是_____的换向阀。

A. O 型　　　　　　B. P 型　　　　　　C. Y 型　　　　　　D. K 型

13. 单向阀的作用是控制油液的流动方向，接通或关闭油路。　　　　　　　（　　）

14. 溢流阀通常接在液压泵出口处的油路上，它的进口压力即系统压力。　（　　）

15. 溢流阀用于系统的限压保护、防止过载的安全阀的场合，在系统正常工作时，该阀处于常闭状态。　　　　　　　　　　　　　　　　　　　　　　　　　　　（　　）

16. 压力继电器的作用是根据液压系统的压力变化自动接通或断开电路，以实现程序控制和安全保护。　　　　　　　　　　　　　　　　　　　　　　　　　　　　（　　）

17. 先导式溢流阀与先导式减压阀都是通过调节先导阀上的弹簧力来实现压力调定的。　　　　　　　　　　　　　　　　　　　　　　　　　　　　　　　　　（　　）

任务四
液压辅助元件

知识点：>>>
　　➤ 常用的液压辅助元件的类别、结构及特点。

能力点：>>>
　　➤ 了解常用的液压辅助元件的类别、结构及特点。

液压辅助装置是液压系统的重要组成部分，它们包括：油箱、油管、滤油器、测量仪表、密封装置、储能器等。在液压系统设计时，油箱需根据系统要求自行设计，其他辅助装置已标准化、系列化，可以直接选用。

一、油管和管接头

1. 油管

油管的作用是连接液压元件和输送液压油。在液压系统中常用的油管有钢管、铜管、塑料管、尼龙管和橡胶软管，可根据具体用途进行选择。

钢管（无缝钢管），耐压高，适用于中、高压的液压系统。

铜管（紫铜管），易弯曲成形，安装方便，管壁光滑，摩擦阻力小。但耐压低，价格高，抗振能力弱，易使压力油氧化，适用于中、低压系统。

尼龙管：能代替部分紫铜管，价格低，易弯曲，但寿命较短。适用于中、低压场合。

橡胶软管：吸振性好，能减轻冲击，安装方便，但寿命较短。一般用于有相对运动件之间的连接。有高压和低压橡胶软管两种。

塑料管：价格便宜，但耐压低，一般用作回油管或泄油管。

2. 管接头

管接头是油管与油管、油管与液压元件的可拆装的连接件。它应该满足拆装方便，连接牢固，密封可靠，外形尺寸小，通油能力大，压力损失小以及工艺性好等要求。管接头的种类很多（图 4-2-29），按管接头的通路数量和流向可分为直通、弯管、三通和四通等；而按管接头和油管的连接方式不同又可分为卡套式［图 4-2-30(a)］、扩口式［图 4-2-30(b)］、焊接式［图 4-2-30(c)］等。

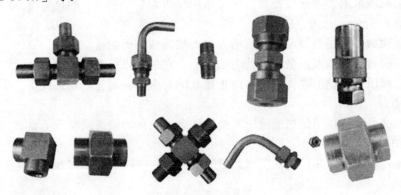

图 4-2-29　各类管接头

（1）卡套式管接头　卡套式管接头如图 4-2-30(a) 所示，由接头体、卡套和螺母这三个基本零件组成。卡套是一个在内圆端部带有锋利刃口的金属环，刃口的作用是在装配时切入被连接的油管而起连接和密封作用。这种管接头轴向尺寸要求不严、拆装方便，不须焊接或扩口。但对油管的径向尺寸精度要求较高。采用冷拔无缝钢管，使用压力可达 32MPa。油管外径一般不超过 42mm。

（2）扩口管接头　扩口管接头如图 4-2-30(b) 所示，适用于铜、铝管或薄壁钢管，也可用来连接塑料管和尼龙管等低压管道。它只适用于薄壁铜管，工作压力不大于 8MPa 的场合。接管穿入导套后扩成喇叭口（约 74°～90°），再用螺母把导套连同接管一起压紧在接头体的锥面上形成密封。

（3）焊接管接头　焊接管接头如图 4-2-30(c) 所示，它是把相连管子的一端与管接头的接管焊接在一起，通过螺母将接管与接头体压紧。接管与接头体间的密封方式有球面与锥面接触密封和平面加 O 形圈密封两种形式，前者有自位性，安装时不很严格，但密封可靠性稍差，适用于工作压力不高的液压系统（约 8MPa 以下的系统）；后者可用于高压系统。接

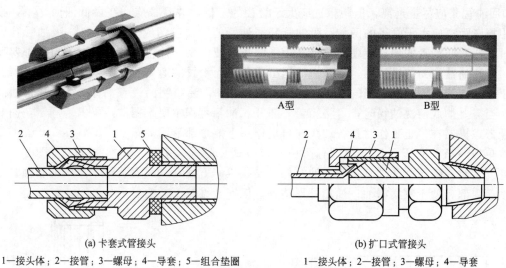

| A型 | B型 |

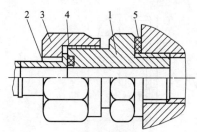

(a) 卡套式管接头
1—接头体；2—接管；3—螺母；4—导套；5—组合垫圈

(b) 扩口式管接头
1—接头体；2—接管；3—螺母；4—导套

(c) 焊接式管接头
1—接头体；2—接管；3—螺母；4—O形圈；5—组合垫圈

图 4-2-30　常用的管接头

头体与液压件的连接，有圆锥螺纹和圆柱螺纹两种形式，后者要用组合垫圈加以密封。

焊接管接头制造工艺简单，工作可靠，扩装方便，对被连接的油管尺寸及表面精度要求不高，工作压力可达 32MPa 以上，是目前应用最广泛的一种形式。

二、油箱

油箱主要功能是储存油液，此外还起着散热、分离油液中杂质和空气的作用。

在液压系统中，油箱有总体式和分离式两种。总体式是利用机器设备机身内腔为油箱，结构紧凑，各处漏油易于回收，但维修不便，散热不好易引起床身的热变形，液压泵的振动会影响工作精度。分离式是单独设置油箱，与主机分开，减少了油箱发热和液压振动对工作精度的影响，因此得到了普遍的应用。

油箱的结构如图 4-2-31 所示，形状根据主机总体布置而定，通常用钢板焊接而成。为保证油箱的功能，其结构要满足：吸油侧和回油侧之间有两个隔板 7 和 9，将两区分开，以改善散热并使杂质多沉淀在回油管一侧。吸油管

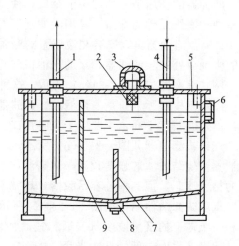

图 4-2-31　油箱结构示意
1—吸油管；2—网式滤油器；3—注油器；4—回油管；
5—箱盖；6—油标；7,9—隔板；8—放油塞

1 和回油管 4 应尽量远离，但距箱边应大于管径的三倍，并且都应插在最低油面之下，吸油管距箱底距离应大于管径的两倍，吸油管和回油管的管端应切成 45°的斜口，吸油管管口安装过滤器，回油管的斜口应朝向箱壁。为了防止油液污染，油箱上各盖板、管口处都要妥善密封。注油器上要加过滤网。为防止油箱出现负压而设置的通气孔上必须装空气滤清器。为便于放油，油箱底面有适当的斜度，并设有放油塞 8，油箱侧面设有油标 6，以观察油面高度。当需要彻底清洗油箱时，可将箱盖 5 卸开。油箱容积主要根据散热要求来确定，同时还必须考虑机器在停止工作时系统油液在自重作用下能全部返回油箱。

单独油箱的液压泵和电动机有两种安装方式：卧式（图 4-2-32）和立式（图 4-2-33）。卧式安装时，液压泵和油管接头在油箱外，安装维修方便；立式安装时，液压泵和油管接头在油箱内部，便于收集漏油，油箱外形整齐，但安装维修不方便。

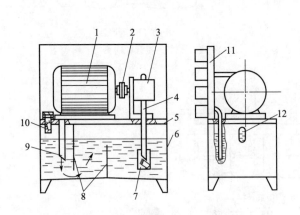

图 4-2-32　液压泵卧式安装的油箱

1—电动机；2—联轴器；3—液压泵；4—吸油管；5—盖板；
6—油箱体；7—过滤器；8—隔板；9—回油管；10—加油口；
11—控制阀连接板；12—液位计

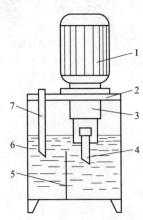

图 4-2-33　液压泵立式安装的油箱

1—电动机；2—盖板；3—液压泵；4—吸油管；
5—隔板；6—油箱体；7—回油管

三、滤油器

滤油器的作用是分离油中的杂质，使系统中的液压油经常保持清洁，以提高系统工作的可靠性和液压元件的寿命。常用的滤油器有网式、烧结式、纸芯式和磁性滤油器等形式，见图 4-2-34。滤油器可以安装在液压泵的吸油口、出油口以及重要元件的前面。通常情况下，泵的吸油口处装粗滤油器，泵的出油口和重要元件前装精滤油器。

网式滤油器如图 4-2-34（a）所示。这种滤油器的过滤精度与铜丝网的网孔大小和层数有关。图示结构实际上只是一个滤芯。网式滤油器的优点是通油能力大，压力损失小，容易清洗，但过滤精度不高，主要用于泵吸油口。

烧结式滤油器如图 4-2-34（b）所示，滤芯是用颗粒状青铜粉压制烧结而成，属于深度型滤油器。烧结式滤芯强度较高，耐高温，性能稳定，抗腐蚀性能好，过滤精度高，是一种常用的精密滤芯。但其颗粒容易脱落，堵塞不易清洗。

纸芯式滤油器结构如图 4-2-34（c）所示，是以处理过的滤纸做过滤材料。为了增加过滤面积，纸芯上的纸呈波纹状。纸芯式滤油器性能可靠，是液压系统中广泛采用的一种滤油器。但纸芯强度较低，且堵塞后无法清理，所以必须经常更换纸芯。

磁性过滤器则主要靠磁性材料的磁场力吸引铁屑及磁性磨料等。滤芯由永久磁铁制成，能吸住在油液中的铁屑、铁粉或磁性的磨粉，常与其他形式滤芯一起制成复合式过滤器，对

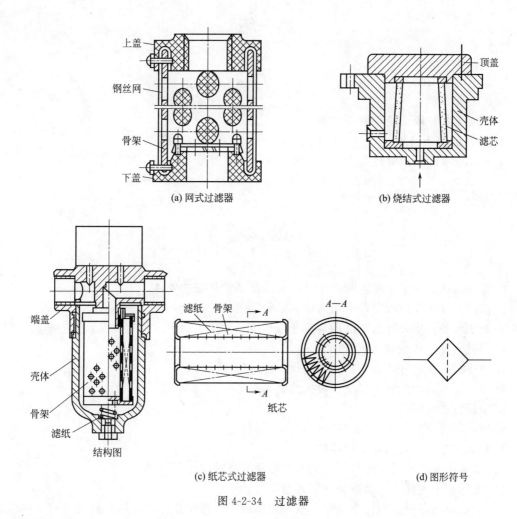

(a) 网式过滤器

(b) 烧结式过滤器

(c) 纸芯式过滤器

(d) 图形符号

图 4-2-34　过滤器

加工钢铁件的机床液压系统特别适用。

四、蓄能器

蓄能器是一种能够蓄存液体压力能并在需要时把它释放出来的能量储存装置。蓄能器种类较多，常用的是充气式蓄能器。

气囊式蓄能器的结构如图 4-2-35 所示。它主要有充气阀、壳体、气囊、提升阀和放油阀所组成。气囊用耐油橡胶制成，并与充气阀座压制在一起，固定在壳体的上半部。充气阀仅在蓄能器工作前对其充气用，蓄能器工作后始终关闭。一般气囊的充气压力可为系统油液最低工作压力的 $60\% \sim 70\%$。气囊外部为压力油，气囊内部的气体体积随蓄能器内油压力的降低而膨胀，并将油液排出。提升阀的作用是防止油液全部排出时气囊膨出容器之外。

充气式蓄能器的优点是：气囊惯性小，反应灵敏，尺寸小，容易维护，易于安装。缺点是：胶囊和壳体制造困难，容量较小。

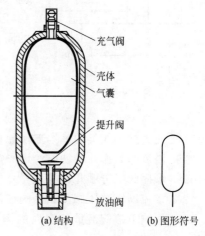

(a) 结构　　(b) 图形符号

图 4-2-35　气囊式蓄能器

练一练

1. 油箱的功用是_____、_____、_____和_____等。
2. 蓄能器主要有_____、_____、_____三方面的功能。
3. 排气装置一般设置在液压缸的_____。
A. 液压缸的任何部位　　　B. 缸盖一侧　　　　C. 缸盖最高部位
4. 在液压泵的吸油管路上为了保护液压泵，一般安装_____过滤器。
A. 网式　　　　　B. 烧结式　　　　C. 纸芯式　　　　D. 磁性式

习题 4-2

1. 简述液压泵的工作原理和液压泵正常工作必须具备的条件。
2. 液压泵在吸油过程中，油箱为什么必须和大气相通？
3. 液压泵的作用是什么？液压泵符号是什么？液压传动中常用的液压泵分为哪些类型？
4. 试述外啮合齿轮泵的工作原理。
5. 简述齿轮泵、叶片泵、柱塞泵的优缺点及应用场合。
6. 液压泵的输油量和工作压力根据什么来确定？
7. 液压缸的作用是什么？
8. 双活塞杆液压缸和单活塞杆液压缸各有何特点？
9. 什么是差动连接与差动液压缸？
10. 对液压缸的密封元件有什么要求？常用的密封方法有哪些？
11. 液压缸中为什么要设置缓冲装置与排气装置？
12. 画出单作用单活塞杆液压缸、双作用单活塞杆液压缸、双作用双活塞杆液压缸的图形符号。

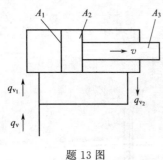

题 13 图

13. 在图所示的差动连接中，若液压缸左腔有效作用面积 $A_1 = 4 \times 10^{-3}\,\text{m}^2$，右腔有效作用面积 $A_2 = 2 \times 10^{-3}\,\text{m}^2$，输入压力油的流量 $q = 4.16 \times 10^{-4}\,\text{m}^3/\text{s}$，压力 $p = 1 \times 10^6\,\text{Pa}$。试求：（1）活塞往复运动的速度。（2）活塞可克服的阻力。

14. 方向控制阀的作用是什么？
15. 何谓换向阀的"位"？何谓换向阀的"通"？
16. 什么是换向阀的"滑阀机能"？常用的"滑阀机能"有哪几种？
17. 压力控制阀类的基本工作原理是什么？
18. 溢流阀有哪几种功能？请画简图说明。
19. 顺序阀又分哪几种类型？
20. 溢流阀、减压阀、顺序阀在液压系统中各有何应用？
21. 影响节流阀流量稳定性的因素有哪些？如何使通过节流阀的流量不受负载变化的影响？

22. 调速阀为什么能保证通过它的流量稳定？

23. 试比较溢流阀、减压阀、顺序阀的异同。

24. 画出单向阀、各种操纵方式的换向阀各一种、各种压力控制法、流量控制阀的图形符号。

25. 流量控制阀的作用是什么？

26. 节流阀与调速阀有何不同？

27. 液压系统中有哪些常用的辅助元件？

28. 对管接头有何要求？常用的管接头有哪几种？

29. 油箱的功用是什么？油箱的结构应满足哪些要求？

30. 滤油器有哪些种类？安装时要注意什么？

31. 充气式蓄能器有何特点？

课题三

液压基本回路及应用

任务一

液压基本回路

知识点： »»»

➤ 方向控制基本回路：换向回路、锁紧回路；

➤压力控制回路：调压回路、减压回路、增压回路、卸载回路；

➤速度控制回路：调速回路、速度换接回路、增压回路、卸载回路；

➤顺序动作控制回路：行程控制的顺序动作回路、压力控制的顺序动作回路。

能力点： »»»

➤ 掌握各种液压基本回路的作用及原理。

液压基本回路是用液压元件组成以液体为工作介质并能完成特定功能的典型回路。按功能可分为方向控制回路、压力控制回路、速度控制回路和顺序动作控制回路。

一、方向控制回路

方向控制回路是用来控制液压系统中油液的通、断或流动方向，从而控制执行元件的启动、停止或换向等一系列动作的回路。方向控制回路有换向回路和锁紧回路等。

1. 换向回路

（1）利用换向阀的换向回路　液压系统中，执行元件运动方向的变换一般采用各种换向阀来实现。图 4-3-1（a）所示为采用二位四通电磁换向阀的换向回路。电磁铁通电时，阀芯左移，压力油进入液压缸右腔，推动活塞杆向左移动；电磁铁断电时，弹簧力使阀芯右移复位，压力油进入液压缸左腔，推动活塞杆向右移动。

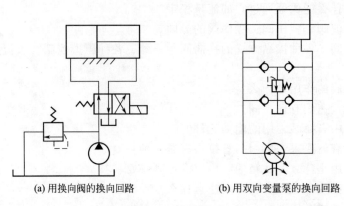

(a) 用换向阀的换向回路 　　　　　　　(b) 用双向变量泵的换向回路

图 4-3-1　换向回路

　　根据执行元件换向的要求，可采用二位（或三位）四通或五通控制阀。控制方式可以是人力、机械、电气、直接压力和间接压力（先导）等。

　　（2）利用双向变量泵的换向回路　图 4-3-1（b）所示为利用双向变量泵控制执行元件的换向回路。这种换向回路比换向阀换向平稳，换向能量损耗少，多用于大功率的液压系统中，如龙门刨床、拉床等液压系统。

2. 锁紧回路

　　锁紧回路可使执行元件在运动过程中的某一位置上停留一段时间保持不动，并防止停止后窜动。使液压缸锁紧的方法有采用滑阀机能为"M"型或"O"型三位阀的闭锁回路。如图 4-3-2（a）所示，是采用滑阀机能为"M"型三位阀的闭锁回路，当 1YA、2YA 均断电时，三位阀处于中位，液压缸的两个油口被封闭，缸两腔充满油液，使缸在停留位置上"锁紧"，不受外力干扰。由于换向阀是靠间隙密封，故有泄漏，锁紧效果不好，但结构简单，一般只用于要求不太高或只需短暂锁紧的场合。

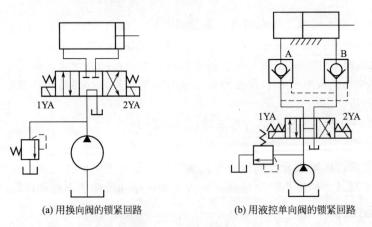

(a) 用换向阀的锁紧回路 　　　　　　　(b) 用液控单向阀的锁紧回路

图 4-3-2　锁紧回路

　　当要求锁紧效果较高时，可采用液控单向阀双向锁紧，如图 4-3-2（b）所示。在液压缸的两侧油路上分别串接液控单向阀（又称液压锁）A、B，活塞可以在行程的任意位置上锁紧，不会因为外界因素而窜动。为保证锁紧迅速、准确，换向阀常采用 H 型或 Y 型中位机能。

二、压力控制回路

　　压力控制回路用压力阀来调节系统或系统的某一部分的压力，以实现调压、减压、增压、卸载等控制，以满足执行元件对压力的要求。

1. 调压回路

调压回路是指控制系统的工作压力，使其不超过某预先调好的数值，或者使执行机构在工作过程中不同阶段实现多级压力转换。一般由溢流阀实现这一功能。

图4-3-3（a）所示为单级调压回路。在定量泵系统中，系统的压力由溢流阀的调定压力来决定。当系统压力达到溢流阀的调定值时，溢流阀开启，多余油液经溢流阀回油箱。这种回路效率较低，一般用于流量不大的场合。它是液压系统中应用十分广泛的回路。

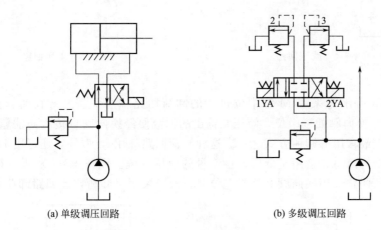

(a) 单级调压回路　　　　　(b) 多级调压回路

图4-3-3　调压回路

1～3—溢流阀

图4-3-3（b）所示为多级调压回路，当系统需要多级压力控制时，可采用此类回路。当三位四通电磁阀1YA通电时，系统由溢流阀2所调定的压力进行工作，当2YA通电时，系统由溢流阀3所调定的压力进行工作。当1YA、2YA都不通电时，系统压力由溢流阀1所调定的压力进行工作。溢流阀2、3的调定压力必须比溢流阀1要小。

2. 减压回路

用单泵供油的液压系统中，主油路上工作压力往往较高，而在夹紧、润滑等支路上所需的压力较低，这时可采用减压回路，减压回路控制元件为减压阀。如图4-3-4所示的减压回路，主系统的最高工作压力由溢流阀调定，支系统的压力由减压阀调定。

3. 增压回路

增压回路是用来使局部油路得到比主系统油压高得多的压力。如图4-3-5所示，是采用单作用增压缸　的增压回路。增压缸由大小两个液压缸a和b组成。a缸中的大活塞和b缸中的小活塞用活塞杆连成一体。当换向阀处于左位时，压力为p_1的压力油进入液压缸a的左腔，油压就作用在大活塞上，推动大小活塞向右运动，由于增压器左腔的活塞面积大于右腔的活塞面积，根据活塞左右受力平衡原理，这时b缸就可输出压力为p_2的高压油进入工作缸。当换向阀处于右位时，工作缸靠弹簧力回程，补油箱的油液在大气压力作用下经油管顶开单向阀向增压缸右腔补油（补油箱和单向阀为补油装置）。该回路的缺点是不能得到连续的高压油，适用于单向作用力大、行程小、作业时间短的场合，如制动器、离合器等。

4. 卸荷回路

当液压系统中的执行元件停止运动后，使液压泵输出的油液在低压下溜回油箱，称为液

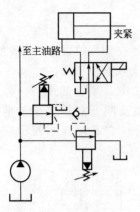

图 4-3-4 减压回路

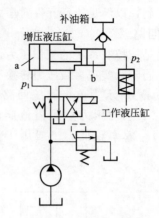

图 4-3-5 增压回路

压泵的卸荷。

图 4-3-6(a) 所示为采用 M 型中位机能的卸荷回路。当泵需要卸荷时，只要使 1YA、2YA 同时断电，换向阀处于中位，液压泵输出的油液便经换向阀直接流回油箱，实现卸荷。这是交通工程中最常用的卸荷方式之一。这种卸荷回路除用 M 型外，还可用 H 和 K 型。这类卸荷回路，结构简单，适用于低压、小流量的液压系统。图 4-3-6(b) 所示是利用二位二通换向阀的卸荷回路，当换向阀 2 处于左位时，液压泵便可卸荷，此回路卸荷效果较好。

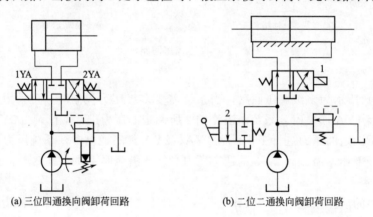

(a) 三位四通换向阀卸荷回路　　(b) 二位二通换向阀卸荷回路

图 4-3-6　卸荷回路

1,2—换向阀

三、速度控制回路

速度控制回路是控制和调节液压执行元件的运动速度的回路。包括调速回路和速度换接回路等。

1. 调速回路

调速回路用于调节执行元件的工作速度。主要有节流调速回路、容积调速回路和容积节流调速。

（1）节流调速回路　在液压系统中，利用节流阀构成的调速回路是通过通流截面变化来调节进入执行元件的流量，实现调速目的。这种调速方法适合于定量泵供油的液压系统。根据节流阀在油路中的安装位置不同，分为进油节流、回油节流和旁路节流调速三种基本形式。

① 进油节流调速回路　将节流阀装在执行元件的进油路，其原理如图4-3-7(a)所示，定量泵输出的流量为一定值，供油压力由溢流阀调定，调节节流阀的开口面积就可以调节进入液压缸的流量 q_1，从而调节执行元件的运动速度，多余的油液经溢流阀流回油箱。这种调速回路结构简单，使用方便；但速度稳定性差，随外界负载变化而变化；回油路无背压时，运动平稳性能差，低速低载时，系统效率低。进油节流调速回路一般应用在功率较小、负载变化不大的液压系统中。

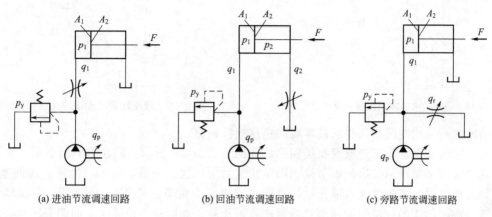

(a) 进油节流调速回路　　(b) 回油节流调速回路　　(c) 旁路节流调速回路

图 4-3-7　节流调速回路

② 回油节流调速回路　这种调速回路是将节流阀装在执行元件的回油路上。调速原理如图 4-3-7(b) 所示。节流阀用以控制液压缸回油腔的流量 q_2，从而控制进油腔的流量 q_1，以改变执行元件的运动速度，供油压力由溢流阀调定。这种调速回路回油路上有背压，运动平稳性优于进油节流调速；油液直接回油箱，易散热。广泛用于功率不大、负载变化较大或运动平稳性要求较高的系统中。

③ 旁路节流调速回路　将节流阀并联在液压缸和液压泵的分支油路上，其原理如图 4-3-7(c)所示，泵输出的流量，一部分进入液压缸，另一部分经节流阀回油箱，回路中的溢流阀只起过载保护作用。通过调节节流阀口的大小来控制进入液压缸的流量，实现运动速度的调节。泵的出口压力基本等于负载压力，因而效率较高。

用节流阀的节流调速回路速度稳定性较差，为使速度不随负载变化而波动，可用调速阀代替节流阀。

（2）容积调速回路　图 4-3-8 为采用变量泵的容积调速回路，它通过调节变量泵输出油量的大小来改变执行元件的运动速度。变量泵可采用单作用式叶片泵或柱塞泵。系统中溢流阀起安全保护作用，限定系统的最高压力。这种调速回路效率高（压力、流量损失小）、发热少，但结构复杂、成本高。适用于负载功率大，运动速度高的液压系统中。

2. 速度换接回路

绝大多数机床的进给运动要求自动完成"快速进给—慢速工进—快速退回并停止"的工作循环，有时要求具有两次或更多次工进。下面讨论几种常用的快、慢速自动转换回路。

（1）快速和工进换接回路　图 4-3-9 所示是单采用液压缸差动连接的快、慢速换接回路。当电磁铁通电时，换向阀处于右位时，液压缸呈差动连接，液压泵输出的油液和液压缸右腔返回的油液合流，进入液压缸的左腔，实现活塞的快速运动。当电磁铁断电时，换向阀左位接系统，活塞慢速运动。这种回路结构简单，适用于运动速度要求较快的液压系统中。

（2）两次工进换接回路　有的机床要求在工作行程中实现两次进给（如钻孔、铰孔等），

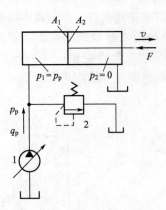

图 4-3-8　容积调速回路

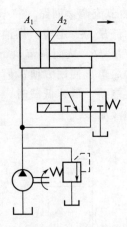

图 4-3-9　液压缸差动连接的速度换接回路

常用的方法是采用两流量阀并联或串联的速度换接回路。

两调速阀串联的两工进速度换接回路，如图 4-3-10(a) 所示。调速阀 1 用于第一次进给节流，调速阀 2 用于第二次进给节流。图示位置为第一次工作进给状态，油液通过调速阀 1 后，经二位二通换向阀 3 流入液压缸，进给速度由阀 1 调节。当 3YA 通电后，右位接入系统，流经调速阀 1 的油液经调速阀 2 后再流入液压缸。此回路中调速阀 2 的调节流量必须小于调速阀 1。当第一次工进换接为第二次工进时，因调速阀 2 中始终有压力油通过，其定差输出减压阀始终处于工作状态，故运动部件的速度换接平稳性较好。

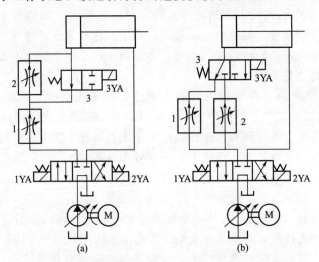

图 4-3-10　调速阀串、并联二次进给速度换接回路
1,2—调速阀；3—换向阀

两调速阀并联的两工进速度换接回路，如图 4-3-10(b) 所示。采用二位三通换向阀 3 实现两次工进速度的换接，图示位置为第一次工作进给状态，进给速度由调速阀 1 调节，实现第一次工进，当需第二工进时使阀 3 换向，调速阀 2 工作，实现第二次工进。两调速阀并联的二次工进回路中两调速阀的流量互不影响。

四、顺序动作控制回路

在液压系统中若采用同一液压泵驱动多个执行元件工作，可节省液压元件和电动机的数目，合理利用功率、减少占地面积等，因此在机床液压系统和行走机构的液压系统中应用广泛。由于各执行元件动作有一定的要求，如按顺序动作、按同步动作或快进与工进互不干扰等，这就需要解决各执行元件间在压力、流量上的互相影响、互相干扰等问题。本节主要介绍顺序动作回路。顺序动作回路是实现多个执行元件按预定的顺序运动的回路，按其控制原理可分为行程控制和压力控制等。

1. 行程控制顺序动作回路

行程控制顺序动作回路是利用某一执行元件运动到预定行程以后，发出电气或机械控制信号，使另一执行元件运动的一种控制方式。

图 4-3-11(a) 所示为用行程阀及电磁阀控制 A、B 两液压缸实现 1、2、3、4 工作顺序的回路。工作循环开始前，电磁换向阀和行程换向阀处于图示状态时，A、B 两液压缸的活塞都处于左端位置（即原位）。当电磁换向阀的电磁铁通电后，A 液压缸的活塞按箭头 1 的方向右行。当 A 液压缸运行到预定的位置时，挡块压下行程换向阀，使其上位接入系统，则 B 液压缸的活塞按箭头 2 的方向右行。当电磁换向阀的电磁铁断电后，A 液压缸的活塞按箭头 3 的方向左行。当挡块离开行程换向阀后，B 液压缸按箭头 4 的方向左行退回原位。

该回路中的运动顺序之间的转换，是依靠机械挡块、推压行程换向阀的阀芯使其位置变换实现的，因此，动作可靠。但是，行程换向阀必须安装在液压缸附近，而且改变运动顺序较困难。

图 4-3-11(b) 为电器行程开关控制的顺序动作回路。当电磁铁 1YA 通电时，缸 A 活塞右移（动作 1），当活塞右行到一定行程挡铁压下行程开关 1XK，电磁铁 2YA 通电，缸 B 活塞右移（动作 2），当活塞右行到一定行程挡铁压下行程开关 2XK，电磁铁 1YA 断电，换向阀 C 换向，缸 A 活塞左移（动作 3），到终点缸 A 活塞的挡铁压下行程开关 3XK，电磁铁 2YA 断电，换向阀 D 换向，缸 B 活塞左移（动作 4）。

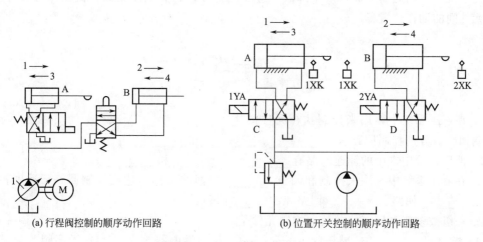

(a) 行程阀控制的顺序动作回路　　　　(b) 位置开关控制的顺序动作回路

图 4-3-11　顺序动作回路

这种回路各液压缸动作的顺序由电气线路保证，改变控制电器线路就能方便地改变动作顺序，调整行程也较方便，回路的可靠性取决于电气元件的质量。

2. 压力控制的顺序动作回路

压力控制的顺序动作回路是利用某油路的压力变化使压力控制元件（如顺序阀、压力继电器等）动作发出控制信号，使执行元件按预定顺序动作。

图 4-3-12 所示为使用顺序阀来实现两个液压缸顺序动作的回路，在该回路中，当三位四通换向阀左位接入回路且顺序阀 D 的调定压力大于液压缸 A 的最大前进工作压力时，压

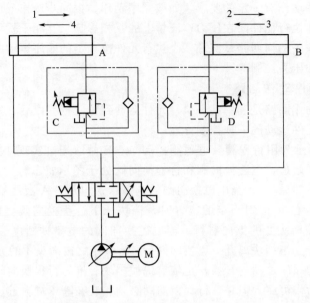

图 4-3-12　压力控制的顺序动作回路

力油先进入液压缸 A 左腔，实现动作 1；液压缸运动至终点后压力上升，压力油打开顺序阀 D 进入液压缸 B 的左腔，实现动作 2；同样地，当三位四通换向阀右位接入回路且顺序阀 C 的调定压力大于液压缸 B 的最大返回工作压力时，两液压缸按 3 和 4 的顺序返回。

　　用压力控制的顺序动作回路，能反映负载的变化情况，但同一系统中，不宜多次使用，以免使系统压力因此而升高，效率降低。这种控制方式的灵敏度较高，但动作可靠性较差，执行元件间的动作位置精度较低。

练一练

　　1. 在液压系统中，用来控制执行元件的＿＿＿＿＿、＿＿＿＿＿或＿＿＿＿＿回路，称为方向控制回路。方向控制回路包括＿＿＿＿＿、＿＿＿＿＿和＿＿＿＿＿。

　　2. 液压系统中常用的调速回路有＿＿＿＿＿、＿＿＿＿＿和＿＿＿＿＿。

　　3. 在液压系统中，用来控制和调节＿＿＿＿＿的回路，称为速度控制回路。速度控制回路包括＿＿＿＿＿回路、＿＿＿＿＿回路和＿＿＿＿＿回路。

　　4. 一级或多级调压回路的核心控制元件是＿＿＿＿＿。

　　A. 溢流阀　　　　　B. 减压阀　　　　　C. 压力继电器　　　　　D. 顺序阀

　　5. 实现液压缸的差动连接回路，可采用中位机能是＿＿＿＿＿的换向阀。

　　A. O 型　　　　　B. P 型　　　　　C. Y 型　　　　　D. K 型

　　6. 卸荷回路＿＿＿＿＿。

　　A. 可节省动力消耗，减少系统发热，延长液压泵寿命

　　B. 可使系统获得较低的工作压力

　　C. 不能用换向阀实现卸荷

　　D. 只能用中位机能为 H 型的换向阀实现

　　7. 如某元件得到比主系统油压高的多的压力时，可采用＿＿＿＿＿。

A. 调压回路　　　B. 多级压力回路　　　C. 减压回路　　　　D. 增压回路

任务二
液压传动系统应用实例

知识点： >>>
> ➤ 机械手液压传动系统；
> ➤ 数控车床液压系统。

能力点： >>>
> ➤ 会分析液压传动系统的组成、各液压元件的作用及液压系统的工作过程。

一、机械手液压传动系统

机械手是模仿人的手部动作，按给定程序和要求操作的自动装置，在自动化机械或生产线中，机械手常用来夹紧、传输工件或刀具等，图 4-3-13 所示为机械手液压传动系统的原理图。

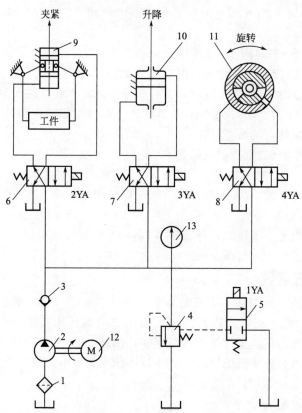

图 4-3-13　机械手液压传动系统

1—过滤器；2—液压泵；3—单向阀；4—溢流阀；5—二位二通换向阀；6～8—二位四通换向阀；
9—夹紧液压缸；10—升降液压缸；11—回转液压缸；12—电动机；13—压力计

1. 主要元件及功用

（1）液压泵2：将电动机12输出的机械能变为液压能，驱动执行元件运动。

（2）单向阀3：防止系统油液倒流，保护液压泵。

（3）溢流阀4：用来保持系统的压力为一定值，并通过压力计13观察。

（4）二位二通电磁换向阀5：机械手停止工作时，电磁铁通电，实现液压系统卸荷。

（5）三个二位四通电磁换向阀6、7、8：分别控制夹紧液压缸、升降液压缸、回转液压缸的动作转换。

（6）夹紧液压缸9：实现手指的夹紧和松开动作。

（7）升降液压缸10：实现手臂的上升和下降动作。

（8）回转液压缸11：实现手臂的回转动作。

2. 系统的工作情况

本系统有液压缸9夹紧工件、液压缸10的升降、回转液压缸11的摆动和卸载等工作状态，前两种油路形式相同。

（1）液压缸9夹紧：2YA断电时，二位四通电磁阀6左位接入系统，机械手夹紧。这时油路是：

进油路：液压泵2→单向阀3→二位四通电磁阀6（左位）→液压缸9下腔。

回油路：液压缸9上腔→二位四通电磁阀6（左位）→油箱。

当工件加工完成时，使2YA通电，二位四通电磁阀6右位接入系统，机械手松开。

（2）液压缸10升降：3YA断电时，二位四通电磁阀7左位接入系统，机械手臂上升。这时油路是：

进油路：液压泵2→单向阀3→二位四通电磁阀7（左位）→液压缸10下腔。

回油路：液压缸10上腔→二位四通电磁阀7（左位）→油箱。

当上升到所需位置时，使3YA通电，二位四通电磁阀7右位接入系统，机械手臂下降。

（3）回转液压缸11的摆动：4YA断电时，二位四通电磁阀左位接入系统，缸11作顺时针摆动，机械手臂回转。其油路是：

液压泵2→单向阀3→二位四通电磁阀8（左位）→缸11左腔。

回油路：液压缸11右腔→二位四通电磁阀8（左位）→油箱。

当摆到所需位置后，使4YA通电，二位四通电磁阀右位接入系统，液压缸11作逆时针转动，机械手臂反向回转。

（4）卸载状态：当三个液压缸都停止工作时，1YA通电，二位二通换向阀5上位接入系统，于是液压泵由溢流阀4卸荷。

二、数控车床液压系统

目前，液压传动技术应用在了大多数数控车床上，现以MJ50数控车床为例说明其应用。MJ50数控车床卡盘的夹紧与松开、卡盘夹紧力的高低压转换、回转刀架的松开与夹紧、刀架刀盘的正反转、尾座套筒的伸出与退回，都是由液压系统驱动的，液压系统中各电磁阀电磁铁的动作是由数控系统的PLC控制的。MJ50数控车床的液压系统原理如图4-3-14所示。

1. 卡盘的夹紧与松开

卡盘的夹紧根据加工需要有高压夹紧和低压夹紧两种状态。主轴卡盘的夹紧与松开，由二位四通电磁阀1控制。卡盘的高压夹紧与低压夹紧的转换，由二位四通电磁阀2控制。

（1）卡盘正卡高压夹紧　当卡盘处于正卡（也称外卡）且在高压夹紧状态下（3YA断

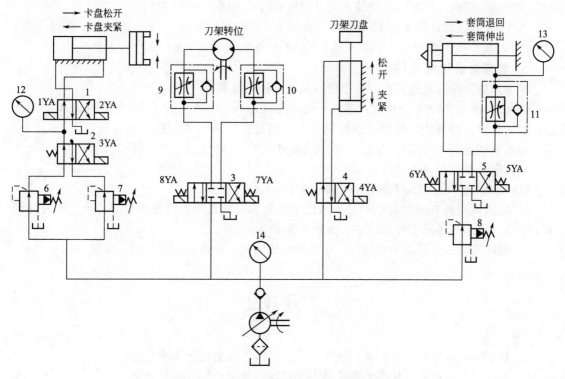

图 4-3-14　MJ50 数控车床的液压系统原理

1,2,4—二位四通电磁阀；3,5—三位四通电磁阀；6～8—减压阀；

9～11—单向调速阀；12,13—压力表

电），换向阀 2 的左位接入系统，夹紧力的大小由减压阀 6 来调整，由压力表 12 显示卡盘压力。当 1YA 通电，2YA、3YA 断电时，换向阀 1 和换向阀 2 的左位接入系统，压力油进入液压缸的右腔，活塞杆左移，卡盘夹紧，其油路为：

进油路：液压泵→单向阀→减压阀 6→换向阀 2（左位）→换向阀 1（左位）→卡盘液压缸右腔。

回油路：卡盘液压缸左腔→换向阀 1（左位）→油箱。

卡盘松开时，电磁铁 2YA 得电，1YA、3YA 断电，换向阀 1 的右位和换向阀 2 的左位接入系统，压力油进入液压缸的左腔，活塞杆右移，卡盘松开，其油路为：

进油路：液压泵→单向阀→减压阀 6→换向阀 2（左位）→换向阀 1（右位）→液压缸左腔。

回油路：液压缸右腔→换向阀 1（左位）→油箱。

（2）卡盘正卡低压夹紧　当卡盘处于正卡且在低压夹紧状态下（3YA 通电），换向阀 2 置换为右位，将减压阀 7 接入系统，压力油经减压阀 7 进入液压缸，夹紧力的大小由减压阀 7 来调整，除此之外，卡盘夹紧和松开的油路，与高压夹紧状态相同。

卡盘反卡（也称内卡）的过程与正卡类似，所不同的是卡爪外张为夹紧，内缩为松开。

2. 回转刀架的松夹及正反转

回转刀架换刀时的动作过程是：刀盘松开→刀盘转到指定的刀位→刀盘复位夹紧。

二位四通电磁阀 4 控制刀盘的夹紧与松开，当 4YA 通电时刀盘松开，断电时刀盘夹紧，消除了加工过程中突然停电所引起的事故隐患。刀盘的旋转有正转和反转两个方向，它由一

个三位四通电磁阀 3 控制，其旋转速度分别由单向调速阀 9 和 10 控制。

当 4YA 通电时，阀 4 右位工作，刀盘松开；当 7YA 断电、8YA 通电时，刀架正转；当 7YA 通电、8YA 断电时，刀架反转；当 4YA 断电时，阀 4 左位工作，刀盘夹紧。

3. 尾座套筒伸缩动作

尾座套筒的伸出与退回由一个三位四通电磁阀 5 控制。

当 5YA 断电、6YA 通电时，系统压力油经减压阀 8→换向阀 5（左位）→液压缸无杆腔，套筒伸出。套筒伸出时的工作预紧力大小通过减压阀 8 来调整，并由压力表 13 显示，伸出速度由调速阀 11 控制。反之，当 5YA 通电、6YA 断电时，套筒退回。

该液压系统具有以下特点：

① 采用变量叶片泵向系统供油，能量损失小。

② 用减压阀调节卡盘高压夹紧力或低压夹紧压力的大小以及尾座套筒伸出工作时的预紧力大小，以适应不同工件的需要，操作方便简单。

③ 用液压马达实现刀架的转位，可实现无级调速，并能控制刀架正、反转。

习题 4-3

1. 什么是液压基本回路？常用液压基本回路按其功能可分为哪几类？

2. 闭锁回路的用途是什么？哪几种中位机能的换向阀具有闭锁功能？

3. 压力控制回路在液压系统中有何用途？

4. 速度控制回路有哪几种调速方法？

5. 简述回油节流阀调速回路与进油节流阀调速回路的不同点。

6. 简述容积节流调速回路的工作原理。

7. 简述调压回路、减压回路的功用。

8. 什么是顺序动作回路？按照控制方法不同，顺序动作的方式有几种？试对各种方式的应用特点做一比较。

9. 如图所示液压系统可实现快进—工进—快退—原位停止工作循环，分析并回答以下问题：

（1）写出元件 2、3、4、7、8 的名称及在系统中的作用。

（2）列出电磁铁动作顺序表（通电"＋"，断电"－"）。

（3）分析系统由哪些液压基本回路组成。

（4）写出快进时的油流路线。

10. 阅读下图所示液压系统，完成如下任务：

（1）写出元件 2、3、4、6、9 的名称及在系统中的作用。

（2）填写电磁铁动作顺序表（通电"＋"，断电"－"）。

（3）分析系统由哪些液压基本回路组成。

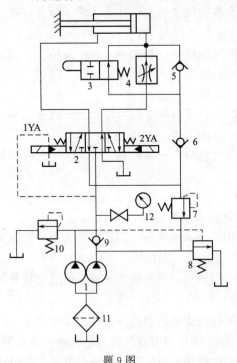

题 9 图

（4）写出快进时的油流路线。

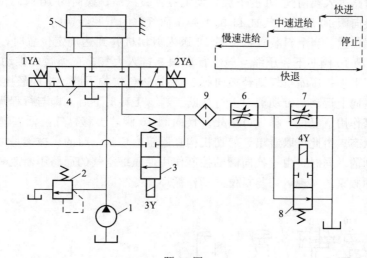

题 10 图

课题四

气压传动简介

任务一

气压传动的工作原理及特点

知识点：>>>
> 气压传动的工作原理；
> 气压传动系统的组成；
> 气压传动的特点。

能力点：>>>
> 掌握气压传动的工作原理；
> 明确气压传动系统的组成；
> 了解气压传动的特点。

一、气压传动系统的工作原理及组成

1. 气压传动系统的工作原理

图 4-4-1(a) 所示为气动剪切机的气压传动系统的结构原理，图 4-4-1(b) 所示为该系统

的图形符号。图示位置为剪切前的情况。空气压缩机 1 产生的压缩空气经冷却器 2、分水排水器 3、储气罐 4、空气干燥器 5、空气过滤器 6、减压阀 7、油雾器 8，到达换向阀 10，部分气体经节流通路进入换向阀 10 的下腔，使上腔弹簧压缩，换向阀 10 阀芯位于上端；大部分压缩空气经换向阀 10 后进入气缸 11 的上腔，而气缸的下腔经换向阀与大气相通，故气缸活塞处于最下端位置。当上料装置把工料 12 送入剪切机并到达规定位置时，工料压下行程阀 9，此时换向阀 10 阀芯下腔压缩空气经行程阀 9 排入大气，在弹簧的推动下，换向阀 10 阀芯向下运动至下端；压缩空气则经换向阀 10 后进入气缸的下腔，上腔经换向阀 10 与大气相通，气缸活塞向上运动，带动剪刀上行剪断工料。工料剪下后，即与行程阀 9 脱开。行程阀 9 阀芯在弹簧作用下复位、排气口堵死。换向阀 10 阀芯上移，气缸活塞向下运动，又恢复到剪断前的状态。由此可以看出，剪切机构克服阻力切断工料的机械能是由压缩空气的压力能转换后得到的；同时，由于换向阀的控制作用使压缩空气的通路不断改变，气缸活塞方可带动剪切机构频繁的实现剪切与复位的动作循环。

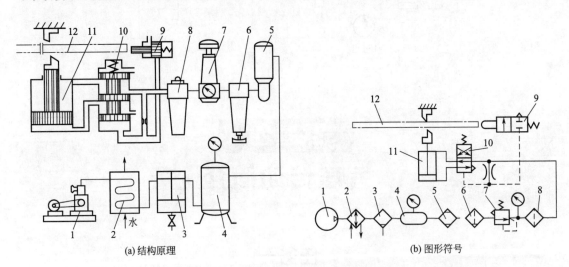

图 4-4-1　气动剪切机的气压传动系统

1—空气压缩机；2—冷却器；3—分水排水器；4—储气罐；5—空气干燥器；6—空气过滤器；
7—减压阀；8—油雾器；9—行程阀；10—气控换向阀；11—气缸；12—工料

由气动剪切机的工作过程可以看出，气压传动系统是利用空气压缩机将电动机或其他原动机输出的机械能转变为空气的压力能，然后在控制元件的控制和辅助元件的配合下，通过执行元件把空气的压力能转变为机械能，从而完成直线或回转运动。

2. 气压传动系统的组成

由上面的例子可以看出，气压传动系统组成见表 4-4-1。

气压传动系统的图形符号与液压传动图形符号有相似性和一致性，但由于工作介质不同，也存在很大区别，常用图形符号可查阅国家标准。

二、气压传动的特点

1. 气压传动的优点

① 使用方便。空气作为工作介质，空气到处都有，来源方便，用过以后直接排入大气，不会污染环境，可少设置或不必设置回气管道。

② 系统组装方便。使用快速接头可以非常简单地进行配管，因此系统的组装、维修以及元件的更换比较简单。

表 4-4-1　气压传动系统的组成

组成部分	功用	气压元件
气源装置	将原动机输出的机械能转变为空气的压力能	空气压缩机
执行元件	将空气的压力能转变成为机械能的能量转换装置	气缸和气马达
控制元件	用来控制压缩空气的压力、流量和流动方向,以保证执行元件具有一定的输出力和速度并按设计的程序正常工作	压力阀、流量阀、方向阀和逻辑阀等
辅助元件	用于辅助保证空气系统正常工作的一些装置	过滤器、干燥器、空气过滤器、消声器和油雾器等

③ 快速性好。动作迅速反应快,可在较短的时间内达到所需的压力和速度。在一定的超载运行下也能保证系统安全工作,并且不易发生过热现象。

④ 安全可靠。压缩空气不会爆炸或着火,在易燃、易爆场所使用,不需要昂贵的防爆设施。可安全可靠地应用于易燃、易爆、多尘埃、辐射、强磁、振动、冲击等恶劣的环境中。

⑤ 储存方便。气压具有较高的自保持能力,压缩空气可储存在储气罐内,随时取用。即使压缩机停止运行,气阀关闭,气动系统仍可维持一个稳定的压力。故不需压缩机的连续运转。

⑥ 可远距离传输。由于空气的黏度小,流动阻力小,管道中空气流动的沿程压力损失小,有利于介质集中供应和远距离输送。空气不论距离远近,极易由管道输送。

⑦ 能过载保护。气动机构与工作部件,可以超载而停止不动,因此无过载的危险。

⑧ 清洁。基本无污染,对于要求高净化、无污染的场合,如食品、印刷、木材和纺织工业等是极为重要的,气动具有独特的适应能力,优于液压、电子、电气控制。

2. 气压传动的缺点

① 速度稳定性差。由于空气可压缩性大,气缸的运动速度易随负载的变化而变化,稳定性较差,给位置控制和速度控制精度带来较大影响。

② 需要净化和润滑。压缩空气必须有良好的处理,去除含有的灰尘和水分。空气本身没有润滑性,系统中必须采取措施对元件进行给油润滑,如加油雾器等装置进行供油润滑。

③ 输出力小。经济工作压力低 (一般低于 0.8MPa),因而气动系统输出力小,在相同输出力的情况下,气动装置比液压装置尺寸大。输出力限制在 20～30kN 之间。

④ 噪声大。排放空气的声音很大,现在这个问题已因吸音材料和消音器的发展大部分获得解决。需要加装消音器。

练一练

1. 气压传动系统是利用_____将电动机或其他原动机输出的_____转变为_____,通过执行元件把_____转变为_____,从而完成_____。

2. 气压传动系统由_____、_____、_____和_____四部分元件组成。

知识点： 》》》

➢ 气压元件元件的类别、工作原理、作用及图形符号。

能力点： 》》》

➢ 了解气压元件元件的类别、工作原理、作用。

一、空气压缩机

空气压缩机是一种气压发生装置，它是将机械能转化成气体压力能的能量转换装置，为气动系统提供动力。

气压传动系统中最常用的空气压缩机是往复活塞式，其工作原理如图 4-4-2 所示。当活塞 3 向右运动时，气缸 2 内活塞左腔的压力低于大气压力，吸气阀 9 被打开，空气在大气压力作用下进入气缸 2 内，这个过程称为"吸气过程"。当活塞向左移动时，吸气阀 9 在缸内压缩气体的作用下而关闭，缸内气体被压缩，这个过程称为压缩过程。随着活塞的左移，气缸容积逐渐变小，缸内空气被压缩，压力升高，当缸内压力高于输出空气管道内压力 p 后，排气阀 1 打开，压缩空气进入输气管道，这个过程称为"排气过程"。活塞 3 的往复运动是由电动机带动曲柄转动，通过连杆、滑块、活塞杆转化为直线往复运动而产生的。图中只表示了一个活塞一个缸的空气压缩机，大多数空气压缩机是多缸多活塞的组合。

(a) 空气压缩机

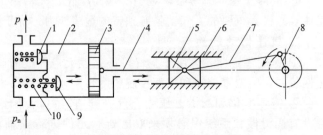

(b) 往复活塞式空气压缩机工作原理

图 4-4-2　空气压缩机

1—排气阀；2—气缸；3—活塞；4—活塞杆；5,6—十字头与滑道；

7—连杆；8—曲柄；9—吸气阀；10—弹簧

空气压缩机的种类很多，在气压传动中，一般多采用容积式空气压缩机。容积式空气压缩机是指通过运动部件的位移，使一定容积的气体顺序地吸入和排出封闭空间以提高静压力的压缩机。

选用空气压缩机的根据是气压传动系统所需要的工作压力和流量两个参数。一般空气压缩机为中压空气压缩机，额定排气压力为 1MPa。另外还有低压空气压缩机，排气压力为 0.2MPa；高压空气压缩机，排气压力为 10MPa；超高压空气压缩机，排气压力为 100MPa。

输出流量的选择，要根据整个气动系统对压缩空气的需要再加一定的备用余量，作为选择空气压缩机的流量依据。空气压缩机铭牌上的流量是自由空气流量。

活塞式空压机的优点是结构简单，使用寿命长，并且容易实现大容量和高压输出。缺点是振动大，噪声大，且因为排气为断续进行，输出有脉冲，需要储气罐。

二、气压执行元件

气压执行元件是以压缩空气为动力源将气体的压力能转换为机械能的装置，其输出的动力或转矩，驱动机构作直线往复、摆动或旋转运动。包括气缸和气动马达，气缸用于实现直线往复运动，气动马达用于实现旋转动力。本课题仅对气缸做简单介绍。

气缸的结构简单、成本低、工作可靠；在有可能发生火灾和爆炸的危险场合使用安全；气缸的运动速度可达到1～3m/s，对自动化生产线中缩短辅助动作（例如传输、压紧等）的时间、提高劳动生产率，具有十分重要的意义。但由于空气的压缩性使气缸的速度和位置控制精度不高，输出功率小。

以下是几种常用的典型气缸。

1. 普通气缸

普通气缸是指缸筒内只有一个活塞和一个活塞杆的气缸。有单作用和双作用气缸两种。

图 4-4-3 所示的单作用气缸，是在缸盖一端气口输入压缩空气使活塞杆伸出（或缩回），而另一端靠弹簧、自重或其他外力等使活塞杆恢复到初始位置。这种气缸适用于行程较小、对推力和速度要求不高的场合。

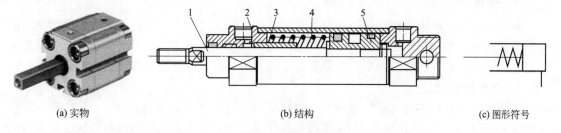

(a) 实物   (b) 结构   (c) 图形符号

图 4-4-3　单作用气缸

1—活塞杆；2—过滤片；3—止动套；4—弹簧；5—活塞

图 4-4-4 所示为普通型单活塞杆双作用缸，当压缩空气作用在活塞左侧面积上的作用力，大于作用在活塞右侧面积上的作用力和摩擦力等反向作用力时，压缩空气推动活塞向右移动，使活塞杆伸出。反之，压缩空气推动活塞向作移动，使活塞和活塞杆缩回到初始位置。在气缸往复运动的过程中，推（或拉）动机构作往复运动。

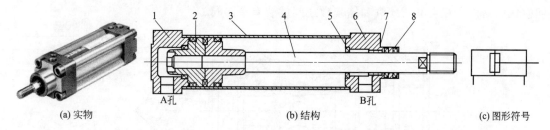

(a) 实物   A孔   (b) 结构   B孔   (c) 图形符号

图 4-4-4　普通型单活塞杆双作用缸

1—后缸盖；2—活塞；3—缸筒；4—活塞杆；5—缓冲密封圈；

6—前缸盖；7—导向套；8—防尘圈

2. 摆动气缸

摆动气缸是将压缩空气的压力能转变为气缸输出轴的有限回转机械能的一种气缸，又称为旋转气缸。按照摆动气缸的结构特点可分为齿轮齿条式［图 4-4-5（a）］和叶片式［图 4-4-5（b）］两类。多用于安装位置受到限制或转动角度小于 $360°$ 的回转工作部件，例如夹具的回转、阀门的开启、分度盘及机械手的驱动等。图 4-4-5（c）为其图形符号。

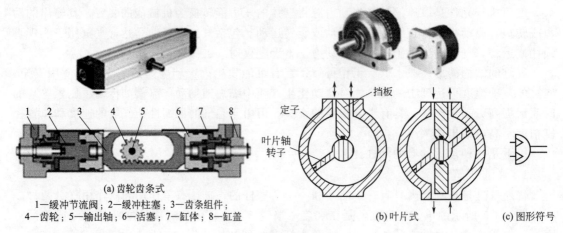

(a) 齿轮齿条式
1—缓冲节流阀；2—缓冲柱塞；3—齿条组件；
4—齿轮；5—输出轴；6—活塞；7—缸体；8—缸盖

(b) 叶片式   (c) 图形符号

图 4-4-5　摆动气缸

三、气压控制元件

在气压传动系统中的控制元件是控制和调节压缩空气的压力、流量、流动方向和发送信号的重要元件，利用它们可以组成各种气动控制回路，使气动执行元件按设计的程序正常地进行工作。控制元件按功能和用途可分为方向控制阀、压力控制阀和流量控制阀三大类。

1. 方向控制阀

方向控制阀按阀芯结构不同可分为：滑柱式（又称柱塞式、也称滑阀）、截止式（又称提动式）、平面式（又称滑块式）、旋塞式和膜片式。其中以截止式换向阀和滑块式换向阀应用较多；

按其控制方式不同可以分为：电磁换向阀、气动换向阀、机动换向阀和手动换向阀。

按其作用特点可以分为：单向控制阀和换向控制阀。

（1）单向控制阀　单向阀是指气流只能向一个方向流动，而不能反方向流动的阀，其工作原理、结构、图形符号与液压单向阀基本相同，只不过在气动单向阀中，阀芯和阀座之间有一层胶垫（密封垫），如图 4-4-6 所示。在气动系统中，为防止储气罐中的压缩空气倒流回空气压缩机，在空气压缩机和储气罐之间就装有单向阀。

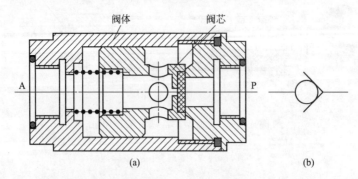

图 4-4-6　气动单向阀的工作原理图及图形符号

（2）换向控制阀　换向控制阀（简称换向阀）的功用是改变气体通道使气体流动方向发

生变化从而改变气动执行元件的运动方向。换向型控制阀包括气压控制阀、电磁控制阀、机械控制阀、人力控制阀和时间控制阀。

气压控制阀是利用气体压力来使主阀芯运动而使气体改变流向的。图4-4-7为单气控制式二位三通换向阀的工作原理及图形符号。

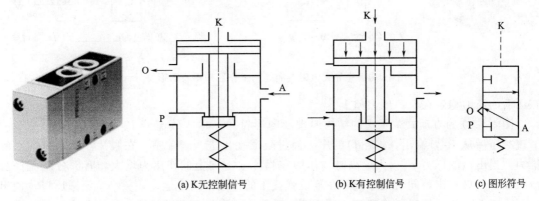

(a) K无控制信号　　　　(b) K有控制信号　　　　(c) 图形符号

图4-4-7　单气控制式二位三通换向阀的工作原理及图形符号

气压传动中的电磁控制换向阀由电磁铁控制部分和主阀两部分组成，按控制方式不同分为电磁铁直接控制（直动）式和先导控制式两种。它们的工作原理分别与液压阀中的电磁阀和电液动阀相类似，只是二者的工作介质不同而已。

由电磁铁的衔铁直接推动换向阀阀芯换向的阀称为直动式电磁阀，直动式电磁阀分为单电磁铁和双电磁铁两种，图4-4-8为单电磁铁二位三通电磁换向阀。

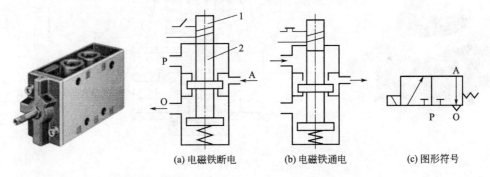

(a) 电磁铁断电　　　　(b) 电磁铁通电　　　　(c) 图形符号

图4-4-8　直动式电磁换向阀的工作原理及图形符号
1—电磁铁；2—阀芯

先导式电磁阀是由电磁先导阀和主阀两部分组成。图4-4-9为单电磁铁控制的先导式电磁换向阀的工作原理，其中控制的主阀为二位阀。

2. 压力控制阀

压力控制阀主要用来控制系统中气体的压力，以满足各种压力要求或用以节能。压力控制分为三类：一类是起降压稳压作用，如减压阀；一类是根据气路压力不同进行某种控制的顺序阀、平衡阀等；一类是起限压安全保护作用的安全阀等。

（1）减压阀　气动系统不同于液压系统，一般每一个液压系统都自带液压源（液压泵）；而在气动系统中，一般来说由空气压缩机先将空气压缩，储存在储气罐内，然后经管路输送给各个气动装置使用。而储气罐的空气压力往往比各台设备实际所需要的压力高些，同时其压力波动值也较大。因此需要用减压阀（调压阀）将其压力减到每台装置所需的压力，并使

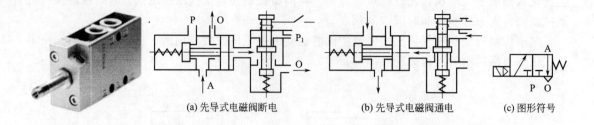

(a) 先导式电磁阀断电　　　　(b) 先导式电磁阀通电　　　　(c) 图形符号

图 4-4-9　先导式电磁换向阀的工作原理图及图形符号

减压后的压力稳定在所需压力值上。

　　图 4-4-10 为直动式减压阀的结构原理及图形符号。输入气流经 P_1 进入阀体，经阀口 2 节流减压后从 P_2 口输出，输出口的压力经过阻尼孔 4 进入膜片室，在膜片 5 上产生向上的推力，当出口的压力 p_2 损失增高时，作用在膜片 5 上向上的作用力增大，有部分气流经溢流口和排气口排出，同时减压阀芯在复位弹簧 1 的作用下向上运动，关小节流减压口，使出口压力降低；相反情况不难理解。调节调压手轮 8 就可以调节减压阀的输出压力。

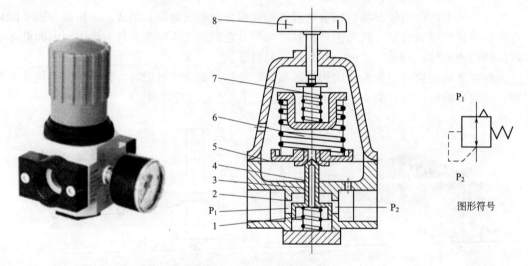

图 4-4-10　直动式减压阀

1—复位弹簧；2—阀口；3—阀芯；4—阻尼孔；5—膜片；6，7—调压弹簧；8—调压手轮

　　采用两个弹簧调压的作用是使调节的压力更稳定。

　　（2）顺序阀　有些气动回路需要依靠回路中压力的变化来实现控制两个执行元件的顺序动作，所用的这种阀就是顺序阀。顺序阀与单向阀的组合称为单向顺序阀。

　　顺序阀是根据入口处压力的大小控制阀口启闭的阀。目前应用较多的是单向顺序阀。图 4-4-11 为单向顺序阀的结构原理及图形符号。当气流从 P_1 口进入时，单向阀反向关闭，压力达到顺序阀弹簧 6 调定值时，发信上移，打开 P、A 通道，实现顺序打开；当气流从 P_2 口流入时，气流顶开弹簧刚度很小的单向阀，打开 P_2、P_1 通道，实现单向阀的功能。

　　（3）安全阀　所有的气动回路或储气罐为了安全起见，当压力超过允许压力值时，需要实现自动向外排气，这种压力控制阀叫安全阀（溢流阀）。

　　其结构形式很多，这里仅介绍几例。图 4-4-12(a) 为直动截止式安全阀结构原理，当压力超过弹簧的调定值时顶开截止阀口；图 4-4-12(b) 为直动安全阀的图形符号。图 4-4-13(a) 为

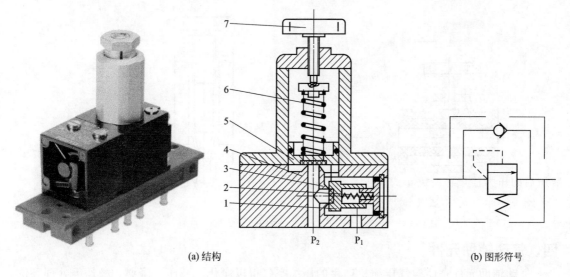

(a) 结构　　　　　　　　　　　　　　　　　　　(b) 图形符号

图 4-4-11　单向顺序阀

1—单向阀芯；2—弹簧；3—单向阀口；4—顺序阀口；5—顺序阀芯；6—调压弹簧；7—调压手轮

气动控制先导式安全阀结构的原理，它是靠作用在膜片上的控制口气体的压力和进气口作用在截止阀口的压力进行比较来进行工作的；图 4-4-13（b）为先导式安全阀的图形符号。

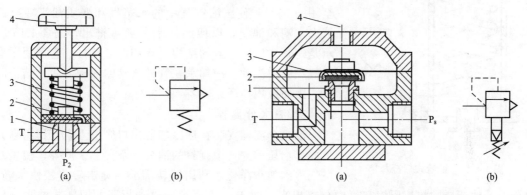

图 4-4-12　气动直动安全阀　　　　　　　　　图 4-4-13　气动先导式安全阀

1—阀座；2—阀芯；3—调压弹簧；4—调压手轮　　　1—阀座；2—阀芯；3—膜片；4—先导压力控制口

3. 流量控制阀

在气压传动系统中，经常要求控制气动执行元件的运动速度，这要靠调节压缩空气的流量来实现。凡用来控制气体流量的阀，称为流量控制阀。流量控制阀就是通过改变阀的通流截面积来实现流量控制的元件，它包括节流阀、单向节流阀、排气节流阀和柔性节流阀等。其中节流阀和单向节流阀的工作原理与液压阀中同类型阀相似。这里仅介绍排气节流阀和柔性节流阀。

（1）排气节流阀　与节流阀原理一样，但节流阀装在系统中调节气流的流量，而排气节流阀只能装在排气口处，调节排入大气的流量，一般情况下还具有减小排气噪声的作用，所以常称排气消声节流阀。图 4-4-14（a）为排气节流阀的结构原理。节流口的排气经过由消声材料制成的消声套，在节流的同时减小排气噪声，排出的气体一般通入大气。

（2）柔性节流阀　柔性节流阀的结构原理如图 4-4-14（b）所示。其工作原理是依靠阀杆夹紧柔韧的橡胶管产生变形来减小通道的口径实现节流调速作用的。

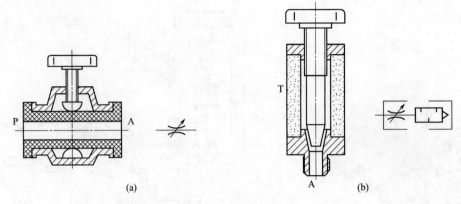

图 4-4-14　气动节流阀

四、气动辅助元件

气动辅助元件是使空气压缩机产生的压缩空气得以净化、减压、降温、稳压等处理，供给控制元件及执行元件，以保证气压系统正常工作。

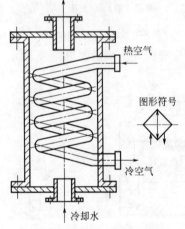

图 4-4-15　蛇管式后冷却器

1. 后冷却器

后冷却器安装在空气压缩机出口处的管道上，其作用是将空气压缩机排出的压缩空气的温度由 140～170℃ 降至 40～50℃，使压缩空气中的水蒸气和变质油雾冷凝成液态水滴和油滴，以便经油水分离器排出。图 4-4-15 所示是蛇管式后冷却器的结构形式和图形符号，它采用压缩空气在管内流动、冷却水在管外流动的冷却方式，结构简单，因而应用广泛。

2. 油水分离器

油水分离器安装在后冷却器出口管道上，其作用是分离并排出压缩空气中凝聚的油分、水分和杂质等，使压缩空气得到初步净化。利用回转离心、撞击等方法使水滴、油滴及其他杂质颗粒从压缩空气中分离出来。图 4-4-16 所示为撞击折回并回转式油水分离

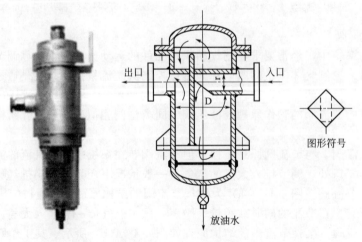

图 4-4-16　油水分离器

器的结构形式和图形符号，其工作原理是：当压缩空气由入口进入分离器壳体后，气流先受到隔板阻挡而被撞击折回（见图中箭头所示流向），之后又上升产生环形回转，这样凝聚在压缩空气中的密度较大的油滴和水滴受惯性力作用而分离出来，沉降于壳体底部，并由放水阀定期放出。

3. 储气罐

储气罐的作用是储存一定数量的压缩空气，减少气流脉动，减弱气流脉动引起的管道振动，进一步分离压缩空气的水分和油分，有立式、卧式两种类型，图4-4-17为立式储气罐的结构形式和图形符号。

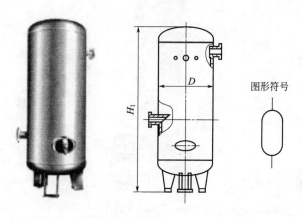

图 4-4-17　立式储气罐

4. 干燥器

干燥器的作用是进一步除去压缩空气中含有的水分、油分、颗粒杂质等，使压缩空气干燥。用于对气源质量要求较高的气动装置、气动仪表等。图4-4-18为一种吸收式空气干燥器。

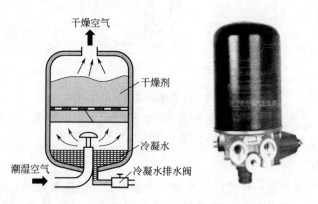

图 4-4-18　空气干燥器

5. 油雾器

油雾器是气压传动系统中的一种特殊注油装置，其作用是将润滑油变成雾状混入压缩空气的气流中，随气流带到需要润滑的部位，达到润滑的目的。油雾器的结构及图形符号见图4-4-19。

(a) 实物

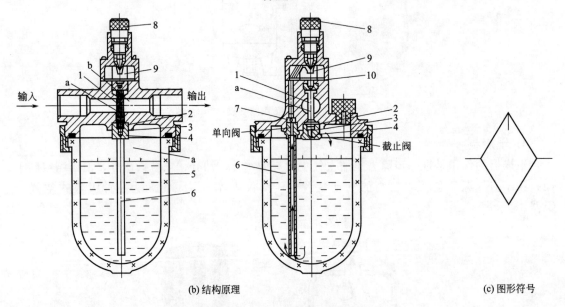

(b) 结构原理 　　　　　　　　　　　　　　　　(c) 图形符号

图 4-4-19 　油雾器的结构及图形符号

1—喷嘴；2—特殊单向阀；3—弹簧；4—储油杯；5—视油器；6—单向阀；

7—吸油管；8—阀座；9—节流阀；10—油塞

6. 空气过滤器

空气过滤器的作用是进一步滤除压缩空气中的水分、油滴及杂质，以达到系统所要求的净化程度。图 4-4-20 所示为空气过滤器的结构和图形符号。它属于二次过滤器，大多与减压阀、油雾器一起构成气动三联件，如图 4-4-21 所示。通常垂直安装在气动设备入口处，进出气孔不得装反，使用中注意定期放水，清洗或更换滤芯。

7. 消声器

消声器是用来消除和减弱压缩气体高速通过气动元件排到大气时产生的噪声，一般安装在气动元件排气口。图 4-4-22 为膨胀干涉吸收型消声器的结构和图形符号。

(a) 实物

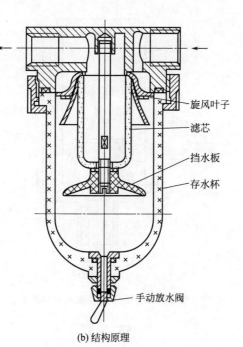

旋风叶子

滤芯

挡水板

存水杯

手动放水阀

(b) 结构原理

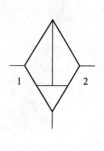

1　　2

(c) 图形符号

图 4-4-20　空气过滤器

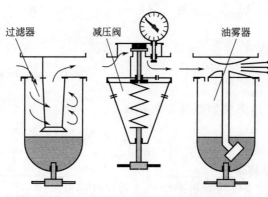

过滤器　　减压阀　　油雾器

(a) 气动三联件工作原理

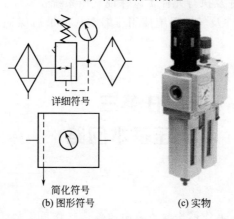

详细符号

简化符号

(b) 图形符号　　　　(c) 实物

图 4-4-21　气动三联件

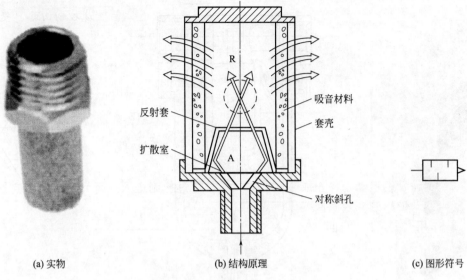

| (a) 实物 | (b) 结构原理 | (c) 图形符号 |

图 4-4-22　膨胀干涉吸收型消声器

练一练

1. 空气压缩机是一种气压发生装置，它是将_____转化成_____的能量转换装置，为气动系统提供动力。

2. 气动执行元件是以_____为动力源将气体的_____转换为_____的装置，用来实现既定的动作，它驱动机构作_____、摆动或_____运动，包括_____和_____。

3. 压力控制阀主要用来控制系统中气体的_____，以满足各种_____要求或用以_____。

4. 排气节流阀只能装在_____处，调节_____的流量，一般情况下还具有减小_____的作用，所以常称排气_____。

5. 气动辅助元件是使空气压缩机产生的压缩空气得以_____、_____、_____、_____处理，供给控制元件及执行元件，以保证气压系统正常工作。

6. 气动三大件是气动元件及气动系统使用压缩空气的最后保证，三大件是指_____、_____、_____。

任务三
气压基本回路

知识点：》》》

➢ 方向控制基本回路：单作用气缸的换向回路、双作用气缸的换向回路；

➢ 压力控制回路：一次压力控制回路、二次压力控制回路、高低压压力控制回路；

气压基本回路是气动系统的基本组成部分，与液压基本回路相同，常用的有压力控制回路、速度控制回路和方向控制回路。

一、换向回路

气动执行元件的启动、停止或改变运动方向是通过控制进入执行元件的压缩空气的通、断或变向来实现的，这些控制回路称为换向回路。

1. 单作用气缸的换向回路

图 4-4-23（a）为二位二通电磁换向阀控制的换向回路。电磁铁通电时靠气压使活塞上升；断电时靠弹簧作用使活塞下降。图 4-4-23（b）为三位五通电磁换向阀控制的换向回路。气缸活塞可在任意位置停留，但由于泄漏，其定位精度不高。

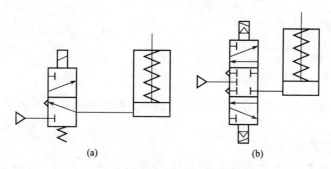

(a)   (b)

图 4-4-23   单作用气缸的换向回路

2. 双作用气缸的换向回路

图 4-4-24 为双作用气缸的换向回路。图 4-4-24（a）为二位五通单气控换向回路，气控换向阀由二位三通手动换向控制切换。图 4-4-24（b）为双电控换向阀控制的换向回路。图 4-4-24(c)为双气控换向阀控制的换向回路，主阀由两侧的两个二位三通手动换向阀控制，手动换向阀可远距离控制，但两阀必须协调动作，不能同时按下。图 4-4-24(d)为三位五通电磁换向阀控制的换向回路。该回路可控制双作用缸换向，还可使活塞在任意位置停留，但定位精度不高。

二、压力控制回路

用于调节和控制系统的压力，使压力保持在某一规定的范围内。

1. 一次压力控制回路

图 4-4-25 为一次压力控制回路，这种回路采用溢流阀控制出口处气体压力不超过规定的压力值，一旦超过规定的压力值，电接点压力表即可控制空气压缩机断电而不再供气。其结构简单，工作可靠，但气量浪费大；电接点压力表对电机及控制要求高，常用于对小型空压机的控制。

2. 二次压力控制回路

二次压力控制回路主要是指对气压控制系统的气源压力的控制。图 4-4-26 是由空气过

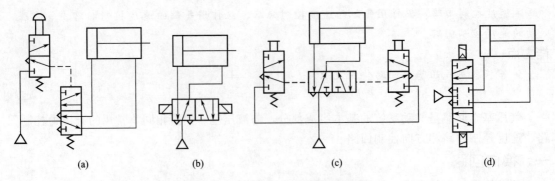

(a)　　　　　　　(b)　　　　　　　(c)　　　　　　　(d)

图 4-4-24　双作用气缸的换向回路

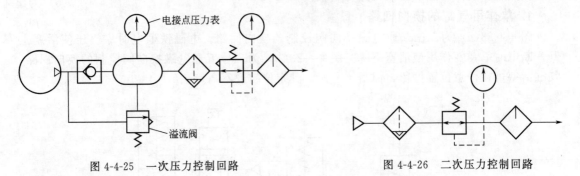

图 4-4-25　一次压力控制回路　　　　　　图 4-4-26　二次压力控制回路

滤器、减压阀与油雾器即气动三大件组成的二次压力控制回路，是气动设备中必不可少的常用回路。

3. 高、低压力控制回路

图 4-4-27(a) 是利用两个减压阀同时输出高低压力 p_1、p_2 的高低压转换回路；图 4-4-27(b) 是利用两个减压阀和一个换向阀间接输出高低压力 p_1、p_2 的高低压转换回路。

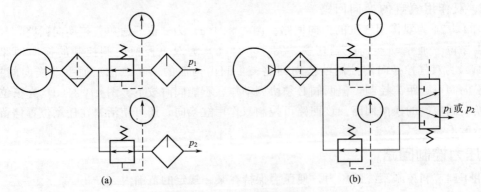

图 4-4-27　高、低压转换回路

三、速度控制回路

因气动系统所用功率都不大，故常用的调速回路主要是节流调速。

1. 单作用气缸的速度控制回路

图 4-4-28(a) 为采用两个节流阀控制的调速回路，升降速度分别由两个节流阀控制；图 4-4-28(b) 为由一个节流阀和一个快速排气阀组成的调速回路，满足活塞的快速返回。

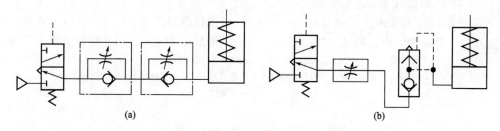

图 4-4-28　单作用气缸的速度控制回路

2. 双作用气缸的速度控制回路

图 4-4-29(a) 为进口节流调速回路，该回路承载能力大，但不能承受负值负载，运动平稳性差，受外负载变化的影响大，适用于对速度稳定性要求不高的场合。图 4-4-29(b) 为出口节流调速回路，该回路可承受负值负载，运动平稳性好，受外负载变化的影响小。图 4-4-29(c)为进、出口分别安装节流阀组成的双向调速回路。图 4-4-29(d) 为采用排气节流阀组成的双向调速回路。

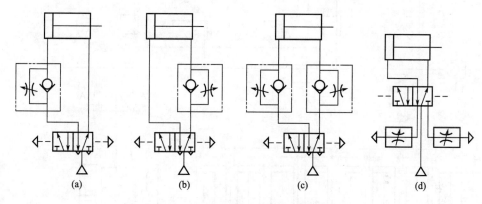

图 4-4-29　双作用气缸的速度控制回路

任务四
气压传动应用实例

八轴仿形铣加工机床是一种高效专用半自动加工木质工件的机床。其主要功能是仿形加工，如梭柄、虎形腿等异型空间曲面。工件表面经粗、精铣，砂光和仿形加工后，可得到尺寸精度较高的木质构件。

八轴仿形铣加工机床一次可加工 8 个工件。在加工时，把样品放在居中位置，铣刀主轴转速一般为 8000r/min 左右。由变频调速器控制的三相异步电动机，经蜗杆蜗轮传动降速后，可得工件的转速范围为 15～735r/min。纵向进给由电动机带动滚珠丝杠实现，其转速根据挂轮变化为 20～1190r/min 或 40～2380r/min。工件转速、纵向进给运动速度的改变，都是根据仿形轮的几何轨迹变化，反馈给变频调速器后，再控制电动机来实现的。该机床的接料盘升降，工件的夹紧松开，粗、精铣，砂光和仿形加工等工序都是由气动控制与电气控制配合来实现的。

1. 气动控制回路的工作原理

八轴仿形铣加工机床使用夹紧缸 B（共 8 只），接料盘升降缸 A（共 2 只），盖板升降缸 C，铣刀上、下缸 D，粗、精铣缸 E，砂光缸 F，平衡缸 G 共计 15 只气缸。其动作程序为：

$$启动 \longrightarrow 工件夹紧(B_1) \longrightarrow 托盘降(A_0) \longrightarrow \begin{cases} 盖板下 \\ 铣刀下(D_0) \longrightarrow 粗铣(E_0) \longrightarrow 精铣(E_1) \\ 平衡缸 \end{cases}$$

$$\longrightarrow 砂光进 \longrightarrow 砂光退 \longrightarrow 铣刀上 \begin{cases} 盖板上 \\ 托盘升 \longrightarrow 工件松开 \\ 平衡缸 \end{cases}$$

该机床的气控回路如图 4-4-30 所示。先把动作过程分四方面说明如下：

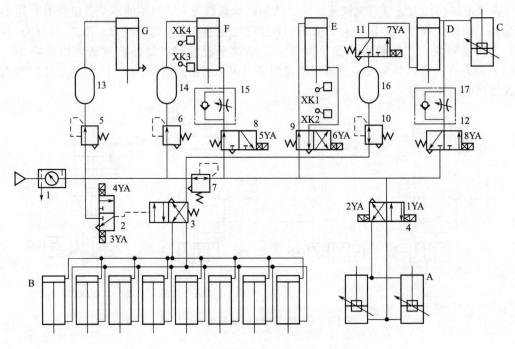

图 4-4-30　八轴仿形铣加工机床气控回路图

1—气动三联件；2～4,8,9,11,12—气控阀；5～7,10—减压阀；

13,14,16—气容；15,17—单向节流阀；A—托盘缸；B—夹紧缸；

C—盖板缸；D—铣刀缸；E—粗、精铣缸；F—砂光缸；G—平衡缸

（1）接料托盘升降及工件夹紧。按下接料托盘升按钮开关（电开关）后，电磁 1YA 通电，使阀 4 处于右位，A 缸无杆腔进气，活塞杆伸出，有杆腔余气经阀 4 排气口排空，此时接料托盘升起。托盘升至预定位置时，由人工把工件毛坯放在托盘上，接着按工件夹紧按钮使电磁铁 3YA 通电，阀 2 换向处于下位。此时，阀 3 的气控信号经阀 2 的排气口排空，使阀 3 复位处于右位，压缩空气分别进入 8 只夹紧气缸的无杆腔，有杆腔余气经阀 3 的排气口排空，实现工件夹紧。

工件夹紧后，按下接料托盘下降按钮，使电磁铁 2YA 通电，1YA 断电，阀 4 换向处于左位，A 腔有杆腔进气，无杆腔排气，活塞杆退回，使托盘返至原位。

（2）盖板缸、铣刀缸和平衡缸的动作。由于铣刀主轴转速很高，加工木质工件时，木屑会飞溅。为了便于观察加工情况和防止木屑向外飞溅，该机床有一透明盖板并由气缸 C 控制，实现盖板的上、下运动。在盖板中的木屑由引风机产生负压，从管道中抽吸到指定

地点。

　　为了确保安全生产，盖板缸与缸力器同时动作。按下铣刀缸向下按钮时，电磁铁 7YA 通电，阀 11 处于右位，压缩空气进入 D 缸的有杆腔和 C 缸的无杆腔，D 无杆腔和 C 缸有杆腔的空气经单向节流阀 17、阀 12 的排气口排空，实现铣刀下降和盖板下降的同时动作。G 缸起平衡作用。由此可知，在铣刀缸动作的同时盖板缸及平衡缸的动作也是同时的，平衡缸 C 无杆腔的压力由减压阀 5 调定。

　　（3）粗、精铣及砂光的进退。铣刀下降动作结束时，铣刀已接近工件，按下粗仿形铣按钮后，使电磁铁 6YA 通电，阀 9 换向处于右位，压缩空气进入正缸的有杆腔，无杆腔的余气经阀 9 排气口排空，完成粗铣加工。

　　同理，E 缸无杆腔进气，有杆腔排气时，使铣刀离开工件，切削量减少，完成精加工仿形工序。

　　在进行粗仿形铣加工时，E 缸活塞杆缩回，粗仿形加工结束时，压下行程开关 XK1，6YA 通电，阀 9 换向处于左位，正缸活塞杆又伸出，进行粗铣加工。加工完了时，压下行程开关 XK2，使电磁铁 5YA 通电，阀 8 处于右位，压缩空气经减压阀 6、气容 14 进入 F 缸的无杆腔，有杆腔余气经单向节流阀 15、阀 8 排气口排气，完成砂光进给动作。砂光进给速度由单向节流阀 15 调节，砂光结束时，压下行程开关 XK3，使电磁铁 5YA 通电，F 缸退回。

　　F 缸返回至原位时，压下行程开关 XK4，使电磁铁 8YA 通电，7YA 断电，D 缸、C 缸同时动作，完成铣刀上升，盖板打开，此时平衡缸仍起着平衡重物的作用。

　　（4）托盘升、工件松开。加工完毕时，按下启动按钮，托盘升至接料位置。再按下另一按钮，工件松开并自动落到接料盘上，人工取出加工完毕的工件。接着再放上被加工工件至接料盘上，为下一个工作循环做准备。

2. 气控回路的主要特点

　　① 该机床气动控制与电气控制相结合，各自发挥自己的优点，互为补充，具有操作简便、自动化程度较高等特点。

　　② 砂光缸、铣刀缸和平衡缸均与气容相连，稳定了气缸的工作压力，在气容前面都设有减压阀，可单独调节各自的压力值。

　　③ 用平衡缸通过悬臂对吃刀量和自重进行平衡，具有气弹簧的作用，其柔韧性较好，缓冲效果好。

　　④ 接料托盘缸采用双向缓冲气缸，实现终端缓冲，简化了气控回路。

习题 4-4

　　1. 气压传动系统的工作原理是什么？
　　2. 气压传动由哪几部分组成？试说明各部分的作用。
　　3. 气压传动系统的特点是什么？
　　4. 什么是气压执行元件？其作用是什么？
　　5. 气源装置由哪些元件组成？
　　6. 什么叫气动三联件？每个元件起什么作用？常用的气压基本回路有哪些？
　　7. 气压控制元件的作用是什么？包括哪几种？

8. 图示为采用排气节流调速的气控回路图。试分析其动作过程。

9. 图示为双作用气缸快速返回控制回路。试分析其动作过程。

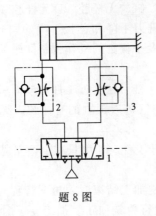

题8图

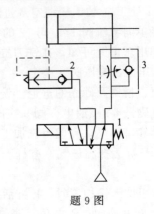

题9图

实训：液压阀拆装实验

一、实验目的

① 液压阀是液压系统的控制元件，通过亲自对液压阀的拆装加深对液压元件实物形体、内部结构及功用理解，并初步认识液压阀的装配工艺。

② 通过对各种液压阀的拆装，进行比较，明确各种液压阀的异同。

二、实验工具及设备

内六角扳手、固定扳手、螺丝刀、液压阀。

三、实验方法

在实验室首先由实验指导老师对不同类型的液压阀现场进行结构分析、介绍，再由学生们分组进行拆装，指导及辅导老师解答学生们提出的各种问题。在拆装过程中学生们进一步观察了解液压阀各零、部件的结构、相互间配合的性质装配关系及密封装置的结构和布置等。

四、实验内容及步骤

① 观察各种液压阀的外形及外部结构，分清各零部件是如何布置的。

② 观察各种液压阀的内部各零部件的结构和布置，按一定步骤拆解溢流阀、减压阀、节流阀，观察及了解各零件在液压阀中的作用，了解液压阀的工作原理。

③ 按步骤重新装配液压阀，经指导教师检查无误后，把所用的液压元件放回原处，摆放整齐。

④ 清点好工具，擦净后交还指导老师验收。

1. 溢流阀

型号：Y型溢流阀（板式），结构见图4-5-1。

（1）工作原理　溢流阀进口压力油除经轴向孔 g 进入主阀芯 5 的下端外，还经轴向小孔

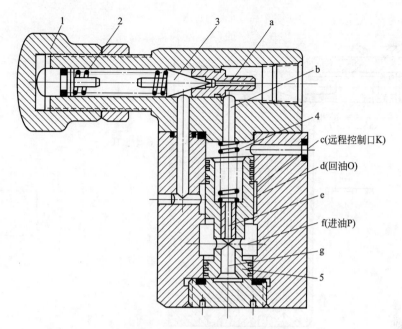

图 4-5-1　Y型溢流阀结构

e进入主阀芯5的上腔后，又经锥阀座上的小孔a作用在先导阀锥阀体3上。当作用在先导阀锥阀体上的液压力小于弹簧2的预紧力时，锥阀在弹簧力的作用下关闭。因主阀体内部无油液流动，主阀芯上下两腔液压力相等，主阀芯在主阀弹簧的作用下处于关闭状态（主阀芯处于最下端），溢流阀不溢流。

（2）实验报告要求及思考题

① 补全溢流阀溢流时的工作原理。

② 根据实物画出溢流阀的工作原理简图。

③ 先导阀和主阀分别是由哪几个重要零件组成的？

④ 遥控口的作用是什么？远程调压和卸荷是怎样实现的？

2. 减压阀

型号：J型减压阀，结构见图4-5-2。

（1）工作原理　进口压力p_1经减压缝隙减压后，压力变为p_2经主阀芯的轴向小孔g和e进入主阀芯的底部和上端（弹簧侧）。再经过阀盖上的孔b和先导阀阀座上的小孔a作用在先导阀的锥阀体上。当出口压力低于调定压力时，先导阀在调压弹簧的作用下关闭阀口，主阀芯上下腔的油压均等于出口压力，主阀芯在弹簧力的作用下处于最下端位置，滑阀中间凸肩与阀体之间构成的减压阀阀口全开不起减压作用。

（2）实验报告要求及思考题

① 补全减压阀起减压作用时的工作原理。

② Y型减压阀和Y型溢流阀结构上的相同点与不同点是什么？

③ 静止状态时减压阀与溢流阀的主阀芯分别处于什么状态？

3. 换向阀

型号：34DO-B10H电磁阀，结构见图4-5-3。

（1）工作原理　电磁换向阀两端的电磁铁通过推杆控制阀芯在阀体中的位置，改变阀芯和阀体间相对位置来实现油路的通或断，以满足液压控制的各种要求。

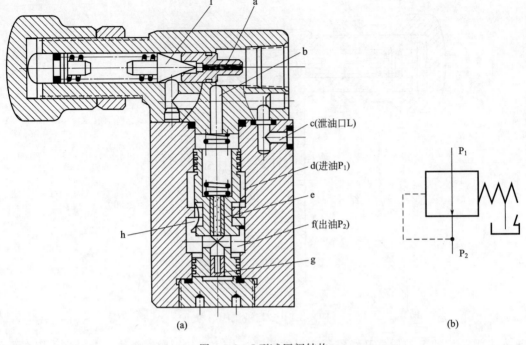

图 4-5-2　J 型减压阀结构

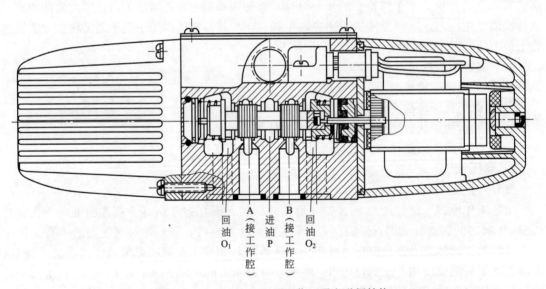

图 4-5-3　34DO-B10H 型三位四通电磁阀结构

（2）实验报告要求及思考题

① 根据实物，指出该阀有几种工作位置？

② 说明实物中的 34DO-B10H 电磁换向阀的中位机能。

4. 单向阀

型号：I-25 型，结构见图 4-5-4。

（1）工作原理　压力油从 P_1 口流入，克服阀芯上的弹簧力后开启，从 P_2 口流出；压力油反向时，P_2 口中压力油和弹簧力的共同作用，使阀芯关闭，压力油无法从 P_1 口流出，因

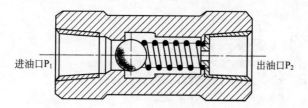

图 4-5-4　I-25 型单向阀结构

此，油液只能单向流动。

（2）实验报告要求及思考题　液控单向阀与普通单向阀有何区别？

5. 节流阀

型号：L-10B 型节流阀，结构见图 4-5-5。

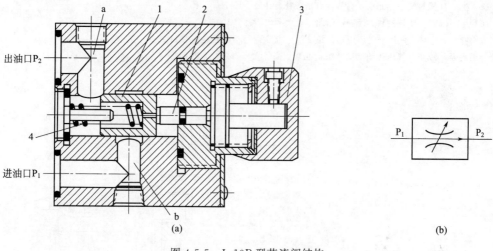

图 4-5-5　L-10B 型节流阀结构

（1）工作原理　转动手柄 3，推杆 2 便使阀芯 1 轴向移动，从而调节节流口通流截面大小，改变节流阀的流量。

（2）验报告要求及思考题

① 根据实物，叙述节流阀的结构组成及工作原理。

② 调速阀与节流阀的主要区别是什么？

参 考 文 献

【1】 范思冲．机械基础．北京：机械工业出版社，2001．

【2】 濮良贵，纪名刚．机械设计．第 6 版．北京：高等教育出版社，1996．

【3】 陈立德．机械设计基础．北京：高等教育出版社，2000．

【4】 贺敬宏，宋敏．机械设计基础．西安：西北大学出版社，2005．

【5】 赵祥．机械基础．北京：高等教育出版社，2001．

【6】 陈海魁．机械基础．第 3 版．北京：中国劳动社会保障出版社，2002．

【7】 孙建东，李春书．机械设计基础．北京：清华大学出版社，2007．

【8】 张永生，白雪峰，时建．机械设计基础．济南：山东科学技术出版社，2009．

【9】 姜波．机械基础．北京：中国劳动社会保障出版社，2006．

【10】 朱鹏超，易春阳．机械基础．第 2 版．北京：高等教育出版社，2006．

【11】 李鄂民．液压与气压传动．北京：机械工业出版社，2002．

【12】 徐永生．液压与气动．北京：高等教育出版社，1998．

【13】 张利平．液压传动与控制．西安：西北工业大学出版社，2005．

【14】 宋锦春，张志伟．液压与气压传动．第 2 版．北京：科学出版社，2011．

【15】 姜继海等．液压与气压传动．第 2 版．北京：高等教育出版社，2010．